普通高等院校测绘课程系列特色教材

测绘 CAD

主　编◎高彩云　高　宁
副主编◎丁磊香　李　艳　杨　锋　李　昕

西南交通大学出版社
·成　都·

内容简介

本书是以 AutoCAD 2022 为基础，针对测绘工程专业计算机绘图教学特点而编写的，全书共 13 章，主要内容包括：AutoCAD 2022 概述、绘图准备工作、图形绘制、图形编辑、图层及对象属性、精确绘制图形与视图显示、文字与表格、尺寸标注、块和外部参照、打印输出图形，以及基于 SouthMap 的地形图的绘制、地籍图的绘制、工程应用。为便于读者快速提高绘图实践技能，增加了附录Ⅰ 上机实验、附录Ⅱ AutoCAD 2022 常用命令和附录Ⅲ AutoCAD 2022 常用快捷功能键。

图书在版编目（CIP）数据

测绘 CAD / 高彩云，高宁主编. -- 成都：西南交通大学出版社，2025.3. -- （普通高等院校测绘课程系列特色教材）. -- ISBN 978-7-5774-0264-2

Ⅰ. P2-39

中国国家版本馆 CIP 数据核字第 20253ZD643 号

普通高等院校测绘课程系列特色教材

Cehui CAD

测绘 CAD

主　编／高彩云　高　宁	策划编辑／陈　斌
	责任编辑／陈　斌
	助理编辑／陈发明
	封面设计／吴　兵

西南交通大学出版社出版发行
（四川省成都市金牛区二环路北一段 111 号西南交通大学创新大厦 21 楼　610031）
营销部电话：028-87600564　　028-87600533
网址：https://www.xnjdcbs.com
印刷：四川森林印务有限责任公司

成品尺寸　185 mm×260 mm
印张　19.25　　字数　478 千
版次　2025 年 3 月第 1 版　　印次　2025 年 3 月第 1 次
书号　ISBN 978-7-5774-0264-2
定价　55.00 元

课件咨询电话：028-81435775
图书如有印装质量问题　本社负责退换
版权所有　盗版必究　举报电话：028-87600562

前 言

AutoCAD 是美国 Autodesk 公司开发的通用辅助绘图软件，由于操作简便且功能全面，深受广大设计人员的喜爱，已成为全球应用最为广泛的计算机绘图软件，被广泛应用于机械、建筑、电子、土木、冶金、航天、气象等领域。随着 AutoCAD 的普及，它已成为工程类专业的必修课程，也成为各类工程技术人员必备的技能之一。

本书由长期从事工程制图、AutoCAD 教学、测绘工程实践教学工作的高校教师编写，对 AutoCAD 软件功能、特点及应用有较深的理解和体会，是长期教学、工程设计经验的结晶。

本书主要内容如下：

（1）以 AutoCAD 2022 为基础，涉及内容全面，涵盖 AutoCAD 软件的安装、设置、绘图、标注、编辑及打印方法的应用。

（2）讲解详细，条理清晰，案例丰富，采用 AutoCAD 2022 软件真实对话框、操控板和按钮等进行阐述讲解，使学习者能够准确地操作软件。

（3）紧跟测绘地理信息行业发展趋势，以南方地理信息数据成图软件 SouthMap 为载体，以案例详细阐述 SouthMap 地形图成图、地籍图绘制和工程应用等。

全书共 13 章，由河南城建学院高彩云负责全书的组织编写及统稿，审核确定编写大纲和整体结构。参加编写的人员还有河南城建学院高宁、丁磊香、李艳、杨锋，河南农业大学李昕。

各章节的编写分工如下：第 1 章、第 2 章、第 5 章由丁磊香编写，第 3 章、第 10 章由高宁编写，第 4 章、第 12 章由高彩云编写，第 7 章、第 8 章、第 9 章由杨锋、李昕共同编写，第 6 章、第 11 章、第 13 章由李艳编写，附录由李昕编写。

本书可作为本科院校测绘类、建筑类相关专业的 AutoCAD 工程制图教材，也可供中、高等职业院校师生和有关工程技术人员参考。

本书在编写过程中参阅了大量的书籍和文献资料，在此谨向这些参考书籍和文献资料的作者表示感谢！此外，在编写过程中郑州南方测绘信息科技有限公司提供了 SouthMap 软件（试用版），在此表示感谢！

在本书编写过程中，各位编写者倾注了大量的心血，付出了辛苦的劳动，但受水平所限，书中疏漏和不足之处在所难免，恳请读者批评指正。

编 者
2024 年 5 月

目 录

第 1 章　AutoCAD 2022 概述 ·· 1
　1.1　AutoCAD 概述 ·· 1
　1.2　AutoCAD 2022 的工作界面 ·· 5
　思考与练习题 ·· 12

第 2 章　绘图准备工作 ··· 13
　2.1　命令执行方法 ·· 13
　2.2　绘图环境设置 ·· 15
　2.3　数据输入方法 ·· 18
　2.4　修正错误的一般方法 ··· 21
　2.5　图形文件 ·· 22
　2.6　设置 AutoCAD 的工作环境 ··· 26
　思考与练习题 ·· 37

第 3 章　图形的绘制 ·· 38
　3.1　基本图形的绘制 ··· 38
　3.2　常用复杂图形的绘制 ··· 55
　3.3　辅助作图 ·· 65
　思考与练习题 ·· 69

第 4 章　图形编辑 ··· 71
　4.1　实体目标的选择 ··· 71
　4.2　图形实体删除与恢复 ··· 77
　4.3　改变图形位置的编辑命令 ··· 78
　4.4　改变图形大小的编辑命令 ··· 80
　4.5　图形的复制 ··· 84
　4.6　图形的修改 ··· 92
　4.7　夹点功能 ·· 101
　思考与练习题 ·· 105

第 5 章　图层与对象特性 ·· 108
5.1　图　层 ·· 108
5.2　对象特性 ·· 116
思考与练习题 ··· 118

第 6 章　精确绘制图形与视图显示 ·· 119
6.1　栅格、捕捉与正交 ··· 119
6.2　对象捕捉 ·· 123
6.3　极轴追踪和对象捕捉追踪 ·· 128
6.4　动态输入 ·· 130
6.5　视图缩放与平移 ··· 132
6.6　重画和重生成图形 ··· 135
思考与练习题 ··· 137

第 7 章　文字与表格 ·· 138
7.1　文字输入与编辑 ··· 138
7.2　表格的绘制 ··· 149
思考与练习题 ··· 159

第 8 章　尺寸标注 ··· 160
8.1　尺寸标注的基本知识 ·· 160
8.2　设置尺寸标注样式 ··· 162
8.3　尺寸标注 ·· 177
8.4　形位公差标注 ·· 196
8.5　编辑尺寸标注 ·· 199
思考与练习题 ··· 206

第 9 章　块和外部参照 ·· 207
9.1　块的特点 ·· 207
9.2　创建和编辑块 ·· 208
9.3　编辑与管理块属性 ··· 211
9.4　使用外部参照 ·· 217
思考与练习题 ··· 220

第 10 章　SouthMap 地形图的绘制 ··· 221
10.1　南方地理信息数据成图软件 SouthMap ·· 221
10.2　绘制平面图 ··· 225
10.3　绘制等高线 ··· 232

10.4 编辑与整饰 235
思考与练习题 237

第 11 章　SouthMap 地籍图的绘制 238
11.1 地籍图的基础知识 238
11.2 地籍图的绘制 241
11.3 绘制宗地图与界址点成果表 244
思考与练习题 248

第 12 章　SouthMap 在工程中的应用 249
12.1 基本几何要素的查询 249
12.2 土石方的计算 252
思考与练习题 267

第 13 章　打印输出图形 268
13.1 在模型空间中打印 268
13.2 利用布局打印 275
13.3 输出图形 279
思考与练习题 281

参考文献 282

附录 Ⅰ　上机实验 284
实验一　认识 AutoCAD 的绘图流程 284
实验二　平面绘图 285
实验三　图形的绘制与编辑 286
实验四　文字、表格与尺寸标注 288
实验五　图块及属性图块创建 290
实验六　SouthMap 绘制地籍图 291

附录 Ⅱ　AutoCAD 2022 常用命令 293

附录 Ⅲ　AutoCAD 2022 常用快捷功能键 298

第 1 章　AutoCAD 2022 概述

> **导言**：AutoCAD 的英文全称是 Auto Computer Aided Design（计算机辅助设计），它是由美国 Autodesk 公司开发的交互式通用型的绘图软件包。由于操作简便，功能全面，深受广大设计人员的喜爱，现已广泛应用于机械、电子、建筑、航天、造船、纺织、石油化工、农业气象、土木工程、冶金地质、汽车制造、测绘、轻工等工程设计领域。在中国，AutoCAD 已成为工程设计领域应用最为广泛的计算机辅助设计软件之一。AutoCAD 2022 是 AutoCAD 系列软件之一，相较于低版本，其性能和功能都有较大的增强，同时可以与低版本兼容。本章主要讲述 AutoCAD 的基础知识，包括 AutoCAD 的功能、安装过程、用户界面、基本操作方式及设置。通过对本章的学习，学生可对 AutoCAD 有一个全面的了解，为以后各章的深入学习和熟练掌握打下良好的基础。

1.1　AutoCAD 概述

1.1.1　AutoCAD 的安装

1.1.1.1　软硬件配置

运行 AutoCAD 2022 中文版需要以下的软硬件配置：
（1）操作系统：64 位 Windows 10、Windows 11 系统。
（2）处理器：2.5 GHz 或更高主频。
（3）内存：8 GB 以上。
（4）硬盘：10 GB 的可用空间。
（5）显示器：分辨率不低于 1920×1080。
（6）显卡：最低显存 1 GB 的 GPU，具有 29 GB/s 带宽，与 DirectX 11 兼容。
（7）NET Framework 版本为 4.8 或更高。

1.1.1.2　AutoCAD 2022 的安装

对于单机中文版的 AutoCAD 2022，在各种系统下的安装过程基本相同，下面仅以 Windows 10 系统为例说明其安装过程。
（1）将 AutoCAD 2022 安装光盘插入光驱内（如果已将安装文件复制到硬盘上，可以双击系统安装目录下的 Setup.exe 文件）。

（2）系统显示"正在进行安装准备"界面。等待一段时间后，弹出图1-1所示的"法律协议"对话框，在该对话框中选择"我同意"，单击"下一步"按钮。

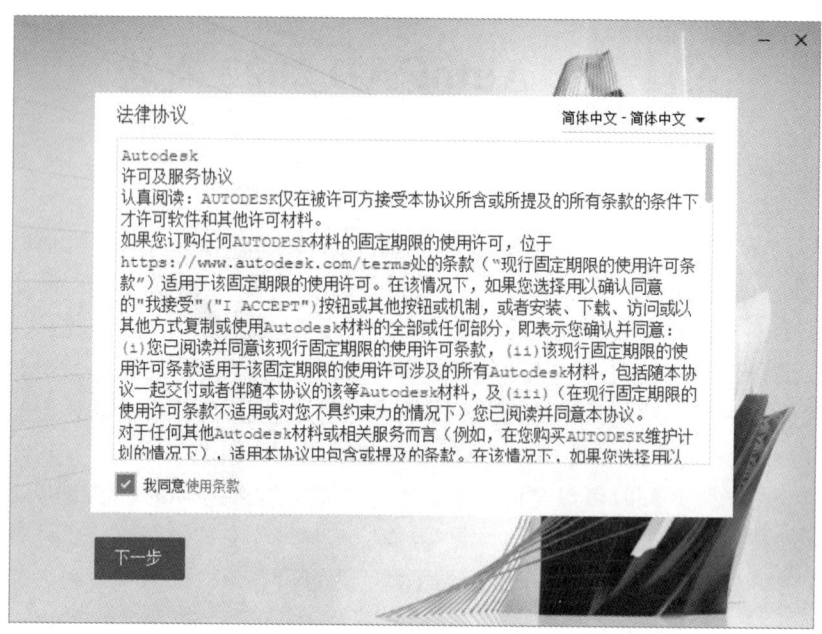

图1-1　"法律协议"界面

（3）系统弹出图1-2所示的"AutoCAD 2022"对话框，可以根据需要选择安装位置，或采用系统默认的安装位置，单击对话框中的"下一步"按钮。

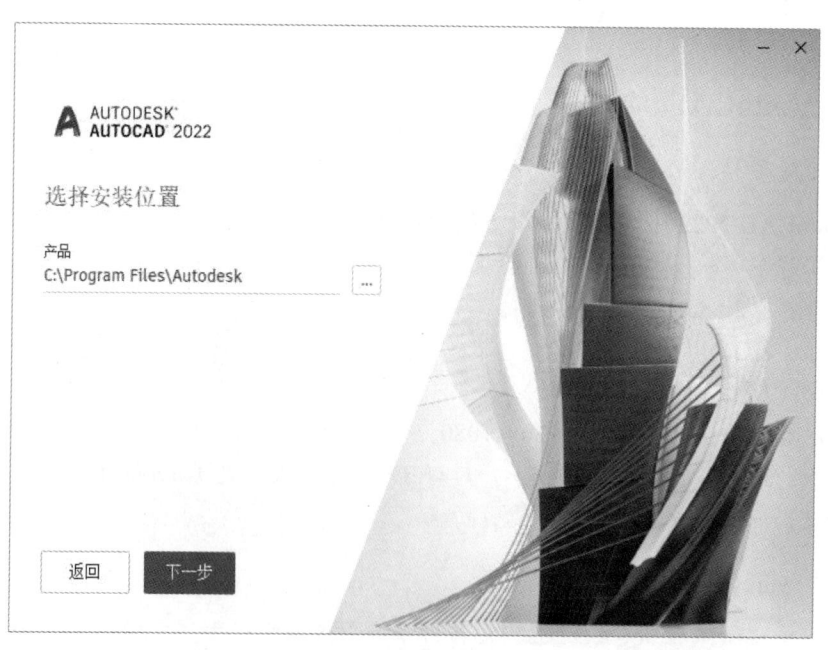

图1-2　选择安装位置

（4）系统弹出图1-3所示的"AutoCAD 2022"安装界面，根据需要决定是否选择其他组件，单击对话框中的"安装"按钮。

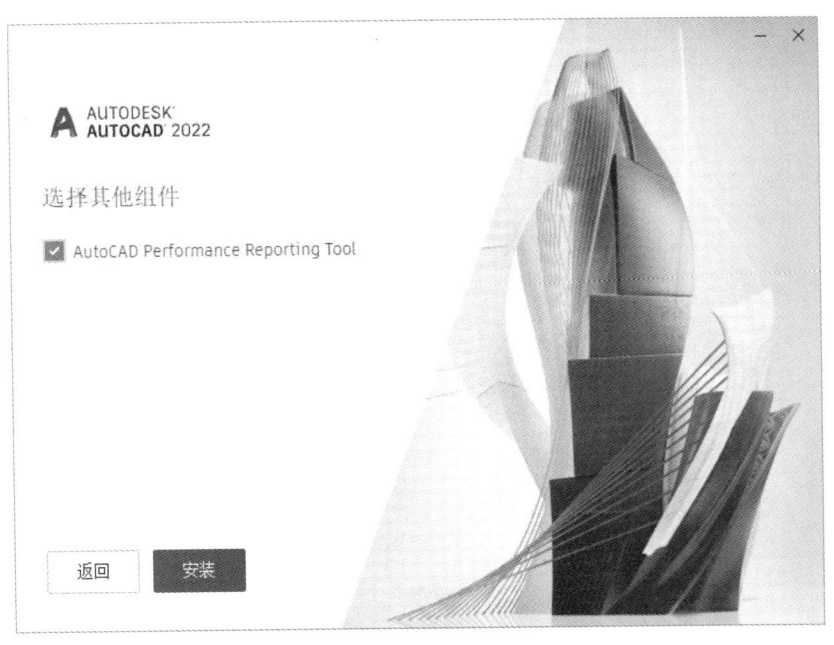

图 1-3 选择组件

（5）系统弹出图 1-4 所示的"AutoCAD 2022"安装界面，经过几分钟后，AutoCAD 2022 安装完成。

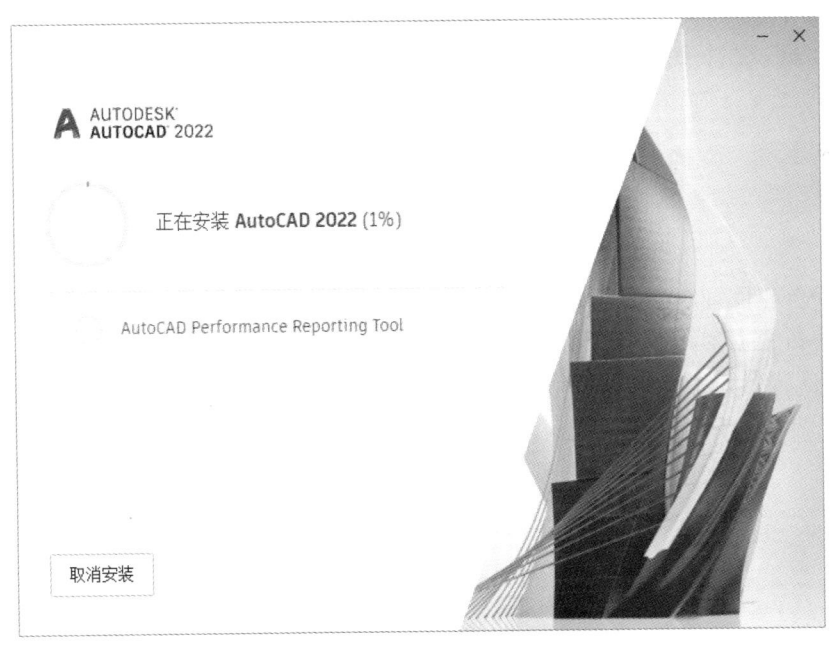

图 1-4 安装"AutoCAD 2022"界面

（6）系统弹出图 1-5 所示的"AutoCAD 2022"安装完成界面，单击"稍后"或"重新启动"按钮，完成安装。系统将在 Windows 的"开始"菜单中创建"AutoCAD 2022"的菜单项，并在桌面创建快捷图标。

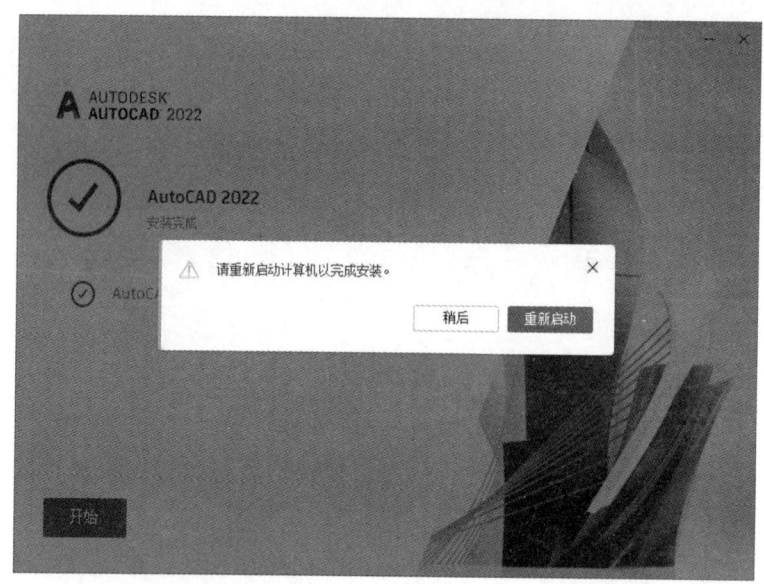

图 1-5　安装完成界面

1.1.1.3　AutoCAD 2022 的初始设置

（1）启动中文版 AutoCAD 2022 的方式主要有三种，第一种：双击桌面上的快捷图标，如图 1-6 左图所示；第二种：选择"开始"菜单选项中的"AutoCAD 2022"程序组，单击其中的"AutoCAD 2022-简体中文（Simplified Chinese）"，如图 1-6 右图所示；第三种：双击安装目录下的"acad"文件。

图 1-6　启动方式

（2）系统弹出图 1-7 所示的"AUTODESK"对话框，有"序列号"和"网络许可"两种设置方式，可以根据实际情况，选择任意一种完成产品许可激活。

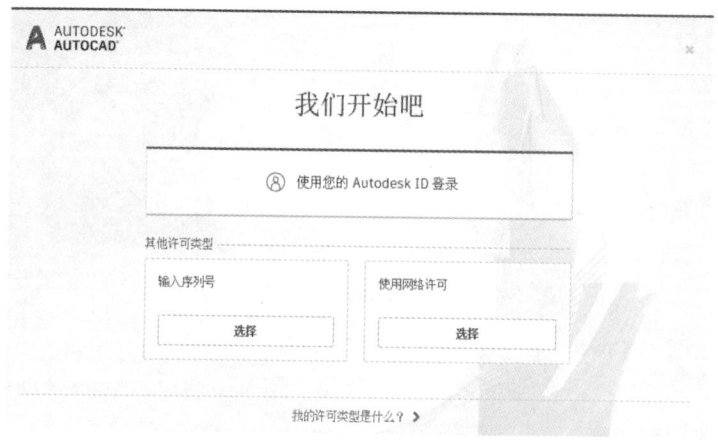

图 1-7　"AUTODESK"对话框

1.1.2 AutoCAD 2022 的启动与退出

1.1.2.1 启动 AutoCAD 2022

启动 AutoCAD 2022 有四种方法，其中三种方法和 AutoCAD 2022 的初始设置中的相同。第四种方法为：双击已有的 AutoCAD 图形文件（如扩展名为.dwg 的文件）等方式来启动 AutoCAD 2022。

1.1.2.2 退出 AutoCAD 2022

退出 AutoCAD 2022 有下列三种方法：

（1）单击操作界面右上角的"![×]"按钮。
（2）单击操作界面右上角的"![▼]"按钮，选择"退出 Autodesk AutoCAD 2022"。
（3）在命令行输入 quit，按回车键。
（4）打开"窗口（W）"下拉菜单，选择其中的"全部关闭（L）"选项（菜单栏的打开见 1.2.5 节）。

如果文件没有保存，则弹出是否保存对话框，提示保存文件。

1.2 AutoCAD 2022 的工作界面

启动 AutoCAD 2022，直接进入"开始"界面，如图 1-8 所示。从创建的页面中，可以访问"已有文档"或"最近使用的文档"。点击"新建"或"开始界面右面的'+'![开始 +]"，从默认样板选择一个新图形。进入"草图与注释"工作界面，该界面显示了二维绘图特有的工具，如图 1-9 所示。

1.2.1 AutoCAD 2022 工作空间的设置

AutoCAD 2022 为用户提供了"草图与注释""三维基础"和"三维建模"三种工作空间，可以根据需要进行工作空间的切换。

单击"状态栏"的"切换工作空间"图标"![⚙▼]"，弹出工作空间的下拉列表，如图 1-9 所示，选择工作空间名称可以切换到相应的工作空间。这些工作环境的绘图区基本相同，只有其相应的工具面板及上面的工具有所不同。本节主要以"草图与注释"工作空间进行介绍。

1.2.2 绘图窗口

软件窗口最大的区域为绘图窗口，绘图窗口供用户进行图形的绘制、图形编辑、浏览绘图结果等工作，用户绘图时大部分的工作均在绘图窗口进行。绘图区可以扩展，屏幕显示的是图形的部分或全部，可以通过相应的命令进行图形的显示。软件界面的功能介绍如图 1-10 所示。

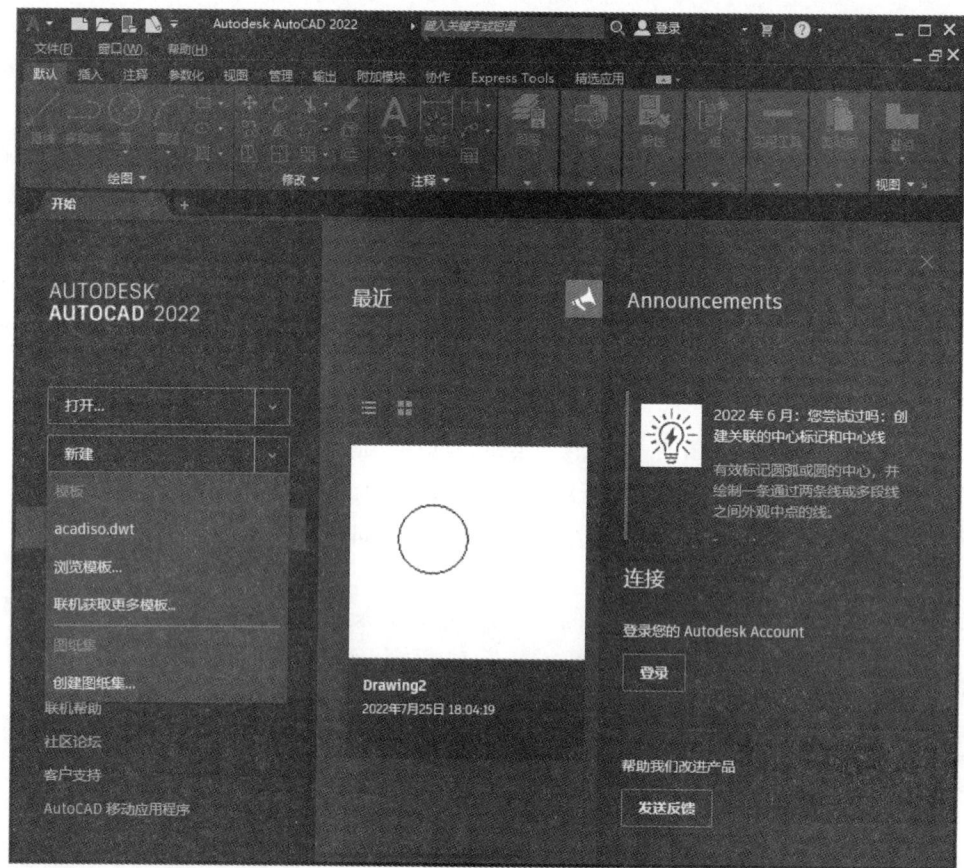

图 1-8 "开始"工作界面

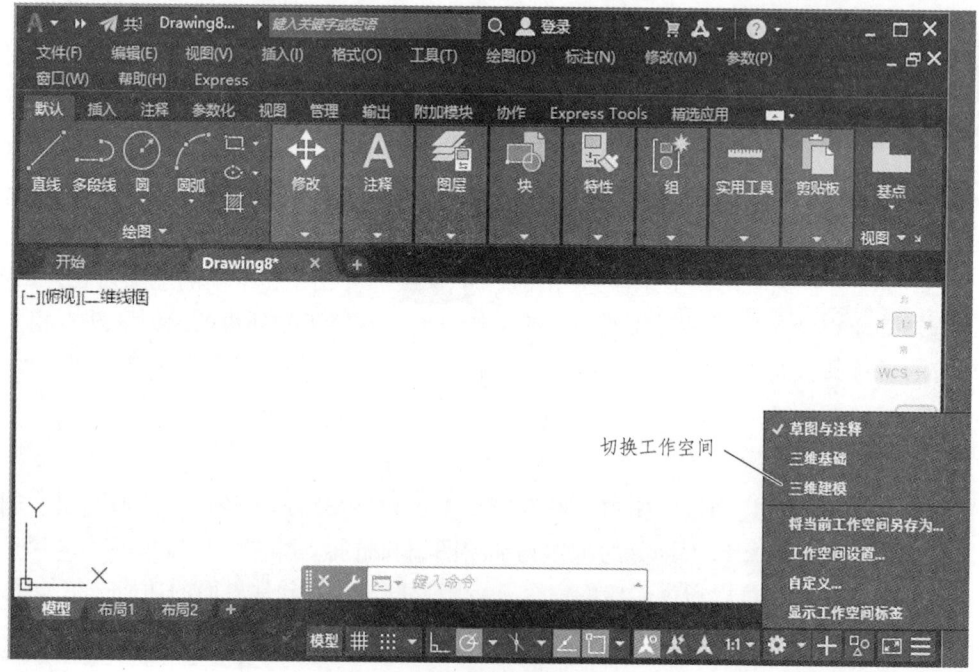

图 1-9 工作空间

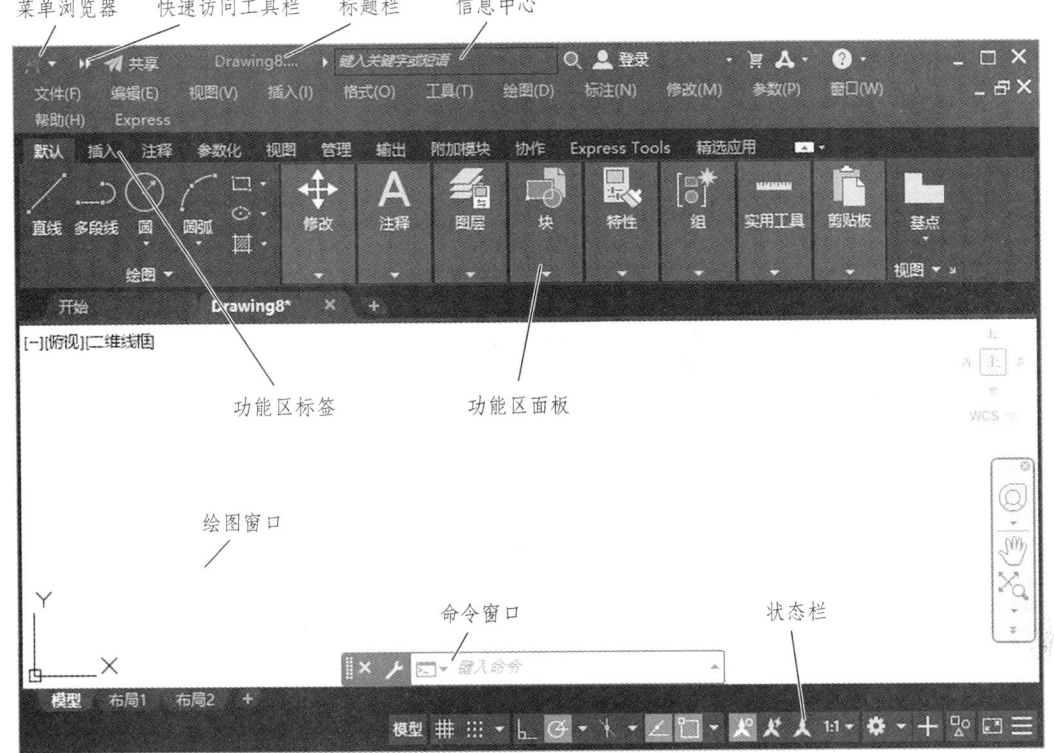

图 1-10 "草图与注释"工作界面

在绘图区移动鼠标会看到一个"十"字形光标在移动,这就是图形光标,绘图时图形光标显示为十字形"+",选择对象时图形光标显示为拾取框"□"。绘图窗口的左下角为直角坐标系的显示标志,该坐标系包括类型、坐标原点及坐标轴的方向。

1.2.3 标题栏

标题栏位于工作界面的最上方,用来显示 AutoCAD 2022 当前正在运行文件的名字。单击位于标题栏右侧的"▁ ロ ×"按钮,可分别实现窗口的最小化、还原(或最大化)以及关闭 AutoCAD 等操作。

1.2.4 快速访问工具栏

快速访问工具栏位于应用程序窗口顶部左侧,通过该栏可以进行一些基础操作,默认状态下,快速访问工具栏包括新建、打开、保存、另存为、打印、放弃、重做等命令。

1.2.5 菜单浏览器与菜单栏

单击位于窗口左上角的"▲▼"图标,将打开菜单浏览器,如图 1-11 所示。AutoCAD 2022 默认没有将菜单栏显示出,可以通过单击"快速访问工具栏"右侧"▼▼"按钮,在弹出的列表中选择"显示菜单栏"命令,将菜单栏显示出来,如图 1-12 所示。

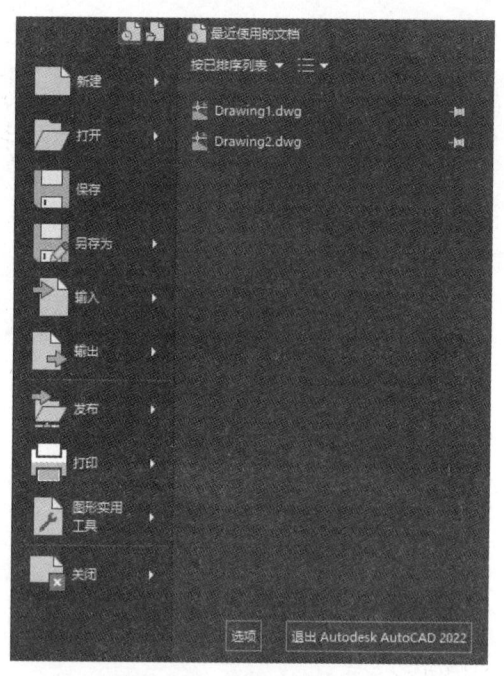

图 1-11 菜单浏览器

图 1-12 菜单栏

菜单栏有 12 个标题项：文件、编辑、视图、插入、格式、工具、绘图、标注、修改、参数、窗口和帮助，每个下拉菜单上包含若干菜单项。每个菜单项都对应了一个命令，单击菜单项时将执行这个命令。

（1）要选择某一菜单项，可用鼠标左键点取，如图 1-13 所示。

（2）若某一菜单项右端有">"，说明该菜单项仍为标题项，它将引出下一级菜单，称为级联菜单，可进一步在级联菜单中点取菜单项。

（3）若某一菜单后有"……"，说明该菜单项引出一个对话框，用户可通过对话框实施操作。

（4）若某一菜单项为灰色，则表示该项不可选。

1.2.6 功能区

功能区位于绘图窗口的上方，由许多面板组成，每个面板包含了许多命令按钮，若干面板组成一个选项卡，如图 1-14 所示。切换功能区选项卡上不同的标签，显示不同的选项卡。

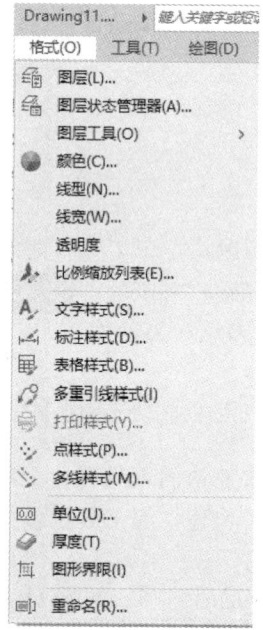

图 1-13 下拉菜单

功能区可以水平显示、垂直显示，也可以将功能区设置显示为浮动选项板。创建或打开图形时，默认情况下，在图形窗口的顶部将显示水平的功能区。

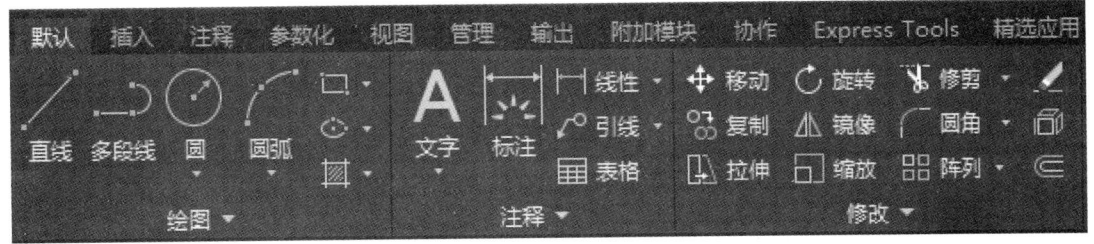

图 1-14 功能区选项卡

1.2.7 命令窗口和文本窗口

绘图窗口的下方是命令窗口,如图 1-15 所示,用于显示用户从键盘、菜单或工具栏按钮中输入的命令内容(命令不分大小写,可完整或缩写);命令窗口中含有 AutoCAD 启动后所用过的全部命令。

图 1-15 命令窗口

如果想查看命令窗口已经运行过的命令,可以按功能键"Ctrl+F2"进行切换,或点击"视图(V)"—"显示(L)"—"文本窗口(T)",将弹出文本窗口,如图 1-16 所示,其记录了命令运行的过程和参数设置。作为相对独立的窗口,文本窗口有自己的滚动条、控制按钮等界面元素,也支持单击鼠标右键的快捷菜单操作。此外,按功能键"F2"可以弹出使用过的命令界面,如图 1-17 所示。

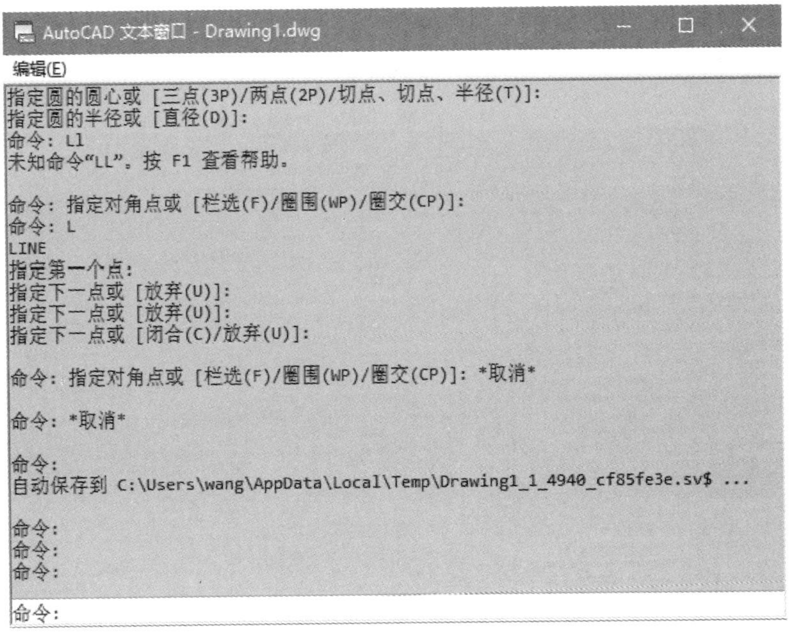

图 1-16 文本窗口

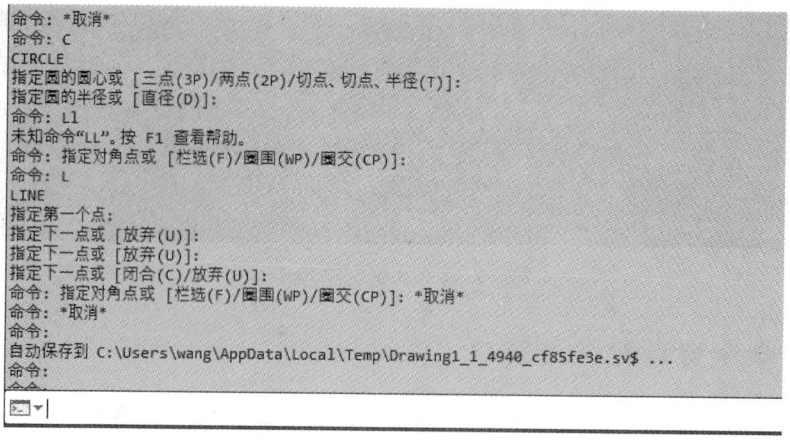

图 1-17 使用过的命令

1.2.8 状态栏

状态栏位于最底端,用于显示当前的绘图状态,最左端显示绘图区中光标定位点的坐标(X,Y,Z),向右侧依次有"模型或图纸空间""显示图形栅格"等功能开关按钮,如图 1-18 所示。默认状态下,坐标不显示在状态栏上。若要显示坐标,在状态栏右侧"自定义"按钮选择"坐标"。

图 1-18 状态栏

1.2.9 对话框与快捷菜单

在选择某些命令后,系统会弹出一个对话框,在对话框中可以进行设定参数和选择选项等操作。例如,选择下拉菜单"工具(T)"—"选项(N)",可以弹出"选项"对话框,如图 1-19 所示。

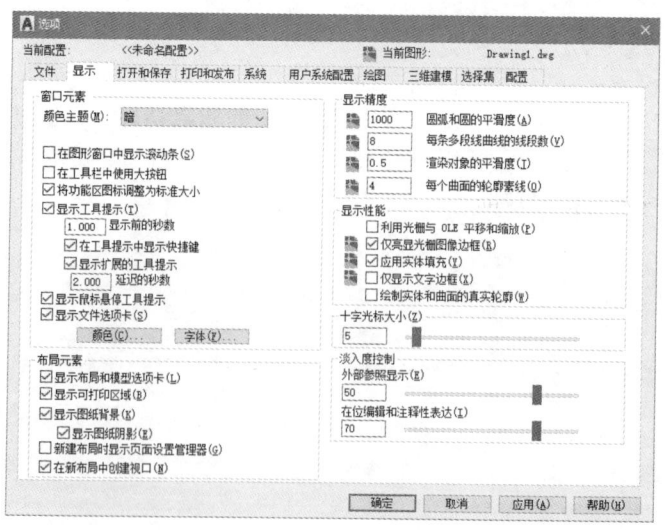

图 1-19 "选项"对话框

在当前光标位置单击鼠标右键时将弹出快捷菜单。当光标在屏幕的不同位置或不同进程中进行右击，将弹出不同的快捷菜单，如图1-20所示。

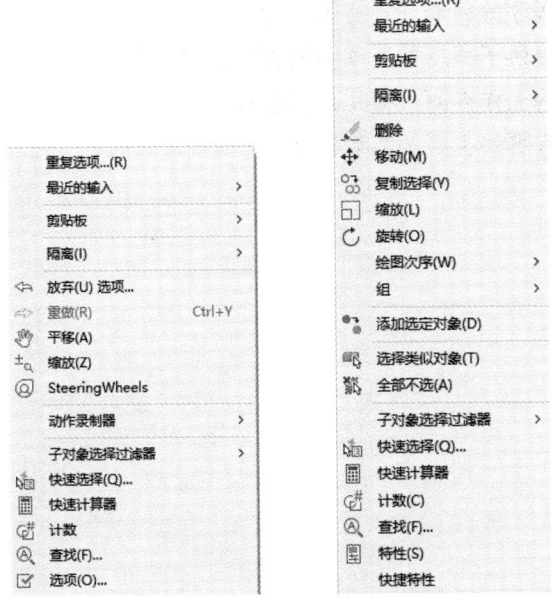

图1-20　不同位置的快捷菜单

1.2.10　图纸空间

前面介绍的界面都是模型空间，一般新建设计图都是在模型空间上操作，而图纸空间主要用于注释、图框和出图。当在模型空间绘图时通常不限制绘图范围，且使用1∶1的比例来绘图，而在图纸空间的尺寸等同于图纸的实际尺寸。

模型空间和图纸空间可以利用绘图窗口左下角的"模型/布局"标签进行转换，或状态栏的"模型或图纸空间"按钮进行转换。

1.2.11　信息中心

信息中心位于右上方的标题栏中。使用信息中心的搜索功能，只需要输入相应的文字和或问题，就会按照不同的分类快速地处理问题。在信息中心的工具条上，可以进入AutoCAD的相关网站，得到技术支持或帮助。

思考与练习题

1. AutoCAD 2022 程序的启动方式有哪几种？
2. AutoCAD 2022 提供了哪几种工作空间模式，如何切换？
3. AutoCAD 2022 的工作界面由哪几部分组成？
4. AutoCAD 2022 有哪些主要功能和特性？

第 2 章　绘图准备工作

> **导言**：AutoCAD 绘图的方法与传统手工绘图有着相当大的区别，各种绘图笔、三角板、比例尺、橡皮、胶带纸不再需要了，取而代之的就只有鼠标、键盘和计算机屏幕。虽然绘图的内容没什么大的变化，但是绘图的方法、步骤、原则都有了质的改变。当然，无论使用什么工具，在开始绘图之前，我们总要做些准备工作，然后选择 AutoCAD 的绘图命令开始绘图。

2.1　命令执行方法

使用 AutoCAD 进行绘图工作时，必须输入并执行一系列命令，否则 AutoCAD 将什么都不会做。AutoCAD 启动后进入默认的图形编辑状态，屏幕显示图形窗口，底部命令行窗口提示有"键入命令"字样，此时表示 AutoCAD 已处于准备状态并准备接受命令。用户可以根据需求选定要输入执行的命令。AutoCAD 命令的输入主要有键盘、鼠标和数字化仪等，最为常用的是鼠标和键盘。我们可以使用键盘输入命令，或者使用菜单输入命令，从而实现建立、观看、修改等绘图与图形编辑的工作。

2.1.1　键盘命令输入

键盘输入是 AutoCAD 输入文本的常用方法。从键盘输入命令，只需要在命令窗口键入命令名，接着按一下回车键或空格键即可。例如：输入命令名并确定（回车）；接下来，AutoCAD 将显示有关该命令的输入提示和选择项提示。

命令可以在图形窗口方式下的底部命令行中键入，也可以在文本窗口中出现"命令："提示符后键入。

2.1.2　菜单或按钮命令输入

利用菜单或按钮是输入执行 AutoCAD 命令的一种最为简单方便的方法。AutoCAD 可以用各种菜单或按钮输入执行命令，比如常用的工具栏、下拉菜单、功能区按钮和屏幕菜单等。要使用菜单输入命令必须首先打开相应的菜单栏，在菜单栏中找到需要执行的命令名，然后将光标移动至该命令上，此时该命令名被选中，接着单击鼠标左键，即是输入并执行该命令。

在菜单命令中，凡是命令名后带有省略号的命令，如"格式（O）"下拉菜单中的"图层（L）…"，选中执行时将会显示一个对话框；而凡是命令名后带有一个箭头的命令，如"绘图

(D)"下拉菜单的"圆弧（A）",选中后会接着显示出下一级的子菜单,以供用户进一步选择。

【注1】AutoCAD 2022 中默认状态下是没有菜单栏的,如果需要显示菜单栏,需要在"快速访问工具栏"的下拉菜单中选择"显示菜单栏"命令或者直接输入命令"MENUBAR",然后将参数设置为"1",即可在界面顶部显示菜单栏。后面涉及菜单栏的均按此过程处理。

【注2】AutoCAD 2022 中默认状态下没有工具栏,在菜单栏"工具（T）"的下拉菜单"工具栏"的子菜单"AutoCAD"中可以添加需要的工具栏到工作窗口。后面涉及工具栏的均按此过程处理。

2.1.3 重复执行命令

在 AutoCAD 执行完某个命令后,如果要立即重复执行该命令,则只需按一下回车键或者空格键即可。如使用"画圆"命令画完一个圆后还需立即再画一个圆,则只需简单地按一下回车键即可执行画圆（CIRCLE）命令。具体见下面的例子:

命令：输入 circle 命令并回车。

指定圆的圆心或[三点（3P）/两点（2P）/切点、切点、半径（T）]：用鼠标左键在屏幕上任意取一点并回车。

指定圆的半径或[直径（D）]：键入 50 并回车。

命令：回车。

指定圆的圆心或[三点（3P）/两点（2P）/切点、切点、半径（T）]：用鼠标左键在屏幕上任意取一点并回车。

在这里,"指定圆的圆心"是缺省的选择项,在中括号内的是可选项,可直接用鼠标点击选择,小括号内部的数字和字母是相应的可选项的快捷键。在回答完 AutoCAD 的第一次提示——即"指定圆的圆心"坐标后,则需要回答第二次提示——"指定圆的半径",此时 AutoCAD 已在屏幕上绘制好了半径为 50 的指定圆心的圆,如图 2-1 所示。再次绘圆时只需要按回车键即可。

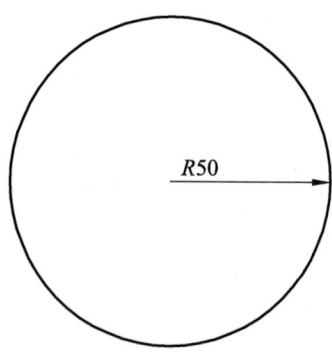

图 2-1 半径为 50 的圆

2.1.4 透明命令

AutoCAD 可以在某个命令正在执行期间,插入执行另一个命令。这个中间插入执行的命令为"透明命令"。例如,在执行画圆（CIRCLE）命令的同时,可以透明地使用 ZOOM 命令来进行缩放。

命令：输入 circle 命令并回车。

指定圆的圆心或[三点（3P）/两点（2P）/切点、切点、半径（T）]：键入'zoom 并回车。

>>指定窗口角点，输入比例因子（nX 或 nXP），或者

[全部（A）/中心（C）/动态（D）/范围（E）/上一个（P）/比例（S）/窗口（W）/对象（O）]<实时>：键入 a 并回车。

此时屏幕上提示：**需要重生成，不能透明。正在恢复执行 CIRCLE 命令。

指定圆的圆心或[三点（3P）/两点（2P）/切点、切点、半径（T）]：用鼠标左键在屏幕上任意取一点并回车。

指定圆的半径或[直径（D）]：输入 50 并回车，屏幕上将画出如图 2-1 所示的圆。

【注1】在使用透明命令时，在透明命令的提示前会有两个右向尖括号">>"，它提醒用户当前正处于透明命令执行状态。当透明命令执行完成后，系统又回到原先命令的提示状态。最常用的透明命令有：

① "帮助（HELP）"：帮助对话框。
② "重画（REDRAW）"：重画图形。
③ "缩放（ZOOM）"：缩放图形。
④ "平移（PAN）"：平移图形。
⑤ "关于（ABOUT）"：关于对话框。
⑥ "图层控制（DDLMODES）"：图层控制对话框。

【注2】使用透明命令时应注意以下限制：

① 某些命令当作透明命令时将会有些变化。例如，HELP 命令不能显示帮助主页，而只显示某个命令的使用信息。

② 直接使用透明命令，其效果等同于非透明命令，无需输入撇号。

2.2 绘图环境设置

在开始绘制一幅新图时，需要确定图幅大小和使用的尺寸、单位、精度等。所以，在作图之前，需要设置绘图环境。因为每个人的爱好和工作习惯的差异，所以对于自己身边的工作环境会有不同要求。正如不同的人虽然在做类似的工作，但却很有可能使用不同的工具一样。对于绘图环境的要求，也有类似的情况。

2.2.1 绘图区的坐标系

占据屏幕大部分区域的是绘图区——屏幕中间的空白区域，即用户的绘图空间，用户可以在绘图区内进行一切绘图工作。

绘图区设置笛卡儿坐标系即右手坐标系中，绘图区中各点的位置均用笛卡儿坐标值来表示。在二维图形中，笛卡儿坐标系由两个轴构成，即 X 轴和 Y 轴。X 轴右方向为正方向；Y 轴上方向为正方向；Z 轴正方向由内至外。坐标系的原点（0，0）位置在绘图区的左下角点。

当绘图时，绘图窗口的左下角会默认显示出一个坐标系图标（称 UCS 图标）。这一图标的 X 箭头指向右（X 轴的正方向），Y 箭头指向上（Y 轴的正方向）。用户可以使用以下方式控制 UCS 图标的显示与否。

2.2.1.1 执行 UCSICON 命令

命令：键入 ucsicon 并回车。

输入选项[开（ON）/关（OFF）/全部（A）/非原点（N）/原点（OR）/可选（S）/特性（P）]<开>：输入 off 并回车。

UCS 图标隐藏，要重新显示 UCS 图标，可执行以下命令：

命令：输入 UCSICON 并回车。

输入选项[开（ON）/关（OFF）/全部（A）/非原点（N）/原点（OR）/可选（S）/特性（P）]<关>：输入 on 并回车。

2.2.1.2 利用下拉菜单

利用下拉菜单控制 UCS 图标具体过程：打开下拉菜单"视图（V）"，选择其中的"显示"命令，在下面的选项选中 UCS 图标，单击"开"来切换"显示"或"隐藏"状态。

2.2.2 绘图单位

AutoCAD 使用笛卡儿坐标系来确定图形中点的位置，两个点之间的距离以绘图单位来度量。所以，在使用 AutoCAD 绘图时，首先要确定绘图单位。绘图单位本身是无量纲的，但在绘图时可以将绘图单位视为被绘制对象的实际单位，如毫米、厘米、米、千米或者英寸、英尺等。所以在 AutoCAD 中，我们经常使用 1∶1 的比例绘图，无论绘制的图形是手表零件还是建筑设计图。同时，AutoCAD 也是以这样的测量单位来存储尺寸数据的，常常在绘制好图形后，才按一定的比例来输出图形。用户可以使用下面的方式来设置绘图单位的格式与精度。

2.2.2.1 "单位"（UNITS）命令的执行方法

（1）在命令行"命令:"提示符后键入 units，并按回车键。

（2）从"格式（O）"下拉菜单中选择"单位（U）…"选项。

（3）在命令行提示符后键入 ddunits，并按回车键。

UNITS 命令执行后，将在屏幕上弹出一个图形单位对话框，如图 2-3 所示。

2.2.2.2 图形单位设置

在对话框中，我们可以对输入数据的格式和精度进行以下设置：

（1）在"长度"区域内，用"类型"下拉菜单，可设置单位格式，其中有分数、工程、建筑、科学、小数等格式。建筑表示建筑业格式，以 0′—0 1/16″显示英尺和分数的英寸；小数表示十进制数字；分数是分数表示法，显示格式为 0 1/16；科学表示科学记数法，显示格式为 0.0000E+01。用"精度"下拉列表框可选择设置长度单位的测量精度，可根据需要选择整数及保留的小数位数。

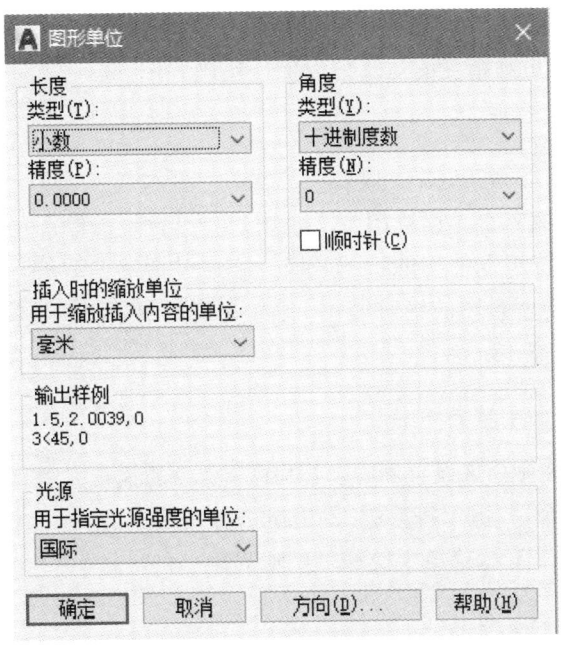

图 2-3 图形单位对话框

以上所列的单位格式中,科学、小数和分数适用于任何通用单位,而建筑和工程提供英寸和英尺显示。

(2)在"角度"区域内,用"类型"下拉菜单,可设置角度的数据格式;同样用其中的"精度"下拉列表选择设置当前单位格式的测量精度。其中有十进制度数(显示格式 0);度/分/秒(格式为 0d);弧度(格式为 0r,r 表示弧度);百分度(格式为 0g,g 表示百分度);勘测单位(显示格式为 N 0d E)。默认的角度格式是十进制度数,即用十进制数来表示角度值。

"顺时针"复选框指定角度的测量正方向,默认情况下采用逆时针为正方向。

(3)要控制角度的方向,请按对话框中的"方向(D)…"按钮,此时将弹出一个方向控制的子对话框,如图 2-4 所示。根据需要改变角度方向,默认时,0°角的方向是东,即为 X 轴正向;角度的正增量方向为逆时针方向。

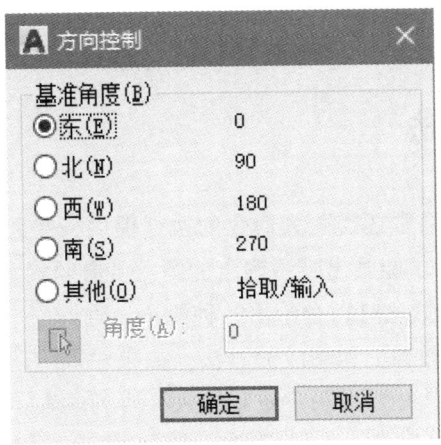

图 2-4 方向控制对话框

【注】在这里设置的单位精度仅表示测量值的显示精度,并非 AutoCAD 内部计算使用的精度,AutoCAD 中使用更高精度的运算值以保证精确制图。

2.2.3 绘图界限

绘图界限(绘图区域大小,简称图限)是用户自己设定的绘图用坐标系的大小,并以绘图单位来度量,它是用户可以使用的绘图区域。它通过指定左下角与右上角两点坐标的矩形来定义,一般要大于或等于整图的绝对尺寸。比如建筑图中绘制建筑物长为 19 m、宽为 15 m,则可设定图限长 22 m、宽 18 m。

2.2.3.1 图形界限命令执行方法

用户可以用 LIMITS 命令来设置图限。LIMITS 命令的执行方法有以下几种:
(1)在命令行"命令:"提示符后键入 limits,并按回车键。
(2)在"格式(O)"下拉菜单中选择"图形界限(I)"命令。

2.2.3.2 命令的执行过程

在命令行提示符后键入 limits,并按回车键,命令窗口中将出现以下提示:
重新设置模型空间界限:
指定左下角点或[开(ON)/关(OFF)]<0.0000,0.0000>:这里经常使用缺省值<0.0000,0.0000>,因此直接按回车键。
指定右上角点<420.0000,297.0000>:这里需要键入我们所需的图限边界坐标,然后按回车键结束此命令。

命令的选项含义如下:
(1)ON 表示打开图限边界检查功能,对任何超出边界的图形对象将不予接受。
(2)OFF 表示关闭图限边界检查功能,对于所绘图形的范围不加限制。此项为默认设置项。
(3)左下角点:指定图限左下角点的坐标。
(4)右上角点:指定图限右上角点的坐标。

2.3 数据输入方法

每当输入一条命令后,通常还需要为命令的执行提供一些必要的附加信息。例如,输入画圆(CIRCLE)命令后,为了能画出唯一确定的圆,就必须输入圆心的位置和圆的半径。

AutoCAD 需要输入附加信息时,会给出各种提示,告诉用户所需要提供信息的内容(如点的坐标、角度、距离、选择等)和响应的方法。如果输入的信息与命令所要求的不一致,系统就会显示一些出错信息,并要求用户重新输入,直到输入正确的信息为止;但有时当前的命令及输入的所有信息会被取消,重新返回到命令状态。

2.3.1 数值的输入

AutoCAD 的许多提示要求输入表示点位置的坐标值和距离等数值。这些数值可使用下列字符从键盘输入：+，-，1，2，3，4，5，6，7，8，9，E，*，/。

输入的数值可以是实数或整数。实数可以是科学记数法的指数形式，也可以是分数，但分子和分母必须是整数且分母要大于 0。整数后紧跟的分数要以短划线符号"-"分隔开，但其间不能出现空格符。分子大于分母的分数（如 4/3）只能在不带整数的情况下出现，因此"2-4/3"这样的表示是非法的。正数的符号"+"可以省略。响应行和列的输入数值必须是整型数。

例如：3.14，-45.8，7.2E+6，2.5E-3，1-3/4 是正确的输入；而 2-5/3，3/-2，1-3/2 是错误的输入。

2.3.2 坐标的输入

当命令行窗口出现"点"提示符时，表示需要用户输入绘图过程中某个点的坐标，因为图形总是要在一定的坐标系中进行绘制的。输入点的坐标时，AutoCAD 可以使用四种不同的坐标系类型：笛卡儿坐标系、极坐标系、球面坐标系和柱面坐标系。但最常用的是笛卡儿坐标系和极坐标系。

2.3.2.1 AutoCAD 常用的坐标系

（1）笛卡儿坐标系。绝对直角坐标，即相对于作图原点（0，0）的准确位置；相对直角坐标，即相对于一个已知点的位置。

（2）极坐标系。绝对极坐标系是利用距离和角度定位的，其坐标系统将二维坐标输入视为相对于原点的位移、距离和角度值。

2.3.2.2 点坐标的常用输入方法

（1）用键盘输入点的坐标值。在笛卡儿坐标系中，二维平面上一个点的位置坐标用一对数值（x, y）来表示，数值可以按前面所说的规定，用实数或整数的各种记数法来表示。所以点（100，0）表示该点的 x 坐标是 100，y 坐标是 0。当使用键盘输入该点的坐标时，只需在输入提示符后直接键入这两个数，中间用逗号","分开，然后按回车键。

而在极坐标系中，二维平面上一个点的位置坐标，是用该点距坐标系原点的距离和该距离向量与水平正向的角度来表示的，其表现形式为（$d<a$）。其中，d 表示距离，a 表示角度，中间用"<"分隔开。如某点坐标为（50<0），表示该点距坐标系原点的距离为 50，与水平正向的夹角为 0°。

输入点坐标的方式还可以分为绝对坐标方式和相对坐标方式。我们在上面所说的是绝对坐标的输入方法，这是系统的默认方式。相对坐标方式是指输入点相对于当前点的位置关系，而不是像绝对坐标方式中指输入点相对于坐标系原点的位置关系。用相对坐标方式输入点的坐标，必须在输入值的第一个字符前输入字符"@"作为前导。例如，在笛卡儿坐标系中，要输入点（100，50），该点相对于点（100，0）的相对坐标为（0，50），其输入方式为（@0，50）。在极坐标系中，要输入点（50，50），该点相对于点（100，50）的相对极坐标为（@50<180）。

（2）用鼠标直接指定点。当 AutoCAD 需要输入一个点时，也可以直接用鼠标（或其他定标设备）在屏幕上指定，这是最常用的方法。其输入过程为：当系统提示要输入点时，用户只需将鼠标在指定区域内上下左右移动，屏幕上的十字光标也就随之移动。当光标移动到所要指定的位置时，按一下鼠标左键，即拾取了该点。于是该点的坐标值（x, y）即被输入。

（3）例题。

用"直线（LINE）"命令通过键盘坐标输入的方法绘制如图 2-5 所示的图形。

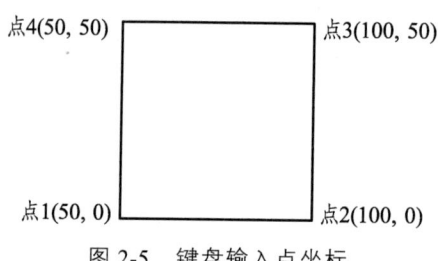

图 2-5　键盘输入点坐标

步骤如下：

① 在命令行：键入 line，并按回车键。
② 指定第一个点：50<0。（绝对极坐标输入点 1）
③ 指定下一点或[放弃（U）]：100，0。（绝对笛卡儿坐标输入点 2）
④ 指定下一点或[放弃（U）]：@0，50。（相对笛卡儿坐标输入点 3）
⑤ 指定下一点或[闭合（C）/放弃（U）]：@50<180。（相对极坐标输入点 4）
⑥ 指定下一点或[闭合（C）/放弃（U）]：c。（闭合）

2.3.3　距离的输入

在绘图过程中，AutoCAD 有许多输入提示要求用户输入一个距离的数值。这些提示有：高度、宽度、半径、直径、列距、行距等。

每当 AutoCAD 提示要求输入一个距离时，用户可以直接使用键盘键入一个距离数值，也可以使用鼠标指定一个点的位置，系统会自动计算出某个明显的基点到该指定的点的距离，并以该距离作为要输入的距离。例如，在执行"画圆"命令的过程中，一旦指定了圆心位置，系统会接着要求输入圆的半径或直径。此时如果指定一个点来响应，那么从逻辑上讲，一定是想用从圆心到这个点之间的距离来作为圆的半径或直径。

2.3.4　角度的输入

当 AutoCAD 出现"角度"提示时，表示要求用户输入角度值。在 AutoCAD 中，角度一般都是以"度"为单位，但用户也可以选择弧度、百分度或度/分/秒等单位。系统的默认设置值是按以下的规则设定：角度的起始基准边（即 0°角）水平指向右边（即 X 轴正向），逆时针方向的增量为正角，顺时针方向的增量为负角。

角度值也是一个数值，可以使用键盘输入。当用键盘输入时，可直接在"角度"提示符后键入角度值，或者在数字前加入一个符号"<"以表示角度，然后按回车键或空格键。两种表示方法效果相同。例如，要输入一个 45°角，用下面两种方法都一样：

① 角度：输入 45，并按回车键。
② 角度：输入<45，并按回车键。

当使用鼠标来输入角度时，用户需沿所需方向，指定一个起点，用从起点到终点的连线向量与 X 轴正向的夹角来表示要输入的角度。因此，输入角度的大小与指定两个点的顺序有关。通常指定的第一个点是起点，指定的第二个点是终点。例如，第一个点的坐标为（0，0），第二个点的坐标为（0，10），连线方向向上，表示输入的角度为 90°；如果两个点的指定顺序调换一下，则表示输入角度为 270°。

在有些情况下，起点的位置是显而易见的。此时，如果用户需要指定某一个点来响应"角度："提示，则 AutoCAD 认为该点即为终点。

2.4 修正错误的一般方法

在绘图的操作过程中，难免会产生一些错误，例如一次错误操作、激活一个错误的命令、输入一个错误的数据等。对于这些错误，我们可以采取措施随时加以修正。

2.4.1 图形的删除与恢复

2.4.1.1 图形的删除

如果所画的图形是错误的，或者是多余的，就必须将它从屏幕上删除。删除一个图形对象，要用"删除"命令。激活"删除"命令，屏幕上原十字光标会变成一个小的正方形框，称为"拾取框"。移动拾取框到要被删除的对象上并按一下鼠标左键，就可以选中要删除的对象，被选中的对象变为灰色。选择完对象后，按一下"回车键"确认，所选对象即被删除。"确认键"可以是鼠标右键，也可以是前面所说的回车键或空格键。

"删除"命令的执行方法主要有以下几种：
（1）在命令行：输入 erase，并按回车键。
（2）从"修改（M）"下拉菜单中选择"删除（E）"命令选项。
（3）在"修改"工具栏上单击按钮" "。

激活"删除"命令后，AutoCAD 会显示"选择对象"的提示符，要求用户选择要删除的对象。例如：

命令：输入 erase 并回车。
选择对象：要求用户使用拾取框去选择对象。
确定：按回车键、空格键或击右键确认。

2.4.1.2 图形的恢复

如果按下回车键后，发觉被删去的对象是不该删除的，即误删了不该删去的对象。此时可用"恢复"（OOPS）命令来恢复刚刚被删去的一个或一组对象。"恢复"命令的执行方法为：

命令行：输入 oops 并回车。

"恢复"命令只能恢复最近一次使用 ERASE 命令删除的对象，在此之前被删除的对象则不能被恢复。

2.4.2 取消最近的一次操作

AutoCAD 提供了放弃命令和重做命令，用于帮助用户纠正误操作。

2.4.2.1 放弃（UNDO）命令

如果在绘图的过程中进行了一次误操作，例如删去了不该删除的图形或是其他任何操作，则可以立即用"放弃"命令来取消这次操作，恢复到该次操作前的状态。

"放弃"命令的省略形式是 U 命令，用户可以在命令行上键入 U 并按回车键。

命令行：输入 u 并回车。

用户可以重复键入 U 命令来取消自从打开当前图形以来激活的所有命令，包括用户改变的设置或移动与编辑的对象，所以"放弃"命令比"删除"命令更灵活方便。

"放弃"命令的另外两种执行方法如下：

（1）打开"编辑（E）"下拉菜单，选择其中的"放弃（U）"选项。

（2）单击"快速访问工具栏"上的按钮"⇦ ▼"。

2.4.2.2 重做（REDO）命令

如果要恢复被"放弃"命令取消的操作，则可以使用"重做"命令。"重做"命令只能恢复最近一次"放弃"命令取消的操作，并且这个"放弃"命令必须是刚执行过的，而不能是以前执行的。

"重做"命令的执行方法有：

（1）单击"快速访问工具栏"上的按钮"⇨ ▼"。

（2）打开"编辑（E）"下拉菜单，选择其中的"重做（R）"命令选项。

2.4.3 撤销正在执行的命令

如果发觉已经激活并进入执行状态的命令不是原来想要激活的命令，那么可以立即撤销该命令。要撤销一个正在执行的 AutoCAD 命令，可以按键盘上的 Esc 键。这时系统立即中止正在执行的命令，重新返回到等待接收命令的状态。

【注】有些命令要连续按两次或者三次 Esc 键，才能返回到命令提示符的状态。

2.5 图形文件

在 AutoCAD 系统中，图形文件是以扩展名为 ".dwg" 的文件保存的。文件扩展名由系统自动加到用户输入的文件名的后缀上，因此用户在输入文件名时，只需输入文件名，而不必输入扩展名。在图形文件中存放的主要信息是图元，图元是系统预定义的最基本的图形对象，例如直线、圆弧、圆和文本等。每个图元都具有表示其大小和位置的几何属性，以及具有图层、颜色、线宽和线型等非几何属性。

2.5.1 创建一个新的图形文件

在使用 AutoCAD 绘图时，首先要准备好绘图文件，即新建图形文件，就像在进行手工绘图前必须要准备好图纸一样，然后才能在上面画草图，直至最后完成正式图纸。

创建一个新的图形文件要用到 NEW 命令。其执行的方法有以下几种：
（1）在命令行：键入 new 并回车。
（2）打开"文件（F）"下拉菜单，选择其中的"新建（N）"按钮。
（3）单击"快速访问工具栏"上的新建按钮"　"。

执行 NEW 命令后，屏幕上将显示一个"选择样板"对话框，如图 2-6 所示。当新建一个 AutoCAD 图形文件时，往往要使用一个样板文件，样板文件中通常包含与绘图相关的一些通用设置，如图层、线型、文字样式等。利用样板文件创建新图形不仅能提高绘图效率，也能保证产品图形的一致性。

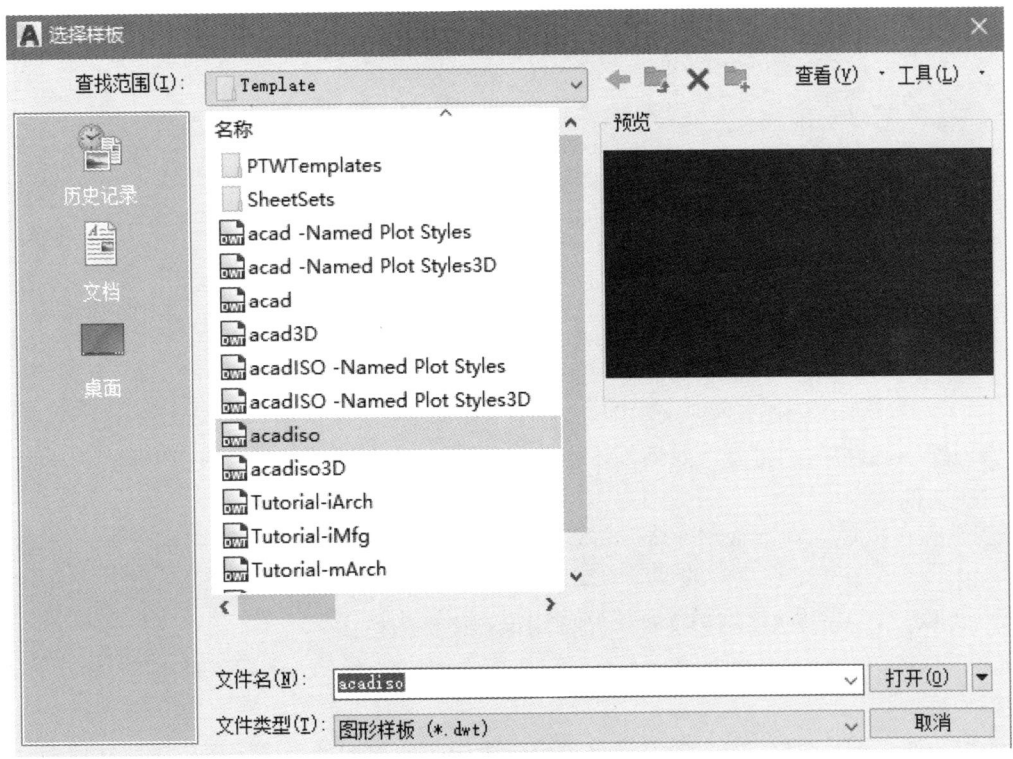

图 2-6 "选择样板"对话框

2.5.2 打开一个已有的图形文件

在设计绘图过程中，大部分工作是在已有的图形基础上进行的。比如要对一张原有的图形进行修改补充或者要对原有部件进行改进设计；即使是一张较复杂的新图，也要经过一段时间才能完成，之后的画图工作也是在已有的图形上进行的。

要打开一个已有的图形文件，必须使用"打开（OPEN）"命令。"打开"命令的执行方法有以下几种：

（1）在命令行：键入 open 并回车。

（2）打开"文件（F）"下拉菜单，选择其中的"打开（O）"命令选项。

（3）单击"快速访问工具栏"上的按钮"　"。

执行"打开"命令后，屏幕上将显示一个"选择文件"对话框（图 2-7）。

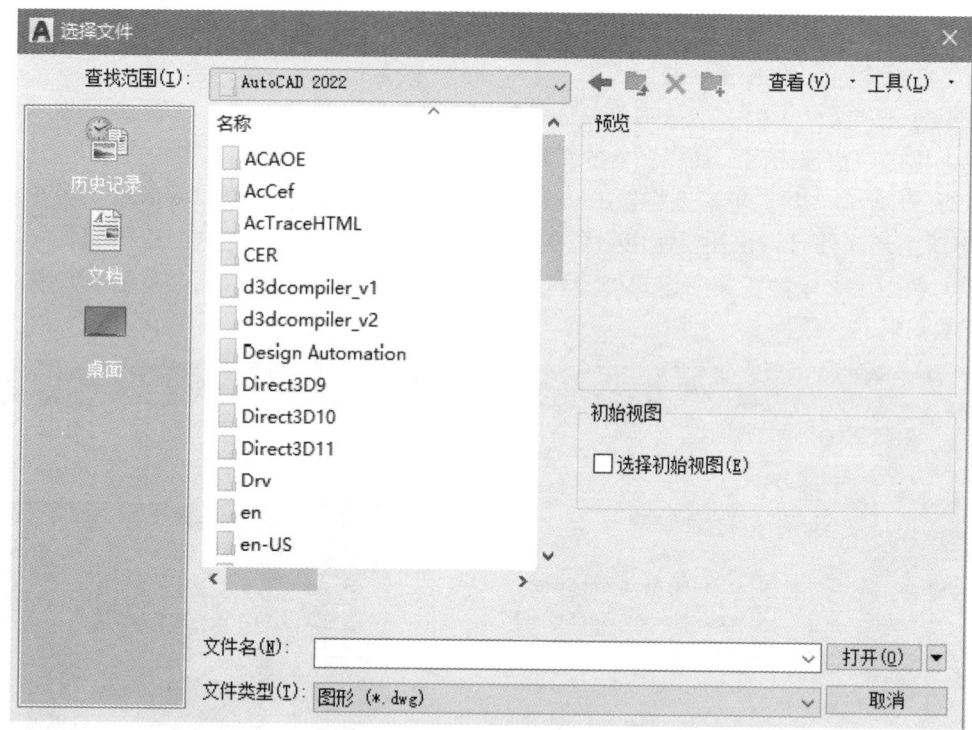

图 2-7　"选择文件"对话框

"新建"对话框与"打开"对话框基本功能相同，不同之处如下：

（1）文件类型。

①".dwt"：AutoCAD 样板文件，可以保存图形及设置，也可以是预设的文件，常用于新建图形时。

②".dwg"：AutoCAD 图形文件，是常用保存文件的格式。

③".dws"：AutoCAD 的标准文件格式，主要在图层转换（laytrans）时使用，可以保留图层映射关系。

④".dxf"：AutoCAD 的矢量文件格式，包含图形的基本信息，主要用于与其他的 CAD 系统进行数据交换。

（2）打开类型。

"新建"对话框中的"打开"下拉列表功能如下：

①"无样板打开-英制"表示以英制单位新建默认设置、无样板图形的新文件。

②"无样板打开-公制"表示以公制单位新建默认设置、无样板图形的新文件。

"打开"对话框中的"打开"下拉列表功能如下：

① "以只读方式打开":打开的图形文件,用户可以对其进行编辑修改,但必须用另一个文件名来保存。这可使得原来的图形不受破坏。

② "局部打开":适用于打开有多个图层的文件,当用户不想打开无用的图层时,可以使用"局部打开"功能,只打开自己需要修改的图层。

2.5.3 保存图形文件

绘制好的图形必须存储在磁盘上,以便永久保存。要在磁盘上存储一个图形文件,可以按不同的情况使用不同的存储命令。

2.5.3.1 使用"保存(SAVE)"命令

"保存"命令以图形文件的当前名字(如果已经命名)或者新名字(图形尚未命名)来保存当前窗口上的图形。执行"保存"命令可以用以下几种方法:

(1)从命令行:键入 save 并按回车键。
(2)单击"快速访问工具栏"上的按钮" "。
(3)从命令行:键入 qsave 并按回车键。
(4)打开"文件(F)"下拉菜单,选择其中的"保存(S)"命令选项。

执行 SAVE 命令后,如果当前图形文件已经命名,那么系统继续以原来的文件名存储该图形,在界面上没有任何反应;而如果当前图形尚未命名,那么界面上将弹出一个"图形另存为"对话框,如图 2-8 所示。

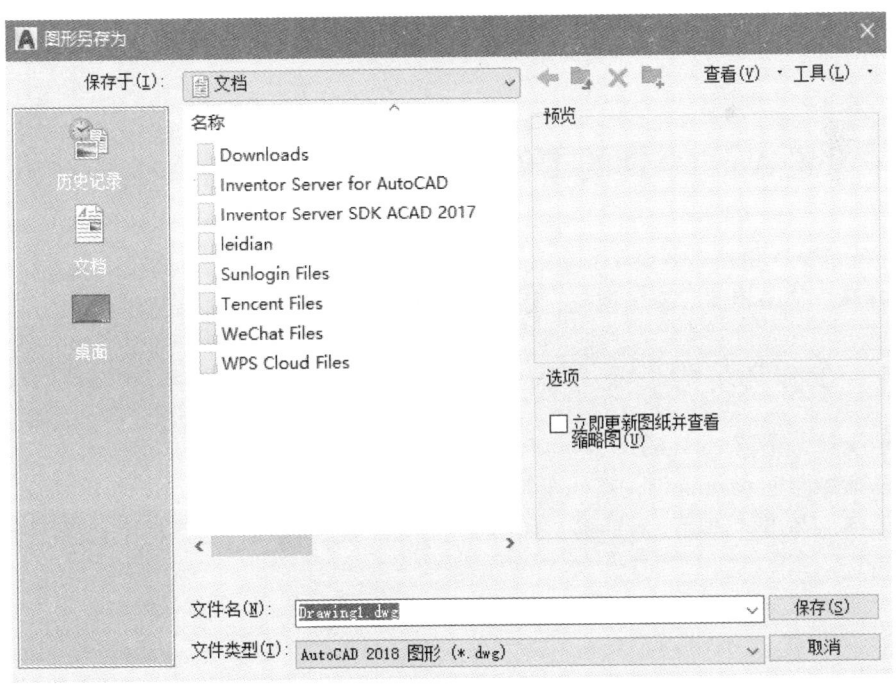

图 2-8 "图形另存为"对话框

保存图形时,请在对话框的"保存于(I)"列表框中选择相应的文件夹,在"文件名(N)"文本框中键入对该图形文件的命名,在"文件类型(T)"下拉列表中指定文件类型。

如果要保存到新的文件夹中，请单击"📁"按钮。如果要将图形文件保存为样板图，请从"文件类型"下拉列表中选择"AutoCAD 图形样板（*.dwt）"项。保存为样板图后，对图形的相关设置和图形对象就可以在新的图形中多次使用。

输入文件名、设置文件夹及文件类型后，单击"保存"按钮，即可将当前图形存储到指定的文件夹中。

2.5.3.2 使用"另存为（SAVEAS）"命令

"另存为"要求用户给图形文件命名，以新的文件名存储当前的图形。但如果在执行"另存为"命令时，当前图形还未命名保存过，则系统同样会显示"图形另存为"对话框。

"另存为"命令有以下几种执行方法：

（1）从命令行"命令:"提示符后键入 saveas 并按回车键。
（2）打开"文件（F）"下拉菜单，选择其中的"另存为（A）"选项。

2.5.4 退出图形文件

退出 AutoCAD 与退出 AutoCAD 图形文件是不同的，退出 AutoCAD 会退出所有的图形文件，反之则不成立。退出 AutoCAD 的方法同 1.1.2.2 节；退出 AutoCAD 图形文件的方法如下：

（1）单击图形文件选项卡名称右侧的按钮"Drawing1 ×"。
（2）在命令行输入 close，按回车键。
（3）打开"窗口（W）"下拉菜单，选择其中的"关闭（O）"选项。
（4）打开"文件（F）"下拉菜单，选择其中的"关闭（C）"选项。

2.6 设置 AutoCAD 的工作环境

为使 AutoCAD 更加有效地工作，在使用 AutoCAD 时要对其搜索路径、显示特性、文件的保存与打开、打印特性、系统控制、用户系统配置等工作环境进行设置。

2.6.1 工作环境的设置方法

（1）从下拉菜单"工具（T）"中选择"选项（N）…"。
（2）从命令行输入 options，按回车键。

命令激活后弹出"选项"对话框，如图 2-9 所示。在"选项"对话框中选择一个选项卡，然后进行设置。

2.6.2 设置工作路径

"选项"对话框（图 2-9）中的"文件"选项卡用于设置 AutoCAD 查找文件支持的搜索路径。这些支持文件包括字体、图形、线型和填充图案等。适当设置这些选项可显著提高 AutoCAD 加载文件的性能。

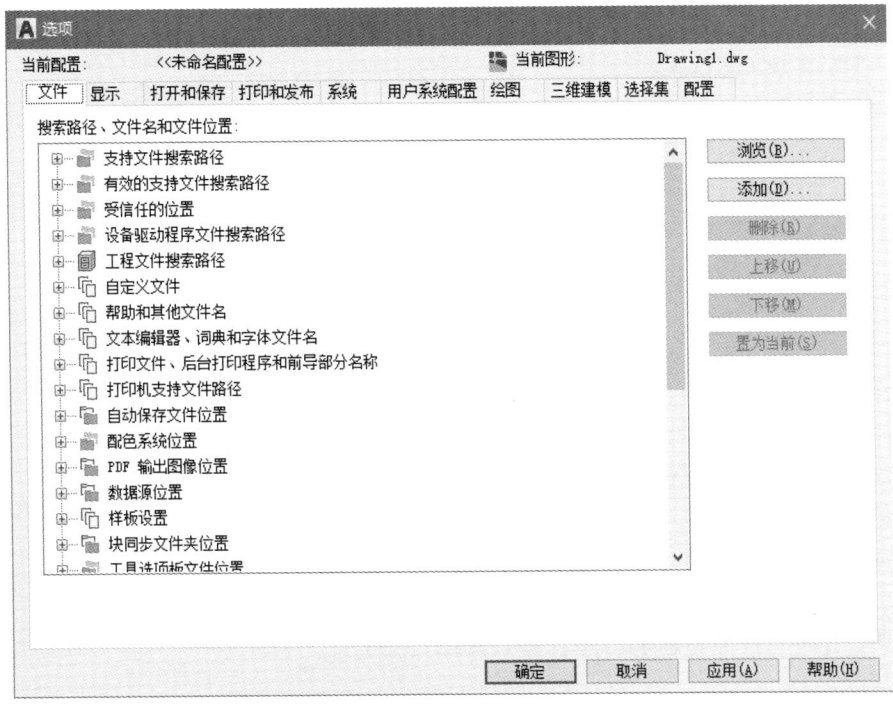

图 2-9 "选项"对话框

在"文件"选项卡中可以指定临时文件的位置。AutoCAD 运行期间在磁盘上创建临时文件，结束运行后将其删除。AutoCAD 的临时文件目录是 Microsoft Windows 使用的临时目录。如果要从一个写保护的目录运行 AutoCAD（例如，从一个网络驱动器或光盘驱动器上），应为临时文件指定其他位置。所指定的目录不能是写保护的，并且该目录所在的磁盘必须拥有足够的磁盘空间供临时文件使用。

2.6.2.1 "文件"选项卡中的搜索路径、文件名和文件位置内容

（1）设备驱动程序文件搜索路径。
（2）工程文件搜索路径。
（3）自定义文件、帮助和其他文件名。
（4）文本编辑器、词典和字体文件名。
（5）打印文件、后台打印程序和前导部分名称
（6）打印机支持文件路径。
（7）自动保存文件位置。
（8）配色系统位置。
（9）数据源位置。
（10）样板设置。
（11）工具选项板文件位置。
（12）编写选项板文件位置。
（13）日志文件位置。
（14）动作录制器设置。

（15）打印和发布日志文件位置。
（16）临时图形文件位置。
（17）临时外部参照文件位置。
（18）纹理贴图搜索路径。
（19）光域网文件搜索路径。
（20）DGN 映射设置位置。
（21）PDF 输出图像位置。

2.6.2.2 修改搜索路径的步骤

（1）从"工具（T）"下拉菜单，选择"选项（N）"；或在不运行任何命令也不选定任何对象时，在绘图区域中单击右键，在弹出的快捷菜单中选择"选项（O）"。
（2）在"选项"对话框中选择"文件"选项卡。
（3）在"文件"选项卡中，找到要修改的路径类型，单击旁边的加号"（+）"。
（4）选择要修改的路径。
（5）选择"浏览"，然后搜索驱动器和目录直到找到所需的内容。
（6）选择要使用的驱动器和目录，然后选择"确定"。

2.6.3　AutoCAD 显示配置

安装 AutoCAD 后，通常无需进行额外的显示配置，因为 AutoCAD 的缺省显示方式能够满足一般要求。但也可以使用"选项"对话框中的"显示"选项卡定制 AutoCAD 显示。除了可修改 AutoCAD 界面使用的颜色和字体外，还可以指定许多其他的设置，如图 2-10 所示。

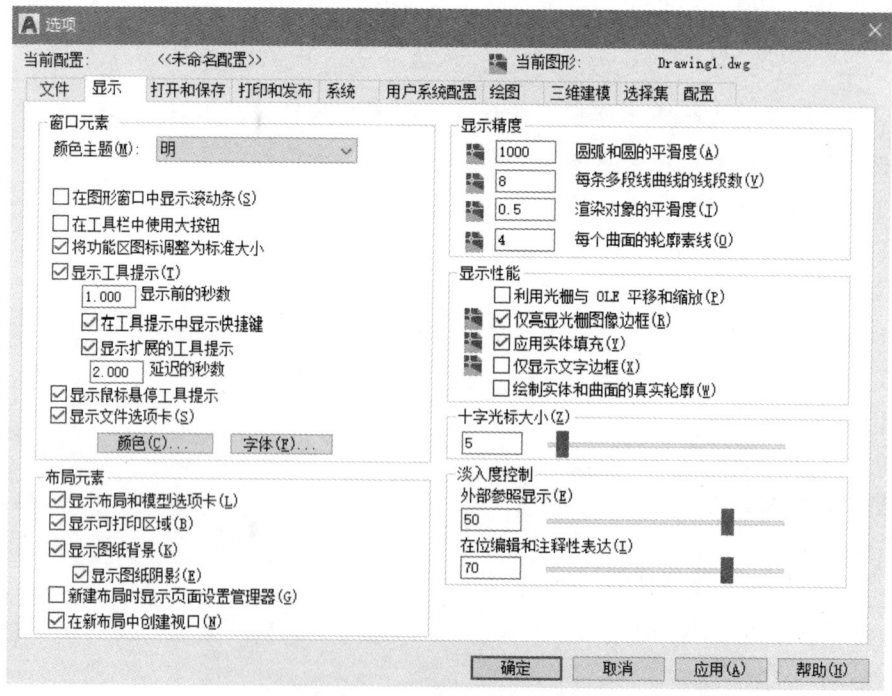

图 2-10　"显示"选项卡

"选项"对话框的"显示"选项卡还可以设置布局选项。布局为图形创建了一个图纸空间视图,可以创建多个布局并为每个布局设计不同的浮动视口配置。在"显示"选项卡中可以指定布局特性,如在图形中显示页边距或图纸背景。用这些选项可以查看图形的实际打印效果。

可以在"显示"选项卡中修改的其他设置包括:
(1) AutoCAD 窗口构成组件的显示特性——窗口元素。
(2) 影响渲染质量的分辨率设置——显示精度。
(3) AutoCAD 十字光标大小——十字光标大小。
(4) 影响显示性能的设置——显示性能。
(5) 可直接编辑参照褪色度控件——淡入度控制。

2.6.4 打开和保存图形

"选项"对话框中的"打开和保存"选项卡可控制与打开和保存图形文件相关的设置,如图 2-11 所示。如果启用了"自动保存"选项,AutoCAD 将以指定的时间间隔保存图形。图形保存的位置由"文件"选项卡中的"自动保存文件位置"确定。

图 2-11 "打开和保存"选项卡

在"打开和保存"选项卡中可修改的其他设置包括:
(1) 文件保存:可以选择文件保存格式及其兼容性,缩略图预览设置等。
(2) 文件安全措施:自动保存时间设置、日志文件保存、临时文件扩展名设置,以及数字签名等。

（3）文件打开：设置"文件"菜单中显示的最近使用的文件数及其路径。
（4）应用程序菜单：设置快捷菜单中显示最近使用的文件数。
（5）外部参照：设置外部参照文件加载方式及其格式。
（6）ObjectARX 应用程序：设置 ObjectARX 应用程序的加载方式，以及自定义对象的代理。

2.6.5 控制打印特性

"选项"对话框中的"打印和发布"选项卡可配置打印选项，如图 2-12 所示。用户可以在其中指定基本的打印控制，例如缺省的打印设备、打印样式和打印样式的应用方式。打印样式是一个特性设置的集合，可以被应用到图形中的不同对象上。

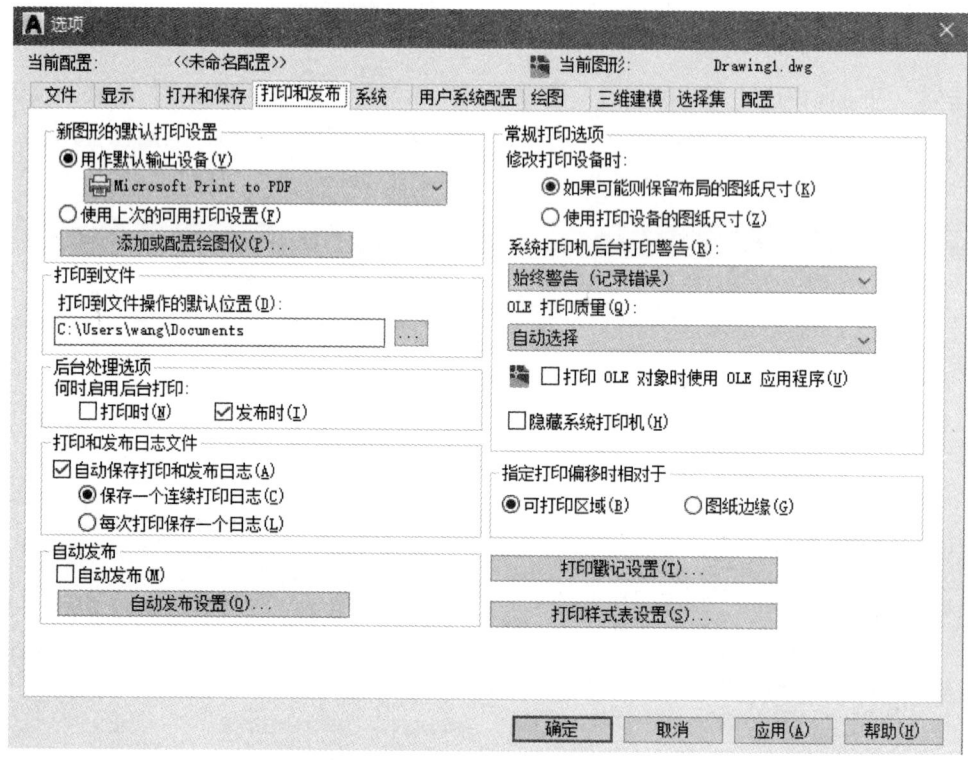

图 2-12 "打印和发布"选项卡

在"打印和发布"选项卡中可修改的其他设置包括：
（1）新图形的默认打印设置：设置默认打印输出设备，以及添加或配置绘图仪。
（2）打印到文件：设置打印到文件操作的默认位置。
（3）后台处理选项：设置何时启用后台打印。
（4）打印和发布日志文件：设置自动保存打印和发布日志的方式。
（5）自动发布：自动发布设置。
（6）常规打印选项：设置打印图纸尺寸、与打印相关的系统警告，以及 OLE 对象的打印方式。
（7）指定打印偏移时相对于：设置偏移相对方式。
（8）打印样式表的设置。

2.6.6 控制系统选项

"选项"对话框中的"系统"选项卡可用来调整基本的 AutoCAD 系统设置，如图 2-13 所示。安装 AutoCAD 后，通常无需进行额外的鼠标或数字化仪的配置，因为 AutoCAD 使用系统当前的定点设备。但是，可以更改当前的定点设备并控制 AutoCAD 是仅接受数字化仪的输入，还是同时接受数字化仪和鼠标的输入。

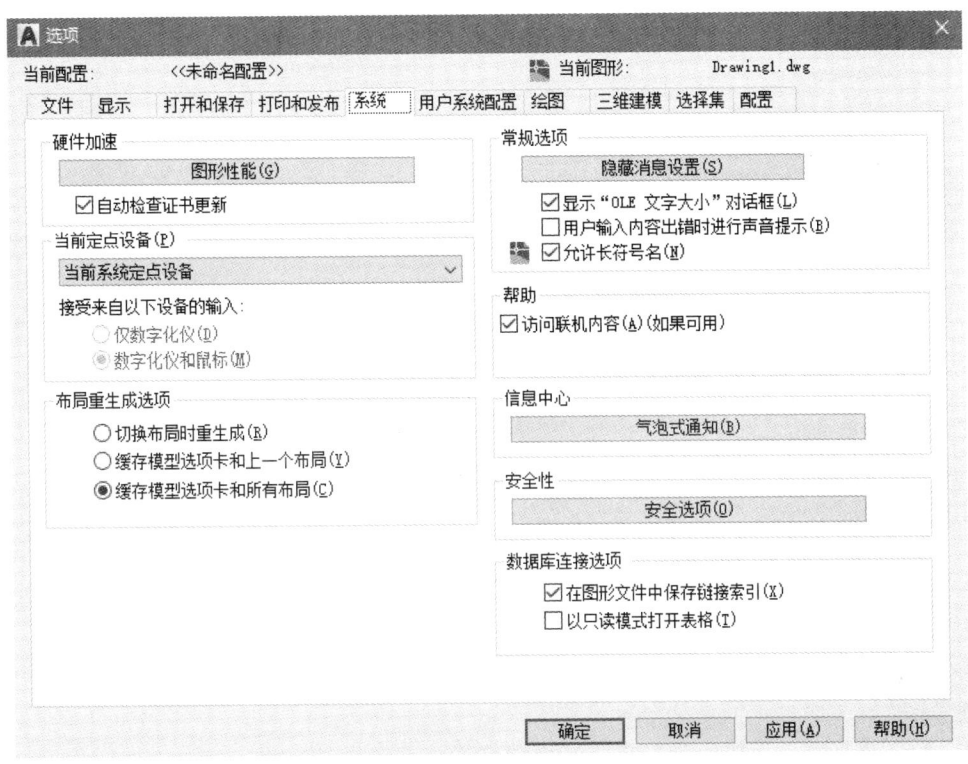

图 2-13 "系统"选项卡

在"系统"选项卡中可修改的其他设置包括：
（1）硬件加速：设置图形显示特性。
（2）布局重生成选项：设置布局重生成的方式。
（3）数据库连接选项：设置数据连接方式。
（4）常规选项：可以进行隐藏消息设置、"OLE 文字大小"对话框的显示控制、用户输入内容出错时的声音提示，以及使用长符号名。
（5）信息中心：设置气泡式通知方式。
（6）安全性：设置安全级别等。

2.6.7 设置用户系统配置

在"选项"对话框的"用户系统配置"选项卡中，可以设置绘图环境使用户能按最佳方式进行工作，如图 2-14 所示。用户能够自定义快捷菜单的设置，还可以决定图形中超级链接的显示特性。

图 2-14 "用户系统配置"选项卡

在"用户系统配置"选项卡中可修改的其他设置包括：
（1）Windows 标准操作：设置编辑选项、快捷菜单使用区域以及自定义右键单击。
（2）插入比例：设置插入时的默认单位。
（3）字段：字段背景的显示以及更新设置。
（4）坐标数据输入的优先级：设置坐标数据输入的优先级模式。
（5）关联标注：设置是否关联新标注。
（6）超链接：设置超链接光标、工具提示和快捷菜单的显示。
（7）放弃/重做：设置是否合并"缩放"和"平移"命令以及图层合并特性的更改。
（8）块编辑器设置、线宽设置和默认比例列表。

2.6.8 设置绘图特性

在"选项"对话框的"绘图"选项卡中，可以控制多个 AutoCAD 绘图辅助工具，如图 2-15 所示。例如，自动捕捉可精确定位对象上的点，自动追踪可以以特定的角度或与其他对象的特定关系来绘制图形对象。

在"绘图"选项卡中可修改的其他设置包括：
（1）自动捕捉设置：设置是否标记、磁吸、显示自动捕捉工具提示、显示自动捕捉靶框以及颜色。
（2）自动捕捉标记大小设置。
（3）对象捕捉选项：设置忽略图案填充对象、是否使用当前标高替换 Z 值等。

（4）AutoTrack 设置：设置是否显示极轴追踪矢量、全屏追踪矢量等。
（5）对齐点获取方式设置。
（6）靶框大小设置。
（7）设计工具提示设置、光线轮廓设置及相机轮廓设置。

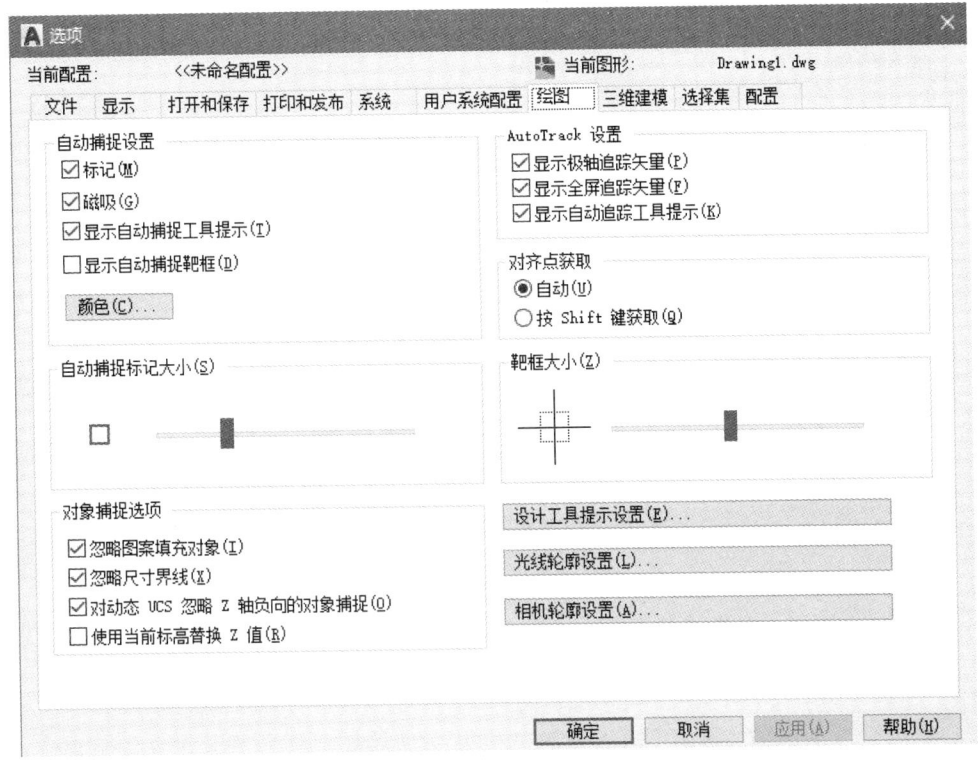

图 2-15 "绘图"选项卡

2.6.9 修改选择集选项

在"选项"对话框的"选择集"选项卡中，可以控制 AutoCAD 选择工具和对象的选择方法，如图 2-16 所示。用户既可以调整 AutoCAD 拾取框的尺寸，也可以指定绘图时使用的选择方法。例如，"隐含选择窗口中的对象"选项可以在用户单击绘图区域时创建一个选择窗口。如果激活了"用 Shift 键添加到选择集"选项，那么按住 shift 键再选择新对象即可将其添加至对象选择集中。

在"选择集"选项卡中可修改的其他设置包括：
（1）拾取框大小设置。
（2）预览：设置选择集预览方式以及视觉效果。
（3）选择集模式：设置选择集的有关模式。
（4）功能区选项：设置上下文选项卡状态。
（5）夹点尺寸设置。
（6）夹点颜色及其他设置。

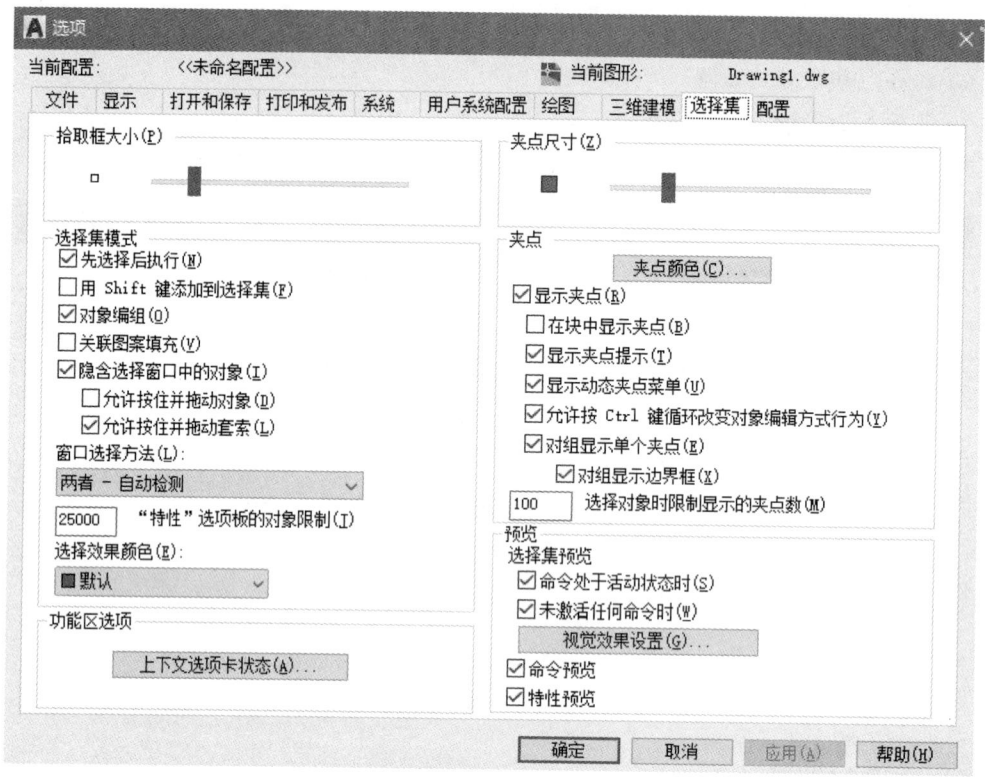

图 2-16 "选择集"选项卡

2.6.10 创建配置

在"选项"对话框的"配置"选项卡中，可以设置绘图环境并将其保存到配置中，如图 2-17 所示。如果与使用相同登录名的其他用户共享工作站，则可以将自己的配置标记为当前配置来恢复自己的绘图环境。也可以创建和保存多份配置以便在不同项目中使用。在缺省情况下，AutoCAD 在一个名为"未命名配置"的配置中恢复当前设置。

AutoCAD 在"选项"对话框中显示当前配置的名称和当前图形的名称。

配置的信息存储在系统注册表中，同时还可以存储在一个文本文件（ARG 文件）中。AutoCAD 将组织重要的数据，并且根据需要对注册表进行修改。

保存了配置后，就可以从其他计算机上输入 ARG 文件或向其他计算机输出 ARG 文件。如果在 AutoCAD 任务期间修改了当前配置，然后想将修改内容保存到 ARG 文件中，就必须输出该配置。将配置以当前配置名输出时，AutoCAD 以新的设置更新 ARG 文件。可以再次将该文件输入到 AutoCAD 中以更新配置设置。

设置当前配置的步骤：

（1）从"工具（T）"菜单中选择"选项"。

（2）在"选项"对话框中选择"配置"选项卡。

（3）在"配置"选项卡中选择要设为当前配置的文件。

（4）选择"置为当前"，然后单击"确定"。

可以使用命令行开关在启动 AutoCAD 之前初始化一个特定的配置。

启动 AutoCAD 之前设置当前配置的步骤如下：

（1）在 Windows 桌面上，用右键单击 AutoCAD 图标将显示快捷菜单。

（2）在快捷菜单中选择"属性"。

（3）在"AutoCAD 2022-简体中文（Simplified Chinese）属性"对话框中选择"快捷方式"选项卡。

（4）在"目标（T）"的当前目标目录之后输入"/product×××/"（/前面有一个空格，×××是要设为当前配置的名称）。注意，默认的路径不要删除。

（5）单击"确定"，然后启动 AutoCAD 2022 即可。

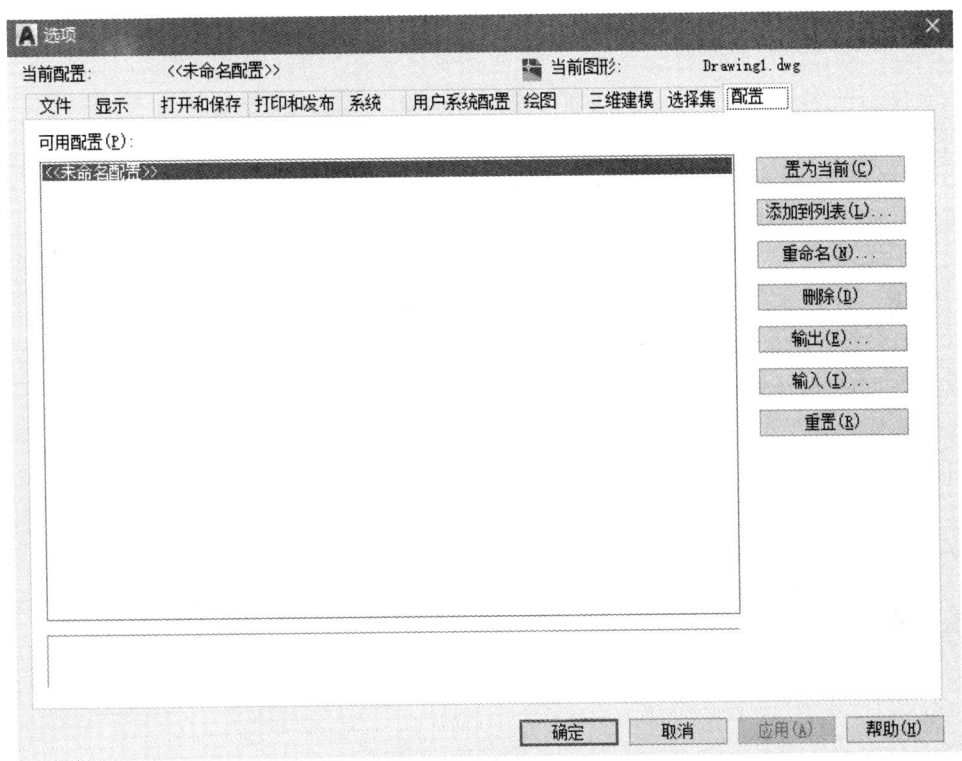

图 2-17　"配置"选项卡

2.6.11　优化性能

要在作图时优化 AutoCAD 的系统性能，可以修改"选项"对话框中的相关设置。请注意，图形文件的大小和系统硬件对 AutoCAD 性能有至关重要的影响。

2.6.11.1　"显示"选项卡中选项对系统运行性能的影响

（1）圆弧和圆的平滑度。设置一个较小的平滑度（如 100），同时增大渲染值可以优化性能，取值范围为 1~20 000。增大此值时，被渲染的对象更加平滑；但 AutoCAD 执行生成、平移和缩放等操作需要更多的时间。

（2）每条多段线曲线的线段数。设置一个较小的值（如 4）可以优化性能。线段数越大，重生成图形所需时间越长。

（3）渲染对象的平滑度。平滑度的取值范围为 0.01~10，将其设置为 1 或更小的值可以优化性能。增大此值时，显示性能将下降，渲染时间增加。

（4）每个曲面的轮廓素线。轮廓素线的取值范围为 0~2 047，设置一个较小的值（如 4）可以优化性能。增大此值时，显示性能将下降，渲染时间增加。

（5）利用光栅和 OLE 进行平移和缩放。清除此选项可以优化性能。在进行平移和缩放时，AutoCAD 仅显示光栅图像的边框，而不是显示整个光栅图像。

（6）仅亮显光栅图像边框。选择此选项可以优化性能。当光栅图像选中时，AutoCAD 仅显示光栅图像的边框，而不显示整个光栅图像。

（7）应用实体填充。清除此选项可以优化性能。多线、宽线、实体、所有图案填充（包括实体填充）和宽多段线都显示为轮廓，而不用实体填充，因此图形重生成时间将减少。

（8）仅显示文字边框。选择此选项可以优化性能。只显示文字边框而不显示实际文字，所以图形重生成时间将减少。

（9）绘制实体和曲面的真实轮廓。清除此选项可以优化性能。清除此选项后体对象的轮廓曲线不显示出来，因此图形重生成时间将减少。

2.6.11.2 "打开和保存"选项卡中的选项对系统性能的影响

（1）另存为。设置为"AutoCAD 图形"格式可以优化性能。如果将 AutoCAD 图形文件保存为其他 DXF 文件格式，保存图形时性能将会降低。

（2）增量保存百分比。将其设置为 50 可以优化性能。当修改内容的总量达到在此选项中设置的百分比时，AutoCAD 仅保存修改的图形信息。只有在 AutoCAD 执行完全保存时，才保存整个图形。将此选项设置为 0 时，AutoCAD 每次都执行完全保存。如果将此选项设置为一个较低的值，如 20 或更小，会使 AutoCAD 频繁执行保存，导致系统性能明显降低。

（3）按需加载外部参照文件。设置为"启用"可以优化性能。启用此选项后，AutoCAD 只加载重生成当前图形所需的部分外部参照。处理包含图层或空间索引的被剪裁的外部参照时可使用此选项。

2.6.11.3 "系统"选项卡中选项对系统性能的影响

"在图形文件中保存链接索引"，选择此选项可在"链接选择"操作过程中优化性能。如果想减少图形文件的大小或优化包含数据库表的图形的打开性能，则可以清除此选项。

2.6.11.4 "选择集"选项卡中选项对系统性能的影响

"显示夹点"，清除此选项可以优化性能。夹点是选中对象后显示的小矩形。选择此选项后，图形文件的大小和重生成时间都会增加。

思考与练习题

1. 启动某一命令的方法有哪些？如何中断或取消正在执行的命令？
2. 如何快速执行上一个命令？
3. 什么是透明命令？常用的透明命令有哪些？
4. 如何控制坐标系的显示？
5. 如何设置图形单位？如何设置角度类型为"度/分/秒"，精度为"00°00′00″"？
6. 图形界限的作用是什么？如何设置 2 500 mm × 1 500 mm 的图形界限？
7. 常用的坐标输入方法有哪些？如何将测绘工程使用的坐标输入到 AutoCAD 2022 中？
8. 如何输入角度值？相对极坐标与绝对极坐标输入有什么不同？
9. 修正绘图错误的方法有哪些？
10. 如何新建一个图形文件？有几种新建类型？
11. 在"选择文件对话框"中，"打开"下拉菜单中的四个选项有什么区别？
12. 如何快速保存？保存和另存为命令有什么区别？
13. 如何设置文件自动保存及自动保存文件路径？
14. 如何设置文件搜索路径？
15. 工作界面中的"模型""布局"空间如何设置颜色？
16. 靶框大小、自动捕捉标记大小及颜色如何设置？
17. 如何设置工作界面的颜色及字体？
18. 拾取框大小、夹点的颜色如何设置？
19. 配置文件如何修改？如何切换配置文件？

第 3 章　图形的绘制

> **导言**：图形的绘制是 AutoCAD 绘图的基础和重点内容。能否灵活、准确、高效地绘制图形，关键在于是否熟练掌握绘图的方法和技巧。本章主要介绍 AutoCAD 2022 中基本图形的绘制方法和命令，如点、直线、圆、弧、椭圆、多边形、构造线等。

3.1　基本图形的绘制

3.1.1　直线的绘制命令（LINE）

3.1.1.1　命令的功能

绘制一条直线或多条相互连接的直线。直线的绘制是 AutoCAD 最常见、最基本的绘图方法之一。

3.1.1.2　命令的启动

以下几种方式可以启动 LINE 命令：

（1）在命令行的"命令："提示符后，键入 line（或简捷命令 L）并按回车键。
（2）单击"默认"选项卡中的"绘图"面板下的"直线"按钮"╱"。
（3）在"绘图（D）"下拉菜单中，选择"直线（L）"命令选项。

3.1.1.3　命令的使用及说明

上述任何一种方式启动 LINE 命令后，将出现如下提示：
命令：line 指定第一个点。指定或输入直线的起点，进入画直线状态。
由于用 LINE 命令绘制直线时，绘制单个直线和多个直线的方法略有不同，故分述如下：
（1）绘制一条直线。
① 在"指定第一个点："提示符后，指定或输入直线的起点。
② 在"指定下一点或[放弃（U）]："提示符后，指定或输入直线的端点。
③ 在"指定下一点或[放弃（U）]："提示符后，按回车键或按鼠标右键选择快捷键菜单中的"确认（E）"选项，结束 LINE 命令操作。
（2）绘制多条直线。
① 在"指定第一个点："提示符后，指定或输入直线的起点。

② 在"指定下一点或[放弃（U）]:"提示符后，指定或输入直线的端点。

③ 在"指定下一点或[放弃（U）]:"提示符后，指定或输入第二条直线的端点。

④ 在"指定下一点或[闭合（C）]/[放弃（U）]:"提示符后，指定或输入第三条直线的端点；依此类推，直至画完所有直线。按回车键，或按鼠标右键选择快捷键菜单中的"确认（E）"选项，结束 LINE 命令操作。

（3）说明。

① 每条直线由起点和端点确定。在绘制多条直线时，前一条直线的端点即为下一条直线的起点。

② 起点和端点的确定方法有两种：一是在屏幕上直接用鼠标拾取点（指定点），二是在命令行用键盘输入点的坐标值（输入点）。在 AutoCAD 绘图中，几乎所有点的输入都可采用上述两种方法，类似情况，以后章节不再叙述。

③ 用 LINE 命令绘制的多条相互连接的直线，彼此是相互独立的，可以视为多个不同的实体对象分别进行编辑。

④ 若在"指定第一点"提示符后，直接按回车键或单击鼠标右键，则以上一直线的端点作为新直线的起点，继续开始画直线。

⑤ 在 AutoCAD 2022 命令提示行中，有时可有多个命令选项，其中不带[ ]的命令项，为系统默认选项，可直接执行；[ ]内的命令项为可选项，用户选用时只需输入可选项中的关键字在[（）]内的英文大写字母]（不区分大小写），即可选择执行该选项。

LINE 命令中，各可选项的含义如下：

① "放弃（U）"。取消上次确定的端点或起点，擦除所画上一线段。输入 Undo 或 U 并按回车键，选择执行该选项。

② "闭合（C）"。用于绘制由多条直线构成的封闭图形对象。输入 Close 或 C 并按回车键，选择执行该选项。

3.1.1.4 例子

用 LINE 命令绘制一个由多条直线组成的图形对象，步骤如下：

（1）在命令行的"命令:"提示符后，输入 l 并按回车键，启动 LINE 命令。

（2）在"指定第一点:"提示符出现后，在绘图区用鼠标左键任意选取一点 A，确定第一条直线的起点。

（3）在"指定下一点或[放弃（U）]:"提示符后，输入坐标值@20<0，确定第一条直线的端点 B。

（4）在"指定下一点或[放弃（U）]:"提示符后，输入坐标值@20，20，确定第二条直线的端点 C。

（5）在"指定下一点或[闭合（C）]/[放弃（U）]:"提示符后，输入坐标值@60<180，确定出第三条直线的端点 D。

（6）在"指定下一点或[闭合（C）]/[放弃（U）]:"提示符后，键入 C 并按回车键，结束 LINE 命令操作。最终形成如图 3-1 所示的图形对象。

图 3-1　用直线命令绘制图形对象

3.1.2　圆的绘制命令（CIRCLE）

3.1.2.1　命令的功能

圆也是绘图中最基本的图形，可用多种方法绘制大小不等的圆。

3.1.2.2　命令的启动

以下几种方式可以启动 CIRCLE 命令：

（1）在命令行的"命令："提示符后，键入 circle（或简捷命令 C）并按回车键。

（2）单击"默认"选项卡中的"绘图"面板下的"圆"按钮" 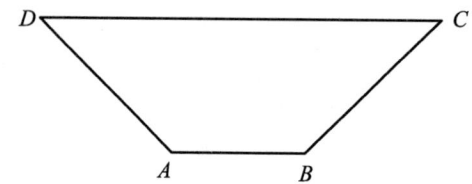 "。

（3）在"绘图（D）"下拉菜单中，选择"圆（C）"选项，在弹出的次级子菜单中，选择一种画圆方法。

3.1.2.3　命令的使用及说明

启动 CIRCLE 命令后，将出现如下提示：

命令：circle

指定圆的圆心或[三点（3P）/两点（2P）/切点、切点、半径（T）]：

上述多个命令选项及其组合，构成不同的画圆方法。

（1）指定圆的圆心。指定圆的圆心方式画圆。该项为默认选项。具体步骤如下：

① 在"指定圆的圆心或[三点（3P）/两点（2P）/切点、切点、半径（T）]："提示符后，用鼠标在屏幕上指定或命令行输入圆的圆心坐标。

② 在"指定圆的半径或[直径（D）]<当前值>："提示符后，可用鼠标在屏幕上指定或在命令行输入圆的半径。若输入 D 并按回车键，则选择直径方式画圆。即该选项包含了两种画圆方式。

指定圆心和半径方式画圆，如图 3-2（a）所示；指定圆心和直径方式画圆，如图 3-2（b）所示。

图 3-2　指定圆心及半径或直径方式画圆

【注】圆的半径或直径可采取下列三种方式来确定：
① 用鼠标拖动方式，将十字光标拖至适当位置，指定圆的半径或直径。
② 在提示符后，直接输入半径或直径的值。
③ 在提示符后，直接按回车键，默认当前值。

（2）三点（3P）。指定圆周上任意三点方式画圆。步骤如下：
① 在"指定圆的圆心或[三点（3P）/两点（2P）/切点、切点、半径（T）]:"提示符后，键入3P并按回车键。
② 在"指定圆上的第一点:"提示符后，指定或输入圆周上的第一点。
③ 在"指定圆上的第二点:"提示符后，指定或输入圆周上的第二点。
④ 在"指定圆上的第三点:"提示符后，指定或输入圆周上的第三点，如图3-3（a）所示。

（3）两点（2P）。指定直径上的两个端点方式画圆。具体步骤如下：
① 在"指定圆的圆心或[三点（3P）/两点（2P）/切点、切点、半径（T）]:"提示符后，键入2P并按回车键。
② 在"指定圆直径上的第一个端点:"提示符后，指定或输入直径上的第一个端点。
③ 在"指定圆直径上的第二个端点:"提示符后，指定或输入直径上的第二个端点。最终形成如图3-3（b）所示的图形对象。

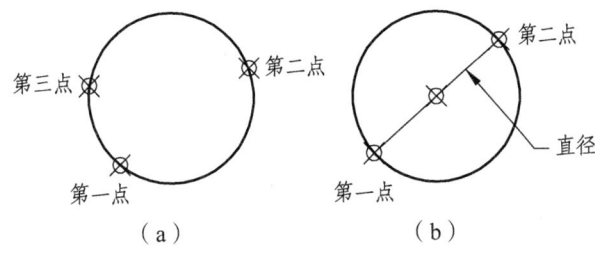

图3-3　指定三点（3P）或两点（2P）方式画圆

（4）切点、切点、半径（T）。指定切点、切点和半径（TTR）方式画圆。

当需要画两个图形对象的公切圆时，可采用该方式。它要求用户确定出与公切圆相切的两个对象及公切圆半径的大小来画圆。具体步骤如下：
① 在"指定圆的圆心或[三点（3P）/两点（2P）/切点、切点、半径（T）]:"提示符后，键入ttr并按回车键。
② 在"指定对象与圆的第一个切点:"提示符后，在第一个图形对象上指定一点作公切圆的第一条切线。
③ 在"指定对象与圆的第二个切点:"提示符后，在第二个图形对象上指定一点作公切圆的第二条直线。
④ 在"指定圆的半径<当前值>:"提示符后，指定或输入公切圆的半径。直接按回车键默认当前半径值，最终形成如图3-4所示的图形对象。

【注1】与圆相切的两个图形对象可以是直线、圆弧或圆。
【注2】采用TTR方式绘制公切圆时，通常要利用自动捕捉功能来分别捕捉指定两个对象和用户要画的公切圆的相切点。
【注3】当输入的半径大小不合适时，不能画出指定条件的公切圆。

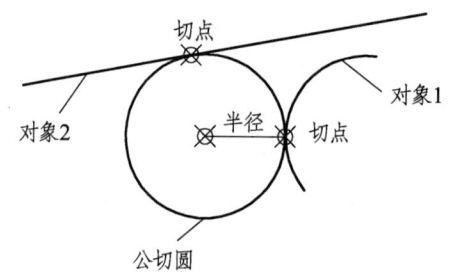

图 3-4 指定切点、切点、半径（TTR）方式画圆

【注4】命令说明中的"指定"是指使用鼠标在屏幕指定："输入"是指在命令行中利用键盘输入。

（5）相切、相切、相切（A）。指定切点、切点、切点（TTT）方式画圆。

当需要画三个图形对象的公切圆时，可采用该方式。它要求用户确定出与公切圆相切的三个图形对象画圆。具体步骤如下：

① 在"绘图（D）"下拉菜单，选择"圆（C）"命令中的"相切、相切、相切（A）"选项或在单击"默认"选项卡中的"绘图"面板下的"圆"按钮" "下找到相切、相切、相切按钮" "。

② 在"_circle 指定圆的圆心或[三点（3P）/两点（2P）/切点、切点、半径（T）]：_3p 指定圆上的第一个点：_tan 到"提示符后，指定与圆相切的第一个图形对象。

③ 在"指定圆上的第二个点：_tan 到"提示符后，指定与圆相切的第二个图形对象。

④ 在"指定圆上的第三个点：_tan 到"提示符后，指定与圆相切的第三个图形对象，则绘出一个与指定图形对象相切的公切圆，如图 3-5（a）所示。

【注1】与圆相切的图形对象可以是直线、圆弧或圆。

【注2】公切圆的位置，与选择相切图形对象时拾取点的位置有关，最终形成如图 3-5（b）、（c）所示的图形对象。

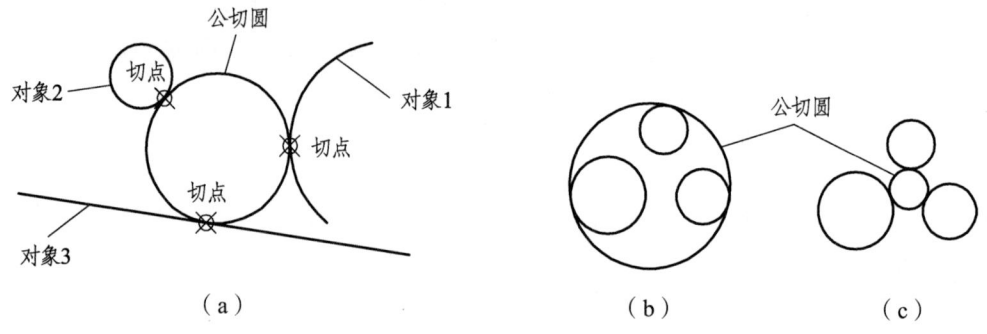

图 3-5 用切点、切点、切点方式画圆

3.1.2.4 例子

（1）指定圆心画一个半径为 50 的圆，步骤如下：

① 在命令行的"命令："提示符后，输入 c 并按回车键，启动 circle 命令。

② 指定圆的圆心或[三点（3P）/两点（2P）/切点、切点、半径（T）]：通过鼠标指定圆心的位置。

③ 在"指定圆的半径或[直径（D）]<当前值>:"提示符后，可用鼠标在屏幕上指定或在命令行输入圆的半径 50。最终形成如图 3-6（a）所示的图形对象。

（2）使用相切、相切、半径命令方式画一个半径为 50 的圆。

① 按照图 3-6（b）首先任意绘制两个圆。

② 在"指定圆的圆心或[三点（3P）/两点（2P）/切点、切点、半径（T）]:"提示符后，键入 t 并按回车键。

③ 在"指定对象与圆的第一个切点:"提示符后，在第一个图形对象上指定一点作公切圆的第一个切点。

④ 在"指定对象与圆的第二个切点:"提示符后，在第二个图形对象上指定一点作公切圆的第二切点。

⑤ 在"指定圆的半径<当前值>:"提示符后，指定或输入公切圆的半径 50，按回车键。最终形成如图 3-6（b）所示的图形对象。

图 3-6　用切点、切点、半径方式画圆

3.1.3　圆弧的绘制命令（ARC）

3.1.3.1　命令的功能

绘制指定参数的圆弧。

3.1.3.2　命令的启动

以下几种方式可以启动 ARC 命令：

（1）在命令行的"命令:"提示符后，键入 arc（简捷命令 A）并按回车键。

（2）单击"默认"选项卡中的"绘图"面板下的"圆弧"按钮" "。

（3）在"绘图（D）"下拉菜单中，选择"圆弧（A）"选项，在弹出的次级子菜单中，选择一种画圆弧方法。

3.1.3.3　命令的使用及说明

启动 ARC 命令后，将依次显示如下提示：

命令：_arc

指定圆弧的起点或[圆心（C）]:

指定圆弧的第二个点或[圆心（C）/端点（E）]:

指定圆弧的端点:

上述各选项及其组合,构成了画圆弧的多种方法。

(1)指定三点方式画圆弧。该方式通过指定圆弧上的三个点:起点、第二点(圆弧上的任意一点)及终点来画一圆弧。具体步骤如下:

① 在"指定圆弧的起点或[圆心(C)]:"提示符后,指定或输入圆弧的起点(第一点)。

② 在"指定圆弧的第二个点或[圆心(C)/端点(E)]:"提示符后,指定或输入圆弧的第二点。

③ 在"指定圆弧的端点:"提示符后,指定或输入圆弧的终点(第三点),最终形成如图3-7所示的图形对象。

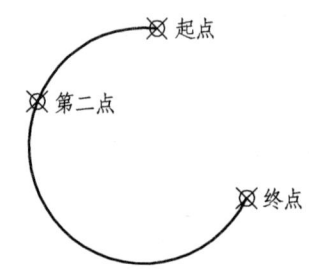

图 3-7 指定三点方式画圆弧

(2)指定起点、圆心方式画圆弧。该方式要求用户首先指定圆弧的起点和圆心,然后指定圆弧的终点(END)或弧心角(Angle)或弦长(Length)来画圆弧。即该选项包含以下三种画法组合:

① 起点、圆心、端点(S)方式画圆弧。
② 起点、圆心、角度(T)方式画圆弧。
③ 起点、圆心、弦长(A)方式画圆弧。

以起点、圆心、角度(T)方式为例,具体步骤如下:

① 在"指定圆弧的起点或[圆心(C)]:"提示符后,指定或输入圆弧的起点。

② 在"指定圆弧的圆心(C):"提示符后,指定或输入圆弧的圆心。

③ 在"ARC指定夹角(按住Ctrl键以切换方向):"提示符后,指定或输入夹角(弧心角)的角度值。如图3-8(a)所示。

【注1】夹角(弧心角)的确定,可用鼠标拖动方式或输入数值方式。当用鼠标拖动方式确定夹角时,其大小有Angle的大小来决定,即夹角=Angle,如图3-8(a)所示。

【注2】若输入的夹角为正值,则按逆时针方向绘制圆弧;若输入的夹角值为负值,则按顺时针方向绘制圆弧(均从起点开始),如图3-8(b)、(c)所示。

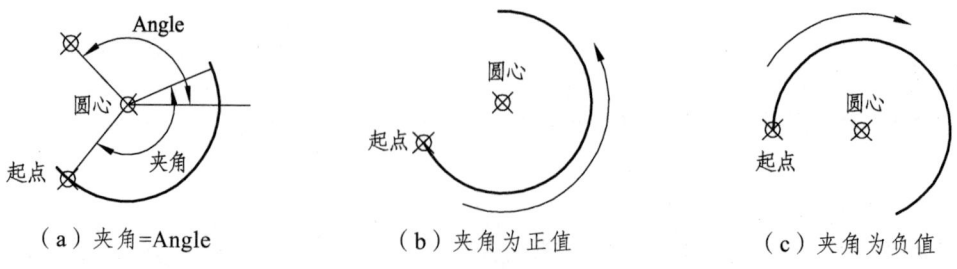

图 3-8 用起点、圆心、角度方式画圆弧

【注3】若选择弦长方式画圆弧时，不论输入的弦长值是正还是负，总是按逆时针方向绘制圆弧（均从起点开始）。但如输入的弦长值为正值，画的是小于180°的圆弧；若输入的弦长值为负值，画的是大于180°的圆弧，如图3-9所示。

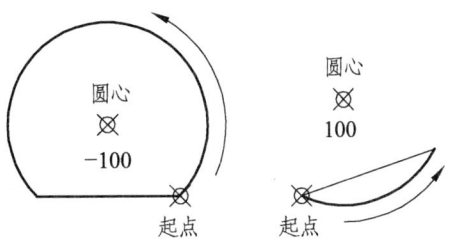

图3-9 弦长值为正、负时画圆弧的差异

（3）指定起点、端点方式画圆弧。该方式要求用户首先指定圆弧的起点和终点，然后指定圆弧的弧心角（Angel）或方向（Direction）或半径（Radius）来画圆弧。即该选项包含以下三种画法组合：

① 起点、端点、角度（N）方式画圆弧。
② 起点、端点、切向（D）方式画圆弧。
③ 起点、端点、半径（R）方式画圆弧。

以起点、端点、半径（R）方式为例，具体步骤如下：

① 在"指定圆弧的起点或[圆心（C）]："提示符后，指定或输入圆弧的起点。
② 在"指定圆弧的端点"提示符后，指定或输入圆弧的终点。
③ 在"指定圆弧的半径（按住Ctrl键以切换方向）："提示符后，指定或输入圆弧的半径，绘制一圆弧，如图3-10所示。

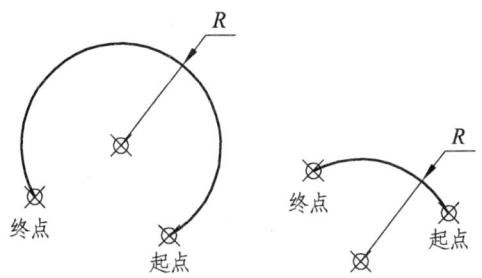

图3-10 用起点、端点、半径方式画圆弧

【注1】在用半径方式画圆时，不论输入的半径值是正还是负，总是按逆时针方向绘制圆弧（均从起点开始）。但若输入的半径值为正值，画的是小于180°的圆弧；若输入的半径值为负值，画的是大于180°的圆弧，如图3-10所示。

【注2】若选择弧心角方式画圆弧，当输入的弧心角值为正值，按逆时针方向绘制圆弧；当输入的弧心角值为负值，则顺时针方向绘制圆弧（均从起点开始）。

【注3】选项中的方向是指圆弧的切线方向，该方向与弧的起始方向相切。弧的大小由起点、终点之间的距离及弧度（取决于切向）所决定。方向为角度方向，既可用鼠标直接指定，也可用键盘输入角度值。最终形成如图3-11所示的图形对象。

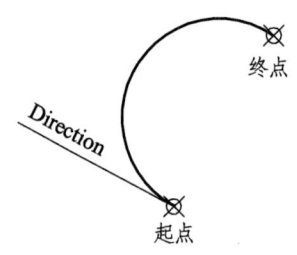

图 3-11 用起点、终点、切向方式画圆弧

（4）指定圆心、起点方式画弧。该方式要求用户首先指定圆弧的圆心及起始点，然后指定圆弧的终点（END）或弧心角（Angle）或弦长（Length）来画圆弧。即该选项包含三种画法组合：

① 圆心、起点、端点（C）方式画圆弧。
② 圆心、起点、角度（E）方式画圆弧。
③ 圆心、起点、长度（L）方式画圆弧。

【注 1】该方式与指定起点、圆心方式画圆弧类似。不同的是，在该方式中，指定圆弧的圆心在前，指定圆弧的起点在后。

【注 2】终点、弧心角和弦长的含义与前述相同。

（5）继续（O）方式画圆弧。该方式允许用户从一已有弧段或直线的终点开始继续画圆弧。
选择"绘图（D）"下拉菜单中"圆弧（A）"命令中的"继续（O）"选项，此时系统提示"指定圆弧的端点："，则以最后所画圆弧或直线的端点为起点，画一新的圆弧，并与最后所画线段相切连接。

【注 1】上述五大类方法中，前三大类较常见，后二大类较少见，用户可视实际情况有选择地学习掌握。

【注 2】使用"继续"方式，用户可方便、连续地画多段圆弧。

3.1.3.4　例子

用起点、圆心、端点及连续方式画圆弧。

（1）打开"绘图（D）"下拉菜单，选择"圆弧（A）"命令中的"起点、圆心、端点"选项。

（2）在"指定圆弧的起点或[圆心（C）]："提示符后，用鼠标在绘图区选取一点作圆弧的起点。

（3）在"指定圆弧的圆心："提示符后，拖动鼠标至合适位置，单击鼠标左键，确定圆弧的圆心。

（4）在"指定圆弧的端点（按住 Ctrl 键以切换方向）或[角度（A）/弦长（L）]："在"指定圆弧的端点："提示符后，拖动鼠标至合适位置单击鼠标左键，确定终点 1 位置，也可以通过输入端点的坐标值确定终点 1 位置。

（5）再次打开"绘图（D）"下拉菜单，选择"圆弧（A）"命令中的"连续（O）"选项。

（6）在"指定圆弧的端点（按住 Ctrl 键以切换方向）："提示符后，拖动鼠标至合适位置，单击鼠标左键，确定第二段圆弧的终点（终点 2），则画出两条首尾相接的圆弧，如图 3-12 所示。

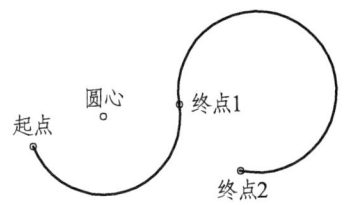

图 3-12 用起点、圆心、端点及连续方式画圆弧

3.1.4 椭圆的绘制命令（ELLIPSE）

3.1.4.1 命令的功能

绘制椭圆或椭圆弧。椭圆是一种特殊的圆，其圆周上的各点到中心点的距离是变化的。在 AutoCAD 绘图中，椭圆的形状主要由中心点、长轴和短轴三个参数来确定的。此外，对一个椭圆进行修改，可以绘制出一个椭圆弧。

3.1.4.2 命令的启动

以下几种方式可以启动 ELLIPSE 命令：

（1）在命令行的"命令："提示符后，键入 ellipse 并按回车键。
（2）单击"默认"选项卡中的"绘图"面板下的"椭圆"按钮"◇"。
（3）在"绘图（D）"下拉菜单中，选择"椭圆（E）"选项，在弹出的次级子菜单中，选择一种画椭圆方法。

3.1.4.3 命令的使用及说明

启动 ELLIPSE 命令后，将依次显示如下提示：

命令：_ellipse
指定椭圆的轴端点或[圆弧（A）/中心点（C）]：
指定轴的另一个端点：
指定另一条半轴长度或[旋转（R）]：

上述不同的选项及其组合，构成了画椭圆的多种方法，说明如下：

（1）定义两轴画椭圆。该方式为系统默认项，要求用户首先指定一个轴（长轴或短轴）的两个端点，以确定第一根轴的长度，然后指定另一根轴的一个端点，以确定第二根轴的半轴长度来画椭圆。具体步骤如下：

① 在"指定椭圆的轴端点或[圆弧（A）/中心点（C）]："提示符后，指定或输入第一根轴的第一个端点（端点1）。

② 在"指定轴的另一个端点："提示符后，指定或输入第一根轴的第二个端点（端点2）。

③ 在"指定另一条半轴长度或[旋转（R）]："提示符后，指定或输入第二根轴的一个端点（端点3）。最终形成如图 3-13 所示的图形对象。

【注】若选择"旋转（R）"选项，则上述确定的第一根轴为长轴，该选项通过定义长轴及椭圆旋转角度方式来画椭圆。若长轴一定，转角（R）的值不同，所绘椭圆的形态就不同，如图 3-14 所示。

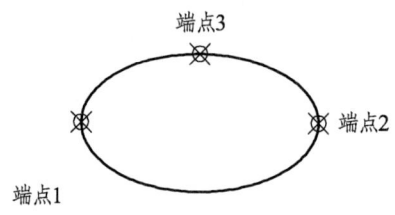

图 3-13 定义两轴画椭圆

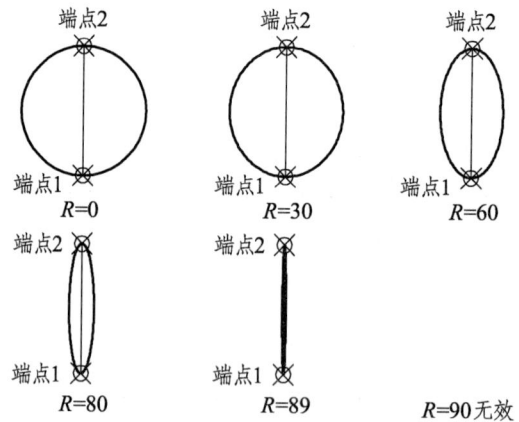

图 3-14 定义长轴及旋转角度（R）绘制椭圆

（2）指定椭圆中心点及两轴方式画椭圆。该方法要求用户首先定义椭圆的中心点，之后依次指定出两个轴的两个端点，以分别确定两个轴的半轴长度来画椭圆。具体步骤如下：

① 在"指定椭圆的轴端点或[圆弧（A）/中心点（C）]："提示符后，输入 C 并按回车键，之后在"指定椭圆中心点："提示符后，指定或输入椭圆的中心点。

② 在"指定轴的端点："提示符后，指定或输入第一根轴的一个端点，确定第一根轴的半轴长度。

③ 在"指定另一条半轴长度或[旋转（R）]："提示符后，指定或输入第二根轴的一个端点，确定第二根轴的半轴长度。若选择"旋转（R）"选项，其含义如前所述。最终形成如图 3-15 所示的图形对象。

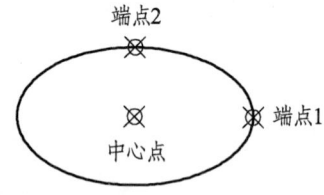

图 3-15 指定或输入椭圆弧的终止（角）点

（3）绘制椭圆弧。该方式要求用户先画出一椭圆，在此基础上，绘制出条件要求的椭圆弧。步骤如下：

① 在"指定椭圆的轴端点或[圆弧（A）/中心点（C）]："提示符后，输入 A 并按回车键。

② 在"指定椭圆弧的轴端点或[中心点（C）]："提示符后，选择一种方式画一椭圆。

③ 在"指定起始角度或[参数（P）]："提示符后，指定或输入椭圆弧的起始（角）点。

④ 在"指定终止角度或[参数（P）/夹角（I）]:"提示符后，指定或输入椭圆弧的终止（角）点。最终形成如图 3-16 所示的图形对象。

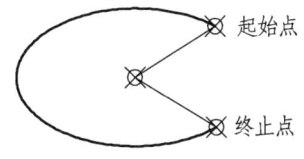

图 3-16　绘制椭圆弧

【注 1】起始（角）点、终止（角）点可用鼠标指定也可通过键盘输入。若选择键盘输入方式，则不论输入的角度值是正还是负，都以逆时针方向画椭圆弧（从起始点开始）。

【注 2】绘制椭圆弧中其他选项说明：

参数（P）：要求用户指定起始点参数及终止点参数画圆弧。

角度（A）：要求用户指定起始点角度及终止点角度画圆弧。

夹角（I）：要求用户指定椭圆弧的夹角绘制圆弧。

3.1.4.4　例子

用 ELLIPSE 命令绘制一个长轴为 80，短轴为 40 的椭圆。

① 在命令行的"命令:"提示符后，键入 ellipse 并按回车键。

② 在"指定椭圆的轴端点或[圆弧（A）/中心点（C）]:"输入 C 并按回车键。

③ 在"指定椭圆的中心点:"提示符后，在屏幕上合适位置指定一点作为椭圆的中心点。

④ 在"指定轴的端点:"提示符后，输入第一根轴一个端点的坐标值@40，0。

⑤ 在"指定另一条半轴长度或[旋转（R）]:"提示符后，输入第二根轴一个端点的坐标值@0，20，则绘制一椭圆，如图 3-17 所示。

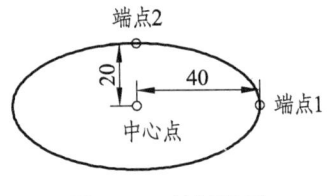

图 3-17　绘制椭圆

3.1.5　正多边形的绘制命令（POLYGON）

3.1.5.1　命令的功能

绘制一个由多条线段组成的封闭正多边形。正多边形的边数可在 3～1 024 之间选取。

3.1.5.2　命令的启动

以下几种方式可以启动 POLYGON 命令：

（1）在命令行的"命令:"提示符后，键入 polygon 并按回车键。

（2）单击"默认"选项卡中的"绘图"面板下的"多边形"按钮"⬠"。

（3）在"绘图（D）"下拉菜单中，选择"正多边形（Y）"命令选项。

3.1.5.3 命令的使用及说明

启动 POLYGON 命令后，将出现如下提示：

命令：_polygon

输入侧面数<4>：

用 POLYGON 命令绘制正多边形的方法有 3 种，但不论哪种方法，都要求首先输入正多边形的边数。

（1）指定边数及一个假想圆方式绘制正多边形。该方式要求用户首先指定正多边形的边数，之后指定一个与正多边形具有共同中心的假想圆来绘制正多边形。所指定假想圆被正多边形所内接，或被正多边形所外切。即该选项包含两种画法组合：

① 内接法绘制正多边形（所画正多边形内接于假想圆）。

② 外切法绘制正多边形（所画正多边形外切于假想圆）。

具体步骤如下：

a. 在"输入侧面数<4>："提示符后，输入正多边形的边数，或直接按回车键默认为当前值。

b. 在"指定正多边形的中心点或[边（E）]："提示符后，指定或输入圆的中心点。

c. 在"输入选项[内接于圆（I）/外切于圆（C）]<I>："提示符后，键入 I 并按回车键，选择内接方式绘制正多边形；键入 C 并按回车键，选择外切方式绘制正多边形。直接按回车键默认内接方式。

d. 在"指定圆的半径："提示符后，指定或输入假想圆的半径值。最终形成如图 3-18（a）、（b）所示的图形对象。

【注】假想圆只在绘图中起辅助作用，并不显示于绘图中。

（2）指定边数及边长方式绘制正多边形。具体步骤如下：

① 在"输入侧面数<4>："提示符后，输入正多边形的边数 6。

② 在"指定正多边形的中心点或[边（E）]："提示符后，键入 E 并按回车键。

③ 在"指定边的第一个端点："提示符后，指定或输入第一条边的起点（第一点）。

④ 在"指定边的第二个端点："提示符后，指定或输入第一条边的端点（第二点），则 AutoCAD 按第一条边矢量方向逆时针画出一正多边形。最终形成如图 3-18（c）所示的图形对象。

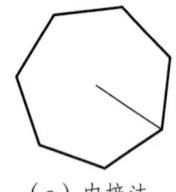 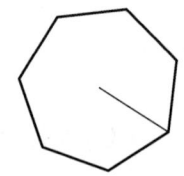 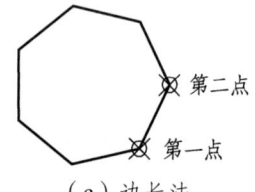

（a）内接法　　　　　（b）外切法　　　　　（c）边长法

图 3-18　绘制正多边形

3.1.5.4 例子

画一个边长为 8 的正六边形。

① 在命令行的"命令："提示符后，键入 polygon 并按回车键。

② 输入侧面数<4>：输入 6，按回车键。

③ 在"指定正多边形的中心点或[边（E）]："提示符后，键入 E 并按回车键。

④ 在"指定边的第一个端点："提示符后，使用鼠标在合适位置确定第一条边的起点。

⑤ 在"指定边的第二个端点："提示符后，使用坐标值@8，0，最终形成如图 3-19 所示的图形对象。

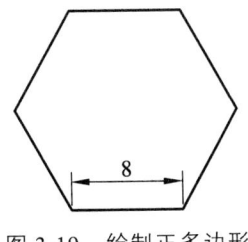

图 3-19　绘制正多边形

3.1.6　矩形的绘制命令（RECTANG）

3.1.6.1　命令的功能

绘制一个矩形，矩形的四个角可为直角、倒角或圆角，矩形的线条宽度和厚度也可由用户设定。常画矩形的四种几何形状如图 3-20 所示。

（a）直角矩形　　　　　　　　　　（b）倒角矩形

（c）圆角矩形　　　　　　　　　　（d）具一定宽度的矩形

图 3-20　常画矩形的几何形状

3.1.6.2　命令的启动

以下几种方式可以启动 RECTANG 命令：
（1）在命令行的"命令："提示符后，键入 rectang 并按回车键。
（2）单击"默认"选项卡中的"绘图"面板下的"矩形"按钮"▭"。
（3）在"绘图（D）"下拉菜单中，选择"矩形（G）"命令选项。

3.1.6.3　命令的使用及说明

启动 RECTANG 命令后，将出现如下提示：
命令：_rectang
指定第一个角点或[倒角（C）/标高（E）/圆角（F）/厚度（T）/宽度（W）]：
RECTANG 命令，各选项含义说明如下：
（1）指定第一个角点。指定或输入矩形第一个对角点。
该项为系统默认项。在指定第一个对角点之后，系统将提示"指定另一个角点："，要求用户继续指定矩形的另一个对角点。AutoCAD 将以这两点连线为对角线，绘制一个水平放置的矩形。

【注】矩形的形态默认为上一次 RECTANG 命令各选项的设置值，若要改变需重新设置。

（2）倒角（C）。绘制一个四角为倒角的矩形，倒角的大小由倒角距离来确定。键入 C 并按回车键，系统将提示：

指定矩形的第一个倒角距离<0.0000>：要求用户指定或输入第一个倒角的距离。直接按回车键默认当前值，下同。

指定矩形的第二个倒角距离<0.0000>：要求用户指定或输入第二个倒角的距离。之后系统将继续重新提示 RECTANG 命令选项，用户可指定矩形的两个对角点，绘制一倒角矩形，或重新设置其他选项。

【注】倒角距离是指倒角线起点到所需倒角的矩形定点的距离。两个倒角距离可以相同也可不同。

（3）标高（E）。指定矩形在三维空间内的基面高度。键入 E 并按回车键，系统将提示：
指定矩形的标高<0.0000>：要求用户指定或输入一个高度值。

（4）圆角（F）。绘制一个四角为圆角的矩形。输入 F 并按回车键，系统将提示：
指定矩形的圆角半径<0.0000U>：要求用户指定或输入圆角的半径值。

（5）厚度（T）。指定要画矩形的厚度。

（6）宽度（W）。指定要画矩形的线条宽度。

【注1】当前值为上一次使用 RECTANG 命令绘制矩形时的设置值。

【注2】所指定的倒角距离值、高度值、圆角半径值、厚度值及宽度值都将作用于随后的 RECTANG 命令，直至重新设定新值为止。上述各选项中，系统默认的初始设置值均为 0，此时绘制一个直角（普通）的矩形。

【注3】用 RECTANG 命令绘制的矩形，为一个整体，其四条边是一条复合线，可统一进行编辑。若要分开编辑，需用 EXPLODE 命令将其分解。

3.1.6.4 例子

用 RECTANG 命令绘制一个长边和短边分别为 30 和 20 的矩形。

（1）在命令行的"命令："提示符后，键入 rectang 并按回车键。

（2）在"指定第一个角点或[倒角（C）/标高（E）/圆角（F）/厚度（T）/宽度（W）]："提示符出现后，在绘图区适当位置选取矩形的第一个对角点。

（3）在"指定另一个角点或[面积（A）/尺寸（D）/旋转（R）]："提示符后，输入矩形第二对角点的坐标值@30，20 并按回车键。最终形成如图 3-21 所示的图形对象。

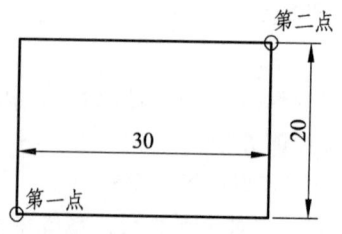

图 3-21 矩形的绘制

3.1.7 圆环的绘制命令（DONUT）

3.1.7.1 命令的功能

绘制空心或实心圆环。

3.1.7.2 命令的启动

以下几种方式可以启动 DONUT 命令：
（1）在命令行的"命令:"提示符后，键入 donut 并按回车键。
（2）单击"默认"选项卡中的"绘图"面板下的"圆环"按钮"◎"。
（3）在"绘图（D）"下拉菜单中，选择"圆环（D）"命令选项。

3.1.7.3 命令的使用说明

绘制圆环时，用户只需指定圆环的内径、外径及圆心即可。连续指定多个圆心，可重复绘制多个圆环。

启动 DONUT 命令后，系统将依次提示：

命令：_donut
指定圆环的内径<0.5000>：要求用户指定或输入圆环的内径。
指定圆环的外径<1.0000>：要求用户指定或输入圆环的外径。
指定圆环的中心点或<退出>：要求用户指定或输入圆环的圆心。该项提示将会继续重复出现，用于重复绘制多个圆环，直至按回车键结束 DONUT 命令。

【注1】当前值为上次使用 DONUT 命令的设定值。提示符后直接按回车键默认当前值。

【注2】AutoCAD 规定可用系统变量 FILLMODE 来控制所绘的圆环时实心还是空心。当"FILLMODE"的值取 1 时（为系统默认值），绘制实心圆环；当"FILLMODE"的值取 0 时，绘制空心圆环，如图 3-22 所示。

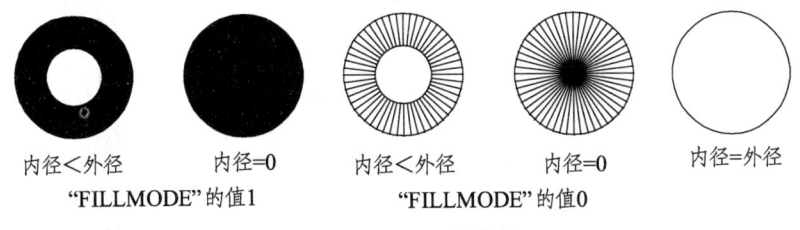

图 3-22 圆环的绘制

3.1.8 点的绘制命令（POINT）

3.1.8.1 命令的功能

绘制一个或多个点对象。点的显示方式及大小，可由用户用相关的命令来设定。此外，使用 POINT 命令，还可用点进行定数或定距等分对象。

3.1.8.2 命令的启动及使用说明

以下几种方式可以启动 POINT 命令：

（1）在命令行的"命令:"提示符后，键入 point 并按回车键，该方式执行画单点命令，即每次只画一个点。

（2）单击"默认"选项卡中的"绘图"面板下的"多点"按钮"⋮"。该方式执行画多点命令，即每次可画多个点。

（3）在"绘图（D）"下拉菜单中，选择"点（O）"命令选项，在弹出的次级子菜单中，有 4 种画点的选项。各选项的功能说明如下：

① 单点（S）：绘制单个点。

② 多点（P）：连续绘制多个点。

③ 定数等分（D）：用点定数等分一个对象。即沿长度方向将图形对象划分成一个指定数目的等长线段。被等分的对象可以是直线、圆、圆弧、多段线或样条曲线等。

④ 定距等分（M）：指定间距画点。即按指定间距，沿一个图形对象长度方向放置点。图形对象可以是直线、圆、圆弧、多段线或样条曲线等。

3.1.8.3 点样式的设置命令（DDPTYPE）

AutoCAD 中，点的样式（显示方式及大小），可以通过 DDPTYPE 命令来设置。

（1）命令的启动。下列两种主要方法之一可以启动 DDPTYPE 命令。

① 在命令行的"命令:"提示符后，键入 ddptype 并按回车键。

② 在"格式（O）"下拉菜单中，选择"点样式（P）…"命令选项。

启动 DDPTYPE 命令后，将显示"点样式"对话框，如图 3-23 所示。

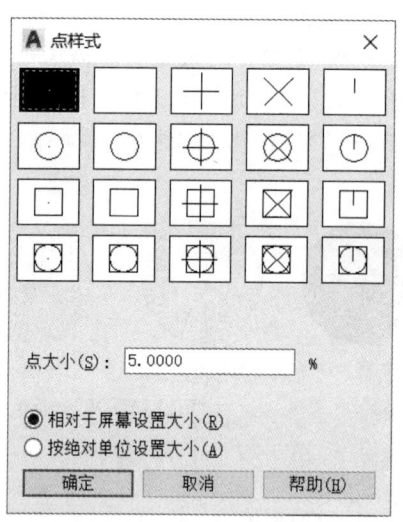

图 3-23　点样式对话框

（2）点显示方式的选择。"点样式"对话框中，列出了 AutoCAD 提供的 20 种点的显示方式，用户可从中选择一种所需方式。

（3）点大小的设置。通过"点样式"对话框中"点大小（S）"编辑框可指定点的大小。有两种可选方式：

① 相对于屏幕设置尺寸（R）：相对屏幕百分比设置点的尺寸大小（相对设置方式）。

② 用绝对单位设置尺寸（A）：以绘图单位设置点的尺寸大小（绝对设置方式）。

用户需从中选择一种，之后在"点样式"编辑框中键入相应的尺寸值。

【注1】若在出图时，不想输出点对象，可将点显示设定为空设置（"点样式"对话框中的第一行第二个小图标）。

【注2】改变设置后，点将以新的显示方式和大小重新显示。

3.2 常用复杂图形的绘制

3.2.1 多段线的绘制命令（PLINE）

3.2.1.1 命令的功能

绘制一条直线或弧线，或由多条直线或弧线相互连接所构成的图形对象，各线段的宽度是可以变化的。

与LINE命令不同，PLINE命令既可绘制直线，也可绘制弧线，且所绘的多个彼此相连接的线段是一个整体，不能分别进行编辑，除非用分解（EXPLODE）命令将其炸开。

3.2.1.2 命令的启动

以下几种方式可以启动PLINE命令：

（1）在命令行的"命令:"提示符后，键入pline并按回车键。

（2）单击"默认"选项卡中的"绘图"面板下的"多段线"按钮" "。

（3）在"绘图（D）"下拉菜单中，选择"多段线（P）"命令选项。

3.2.1.3 命令的使用及说明

启动PLINE命令后，将显示如下提示：

命令：_pline

指定起点：指定或输入多段线的起点。

之后系统将提示：

当前线宽为 0.0000：

指定下一个点或[圆弧（A）/半宽（H）/长度（L）/放弃（U）/宽度（W）]：

第一行提示为当前多段线的线宽值为0.0000。第二行提示为PLINE命令选项。各选项的含义说明如下：

（1）指定下一点。指定多段线的端点。该项为系统默认选项。与LINE命令相似，当该点被指定后，将从起点到该点画一条默认当前线宽的直线。之后，系统将继续重复提示 PLINE 命令选项，供用户绘制下一线段选用。

（2）圆弧（A）。选择画圆弧模式。键入A并按回车键，选择该选项后，系统将提示画圆弧命令的选项：

指定圆弧的端点（按住 Ctrl 键以切换方向）或[角度（A）/圆心（CE）/方向（D）/半宽（H）/直线（L）/半径（R）/第二个点（S）/放弃（U）/宽度（W）]：

各选项含义说明如下：

①指定圆弧的端点（按住 Ctrl 键以切换方向）：指定圆弧的终点并画一圆弧。该圆弧的起点是前一线段（直线或圆弧）的终点，并与前一线段相切（后同）。

②角度（A）：指定圆弧弧心角方式画圆弧。

键入 a 并按回车键，系统将提示：

指定夹角：指定圆弧弧心角的角度。

指定圆弧的端点（按住 Ctrl 键以切换方向）或[圆心（CE）/半径（R）]：指定圆弧的终点或选择圆心（C）、半径（R）方式画圆弧。其含义与 ARC 命令基本相同。

③圆心（CE）：指定圆弧圆心方式画圆弧。

④方向（D）：取消圆弧与直线相切关系设置，改变圆弧的起始方向。键入 d 并按回车键，系统将提示：

指定圆弧的起点切向。指定一点，该点与圆弧起点的连线构成圆弧的起始方向。

指定圆弧的端点。指定圆弧的终点，画一圆弧。

⑤直线（L）：返回画直线模式。

⑥半径（R）：指定圆弧半径方式画圆弧。

⑦第二点（S）：指定三点画圆弧的第二点和第三点。

其他各选项与 PLINE 命令下的同名选项含义相同（详见下述）。

（3）闭合（C）。键入 C 并按回车键，系统将自动生成一条封闭的多段线，并结束 PLINE 命令。

【注】当多段线的宽度>0 时，若要绘制完全闭合的多段线，必须使用"闭合（C）"选项。否则，在闭合点会出现缺口。

（4）半宽（H）。指定多段线的半宽值（从中线到边界的宽度）。键入 h 并按回车键，系统将提示：

指定起点半宽<0.0000>：指定线段的起点半宽值。

指定端点的半宽<当前值>：指定线段的端点半宽值。

【注1】当起点半宽值与终点半宽值设为不同时，将绘出带有锥度的线段。

【注2】指定的端点半宽值将作用于其后所画各线段及所用 PLINE 命令，直至重新设值为止。直接按回车键，默认当前半宽值。

（5）长度（L）。指定下一多段线的长度。AutoCAD 将按照上一线段的方向绘制该线段。若上一线段为圆弧，则画一与圆弧相切的直线。

（6）放弃（U）。取消最后所画的那条多线段。

（7）宽度（W）。指定多线段的宽度值。其选项提示及含义与"半宽（H）"选项相似。

3.2.1.4　例子

用 PLINE 命令绘制如图 3-24 所示的封闭多段线。

（1）在命令行的"命令:"提示符后，键入 pline 并按回车键。

（2）指定起点：在适合位置选择起点。

（3）指定下一个点或[圆弧（A）/半宽（H）/长度（L）/放弃（U）/宽度（W）]：在命令行输入 w，修改线的宽度。

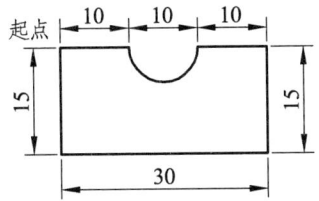

图 3-24 用多段线命令画图

（4）指定起点宽度<0.5000>：设置起点宽度为 0.5。

（5）指定端点宽度<0.5000>：设置端点宽度为 0.5。

（6）指定下一个点或[圆弧（A）/半宽（H）/长度（L）/放弃（U）/宽度（W）]：输入 15 画出第一条直线边，按回车键。

（7）指定下一点或[圆弧（A）/闭合（C）/半宽（H）/长度（L）/放弃（U）/宽度（W）]：输入 30 画出第二条直线边，按回车键。

（8）指定下一点或[圆弧（A）/闭合（C）/半宽（H）/长度（L）/放弃（U）/宽度（W）]：输入 15 画出第三条直线边，按回车键。

（9）指定下一点或[圆弧（A）/闭合（C）/半宽（H）/长度（L）/放弃（U）/宽度（W）]：输入 10 画出第四条直线边，按回车键。

（10）指定下一点或[圆弧（A）/闭合（C）/半宽（H）/长度（L）/放弃（U）/宽度（W）]：选择画圆弧的命令，输入 a 按回车键。

（11）指定圆弧的端点或[角度（A）/圆心（CE）/闭合（CL）/方向（D）/半宽（H）/直线（L）/半径（R）/第二个点（S）/放弃（U）/宽度（W）]：选择设置圆弧角度的命令，输入 a 按回车键。

（12）指定夹角：输入-180（逆时针绘弧）确定夹角的度数。

（13）指定圆弧的端点或[圆心（CE）/半径（R）]：@10<180。

（14）指定圆弧的端点或[角度（A）/圆心（CE）/闭合（CL）/方向（D）/半宽（H）/直线（L）/半径（R）/第二个点（S）/放弃（U）/宽度（W）]：输入 L，按回车键，绘制最后一条直线。

（15）指定下一点或[圆弧（A）/闭合（C）/半宽（H）/长度（L）/放弃（U）/宽度（W）]：输入 c 按回车键，图形闭合，绘制完成。

3.2.2 多线的绘制命令（MLINE）

3.2.2.1 命令的功能

绘制一段或多段有 2 条或 2 条以上相互平行的直线相互连接所组成的图形对象，即多重线。在多重线中，组成多重线的单个平行线称为元素。多重线最多可由 16 个元素组成，每个元素的位置由其到多重线基线的偏移量（Offset）来决定，如图 3-25 所示。

3.2.2.2 命令的启动

以下几种方式可以启动 MLINE 命令：

（1）在命令行的"命令:"提示符后，键入 mline 并按回车键。

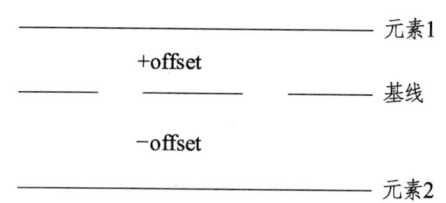

图 3-25 多重线组成示意

注：基线为假想的中线，即 0 偏移线。

（2）在"绘图（D）"下拉菜单中，选择"多线（U）"命令选项。

3.2.2.3 命令的使用及说明

启动 MLINE 命令后，将出现如下提示：

命令：_mline

当前设置：对正=<当前值>，比例=<当前值>，样式=<当前值>

指定起点或[对正（J）/比例（S）/样式（ST）]：

第二行提示为 MLINE 命令三个选项：对正、比例、样式的当前值。这些值若不经过重新设定，将一直作用于随后的 MLINE 命令。

第三行提示为 MLINE 的命令选项。各选项含义说明如下：

（1）指定起点。指定多重线的起点，并从起点开始绘制默认当前各项设置值的多重线。当指定起点之后，系统将依次相继提示：

指定下一点：指定第一段多重线的端点。

指定下一点或[放弃（U）]：指定第二段多重线的端点或取消上一操作。

指定下一点或[闭合（C）/放弃（U）]：指定下一多重线的端点，或选择"闭合（C）"选项绘制封闭多重线。选择"放弃（U）"取消上一操作。该提示将继续重复出现，用于绘制多段多重线，直至按回车键结束 MLINE 命令。

上述各命令提示及操作方法与 LINE 命令相似（如前所述）。

（2）对正（J）选项。设定绘图过程中多重元素与指定点的对齐方式。键入 J 并按回车键，系统将提示：

输入对正类型[上（T）/无（Z）/下（B）]<当前值>：要求用户选择一种对齐方式。

各对齐方式含义如下：

① 上（T）：顶部偏移对齐方式。绘图时，多重线中具有最大正偏移量的那个元素（那条线）通过画线时指定的端点。

② 无（Z）：0 偏移对齐方式。绘图时，多重线的基线通过画线时指定的端点。

③ 下（B）：底线偏移对齐方式。绘图时，多重线中具有最大负偏移量的那个元素（那条线）通过画线时指定的端点。

三种对齐方式如图 3-26 所示。

（3）比例（S）。设定多重线元素偏移量的缩放系数。AutoCAD 中最终绘出的多重线，其各元素的位置，取决于在多重线样式中设置的偏移量与放大系数的乘积。

【注1】比例的值可用十进制输入，也可用分数的形式输入；可取正值，也可取负值。

【注2】若比例的值为负值，则原设置样式中基线两侧的元素将换位显示。

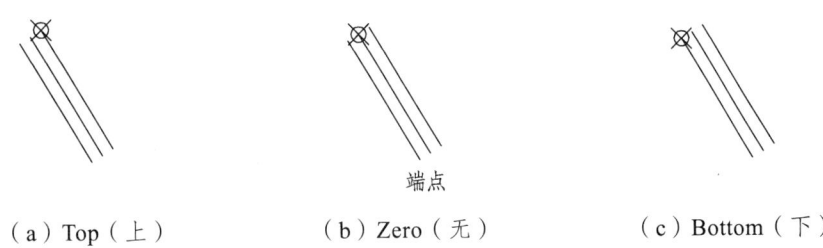

(a) Top（上）　　　　　(b) Zero（无）　　　　　(c) Bottom（下）

图 3-26　多重线三种对齐方式示意

【注 3】若比例的值为 0，则多重线变为一条直线。

（4）样式（ST）。指定绘图时多重线的样式。键入 ST 并按回车键，系统将提示："输入多线样式名或[?]:"要求用户输入所选样式名，或输入"？"显示查看当前所有多重线样式名。提示符后直接按回车键默认当前样式。

【注 1】输入的多重线样式名必须存在于多重线样式库的库文件中 AutoCAD 默认的多重线样式库文件名为 acad.mln。

【注 2】多重线样式的设置（或构造）可使用 MLSTYLE 命令。

3.2.3　样条曲线的绘制命令（SPLINE）

3.2.3.1　命令的功能

用于绘制生成拟合光滑曲线，即样条曲线的绘制。在工程制图中，常有一类曲线，它们不能像圆、圆弧、椭圆等曲线一样用标准的数学方程式来加以描述，而只能根据一些已测定的数据点，通过拟合点的方法绘制出相应的曲线，这类曲线称样条类曲线。样条类曲线有多种，其中 SPLINE 命令可用来绘制非均匀有理样条曲线。

样条曲线的绘制，要通过一系列的点来定义，并要求指定端点的切线方向及曲线的拟合公差，从而决定所生成的曲线与数据点之间的逼近程度。

3.2.3.2　命令的启动

以下几种方式可以启动 SPLINE 命令：

（1）在命令行的"命令:"提示符后，键入 spline 并按回车键。

（2）单击"默认"选项卡中的"绘图"面板下的"样条曲线拟合"按钮""或"样条曲线控制点"按钮""。

（3）在"绘图（D）"下拉菜单中，选择"样条曲线（S）"命令选项，选择一种绘制方式。

3.2.3.3　命令的使用及说明

启动 SPLINE 命令后，系统将显示如下提示：

命令：_spline

当前设置：方式=<当前值>，节点=<当前值>

指定第一个点或[方式（M）/阶数（D）/对象（O）]：

第二行提示为 SPLINE 命令三个选项：方式、阶数的当前值。这些值若不经过重新设定，将一直作用于随后的 SPLINE 命令。

第三行提示为 SPLINE 的命令选项。各选项含义说明如下：

（1）指定第一个点。指定样条曲线的起点，并从起点开始绘制默认当前各项设置值的样条曲线。当指定起点之后，系统将依次相继提示：

输入下一个点或[放弃（U）]：

（2）指定方式。要求用户指定曲线创建方式，之后系统将依次提示：

输入样条曲线创建方式[拟合（F）/控制（CV）]<当前值>：

创建方式含义如下：

① 拟合（F）：样条曲线拟合时采用所选点进行曲线拟合。

② 控制（CV）：样条曲线拟合时采用所选点作为控制点进行曲线拟合。键入 CV 并按回车键，系统将提示：

指定第一个点或[方式（M）/阶数（D）/对象（O）]：

这里可以设置使用控制点拟合时的阶数，键入 D 并按回车键，系统将提示：

输入样条曲线阶数<当前值>：

用户可以设置当所选点为控制点时的曲线拟合阶数。

【注】拟合公差值越小，曲线越接近数据点；越大，越远离数据点。公差值等于 0，样条曲线精确经过数据点。图 3-27（a）、(b) 分别是公差值为 0 和 2 时拟合同一组数据的两条不同的样条曲线。

图 3-27 拟合公差值对样条曲线的影响

（4）对象（O）。选择"对象（O）"选项，系统将转换样条拟合多段线为等价的样条曲线。

3.2.4 徒手绘制草图命令（SKETCH）

3.2.4.1 命令的功能

绘制一些无规则的图形对象。通过 SKETCH 命令，用户可以类似徒手画图一样，用移动光标的方式，在屏幕上画出任意形状的线条曲线或图形。

SKETCH 命令所绘的线条实际上是由许多小的直线段组成，从而来逼近不规则曲线。小直线段的长度可由绘图人员通过记录增量来设置。

3.2.4.2 命令的启动

在命令行的"命令："提示符后，键入 sketch 并按回车键。之后，系统将启动绘草图命令。

3.2.4.3 命令的使用及说明

启动 SKETCH 命令后，将出现如下提示：

命令：_Sketch

类型=<当前值>，增量=<当前值>，公差=<当前值>

SKETCH 指定草图或[类型（T）/增量（I）/公差（L）]：

第二行提示为 SKETCH 命令三个选项：类型、增量、公差的当前值。这些值若不经过重新设定，将一直作用于随后的 SKETCH 命令。

第三行提示为 SKETCH 的命令选项。各选项含义说明如下：

（1）指定草图。点击鼠标左键开始画草图，完成后按回车键绘制草图完成。

（2）类型（T）。设置绘制草图的类型，在命令行键入 T 回车后，系统将显示如下提示：

SKETCH 输入草图类型[直线（L）/多段线（P）/样条曲线（S）]<直线>：

（3）增量（I）。设置绘制草图的增量，在命令行键入 I 回车后，系统将显示如下提示：

SKETCH 指定草图增量<当前值>：

（4）公差（L）。设置绘制草图的公差，在命令行键入 L 回车后，系统将显示如下提示：

SKETCH 指定样条曲线拟合公差<当前值>：

【注1】记录增量值越大，所绘曲线越不光滑；越小，曲线越逼真，但会导致图形文件过大。用户可根据自己的需要选择合适的记录增量值。

【注2】指定的记录增量值将作用于随后的 SKETCH 命令，直至重新设定新的记录增量值。

【注3】当光标移动距离超过所设置的记录增量时，则生成一个新的直线。

【注4】用 SKETCH 命令绘制草图时，AutoCAD 并不立即将绘制的线段存入图形数据库，在屏幕上也不是当前设置的颜色显示，而是由系统设定的绿色来显示（如果当前层的颜色也是绿色，则用红色来显示），当把所绘的草图线存入数据库后，屏幕上的绿色草图线颜色才改变为当前设置的颜色。

【注5】徒手绘制的草图线可以处于两种状态：一种是作为多个独立的直线连接而成的折线，另一种是作为一个整体的多段线。这可由系统变量 SKPOLY 的值决定。SKPOLY 的值取"0"时为折线状态，取"1"时为多段线状态。设置方法如下：

① 在命令行的"命令:"提示符后，输入 skpoly 并按回车键。

② 在"输入 SKPOLY 的新值<0>:"输入新值 1 并按回车键。

3.2.5 图案填充命令（BHATCH）

3.2.5.1 命令的功能

将某种图案，按一定要求填充于指定的封闭区域内。在绘制复杂图形时，为区分不同的零部件或组成部分，常需采用图案填充。AutoCAD 提供 BHATCH 命令来进行图案填充。进行图案填充时，AutoCAD 既提供有 68 种预先定义好的剖面线图案供用户使用，又允许用户使用自己定义的填充图案进行填充。

3.2.5.2 命令的启动

以下几种方式可以启动 BHATCH 命令：

（1）在命令行的"命令:"提示符后，键入 bhatch 并按回车键。

（2）单击"默认"选项卡中的"绘图"面板下的"图案填充"按钮"▨"。

（3）在"绘图（D）"下拉菜单中，选择"图案填充（H）…"命令选项。

3.2.5.3 图案填充和渐变色对话框及说明

启动 BHATCH 命令后，上方菜单栏弹出如图 3-28 所示的选项卡，在命令行输入 T 并回车，系统将打开"图案填充和渐变色"对话框。该对话框有两个选项卡：快速和高级选项卡，如图 3-29 所示。

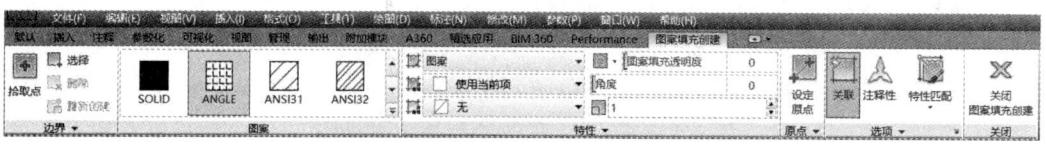

图 3-28 图案填充和渐变色选项栏

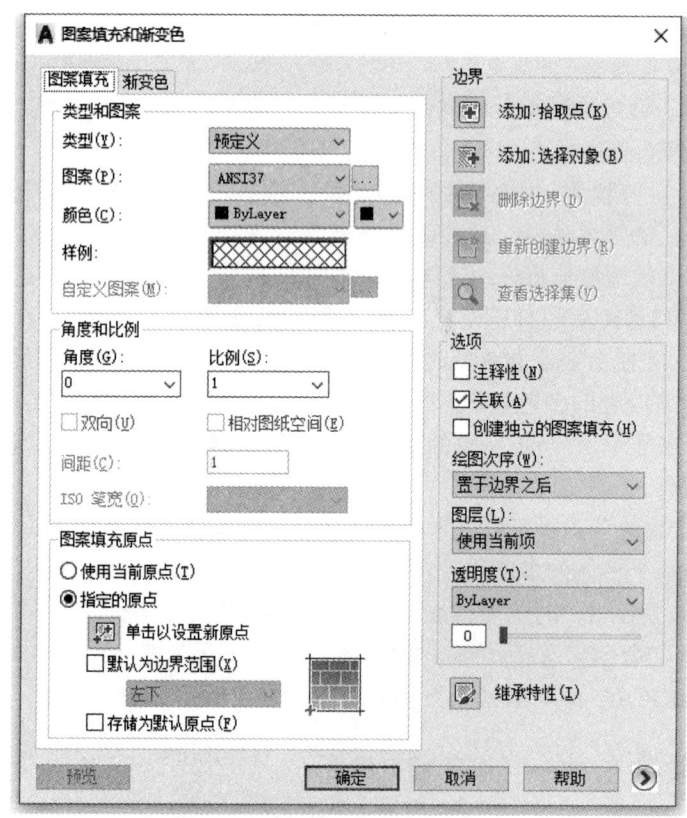

图 3-29 图案填充和渐变色对话框

各选项卡及相应的命令按钮说明如下：

（1）"图案填充"选项卡。用于选择设置图案填充的类型、填充图案样例及填充比例等，并快速创建图案填充。

①"类型（Y）"下拉列表框。指定填充图案的类型。用户在进行图案填充时，首先要选择或定义所采用的图案。"类型（Y）"下拉列表框中列出了 AutoCAD 提供的三种可选填充图案的类型："系统预定义""用户定义"和"自定义"。单击框中右侧下拉箭头，可从中选择一种。系统默认类型为"系统预定义"。

"系统预定义"：该选项允许用户使用 AutoCAD 提供的图案类型进行图案填充。这些图案分别保存在 ACAD.PAT 和 ACADISO.PAT 文件中。在图案填充时，这些图案的比例系数及旋转角度可由用户控制。

"用户定义"：该选项允许用户使用当前线形定义简单的图案进行图案填充。定义的方法是：以所需的间距和角度，选择一组平行线或两组（90°交叉）平行线。

"自定义"：该选项允许用户从其他定制的*.PAT 文件中选择图案，而不是从 ACAD.PAT 或 ACADISO.PAT 文件中选择。用户在图案填充时可控制填入图案的比例系数和旋转角度。

② "图案（P）"下拉列表框。该框列出了系统预定义类型的图案名称供用户选择。单击右侧下拉箭头，可从中选择一种，或单击图案列表框右侧"…"按钮，之后在弹出的"填充图案选项板"对话框中，选择一种所需图案，如图 3-31 所示。

【注】"填充图案选项板"对话框包含了四个选项卡：ANSI、ISO、其他预定义和自定义。分别列出了系统预定义的全部图案及定制图案的预览图像（以字母先后顺序排列）。只有当选择"系统预定义"选项时，"图案（P）"下拉列表框才有效。

③ "样例"编辑框。该框显示了所选填充图案的预览图像。单击此框，也可弹出"填充图案选项板"对话框，如图 3-30 所示。

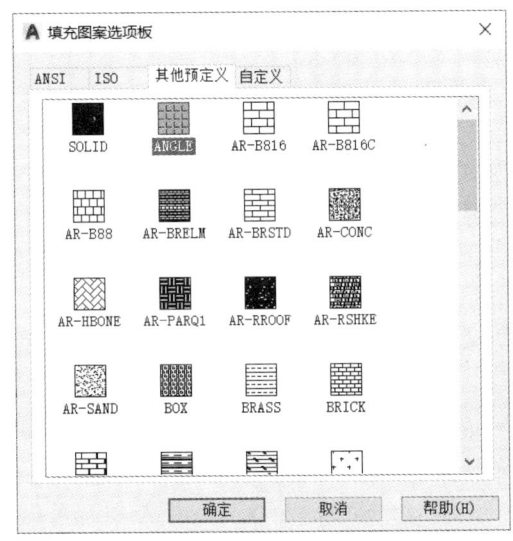

图 3-30 填充图案选项板对话框

④ "颜色（C）"下拉列表框。该框列出了可供选择使用的颜色。

⑤ "自定义图案（M）"下拉列表框。该框列出了可供选择使用的自定义图案名。只有当在"类型（Y）"下拉列表框中选择"自定义"选项时，该列表框才有效。单击"自定义"图案列表框右侧的"…"按钮也可弹出"填充图案选项板"对话框。

⑥ "角度（G）"下拉列表框。用于指定在图案填充时，所选图案相对当前用户坐标系 X 轴的旋转角度。在框中直接输入角度值或单击右侧下拉箭头选择一个旋转角度值。

⑦ "比例（S）"下拉列表框。用于设置所选图案在填充时的缩放比例系数，以使填充图案的外观变得更稀疏或更紧密一些，从而使整个图形显得比较协调。

【注】缩放比例系数越大，填充图案越稀疏；反之，越紧密。当填充图案过于密集时，无法显示填充效果。系统默认缩放比例系数为 1。

⑧ "间距（C）"编辑框。用于编辑用户自定义图案时指定图案中线的间距，只有当在"类

型(Y)"下拉列表框中选择"用户定义"选项时,该编辑框才有效。

⑨ "ISO 笔宽(O)"下拉列表框。用于设置 ISO 预定图案的笔宽。只有当在"类型(Y)"下拉列表框中选择"系统预定义"选项,且选择了一个可用的 ISO 图案时,该下拉列表框才有效。

⑩ "图案填充原点"选项。用于设置图案填充时的基点。"指定的原点"复选框选定后,则可指定新的原点。

其他按钮及选项说明。在快速与高级两个选项卡的中间,有几个共用的按钮和选项,其功能如下:

"添加:拾取点"按钮:用拾取边界内任意一点的方式来定义填充区域。

"添加:选择对象"按钮:用选择实体对象的方式来定义填充区域。

"删除边界(D)"按钮:从边界定义中删除之前添加的任何对象。

"重新创建边界(R)":围绕选定的图案填充或填充对象创建多段线或面域,并使其与图案填充对象相关联(可选)。

单击"重新创建边界"时,对话框将暂时关闭,并显示一个命令提示:

输入边界对象类型[面域(R)/多段线(P)]<当前>:输入 r 创建面域或输入 p 创建多段线

是否将图案填充与新边界重新关联? [是(Y)/否(N)]<当前>:输入 y 或 n

"查看选择集(V)":暂时关闭"图案填充和渐变色"对话框,并使用当前的图案填充或填充设置显示当前定义的边界。如果未定义边界,则此选项不可用。

"选项"选项区:控制几个常用的图案填充或填充选项。包括四个选项:

"注释性":指定图案填充为注释性。

"关联":控制图案填充或填充的关联。关联的图案填充或填充在用户修改其边界时将会更新。

"创建独立的图案填充":控制当指定了几个单独的闭合边界时,是创建单个图案填充对象,还是创建多个图案填充对象。

"绘图次序":为图案填充或填充指定绘图次序。图案填充可以放在所有其他对象之后、所有其他对象之前、图案填充边界之后或图案填充边界之前。

"继承特性"按钮:用已存在的填充图案来填充新定义的填充区域。选择该选项后,系统提示用户指定一个相关的填充图案对象,新的填充区域将继承所选定原填充图案的参数特征。

"预览"按钮:用于预览填充效果。单击该按钮,回到图形界面,用户可以查看填充效果,之后按回车键或鼠标右键返回"图案填充和渐变色"对话框,以决定确认或修改所设定的填充区域边界及图案。

(2)"渐变色"选项卡。用于选择设置图案填充的颜色。根据填充效果的不同,可分为单色填充和双色填充。

3.2.5.4 例子

用 BATCH 命令进行图案填充。

(1)用画圆、矩形及多边形命令绘制图 3-31(a)所示图形。

(2)单击绘图工具栏"图案填充"按钮"▨"。

（3）在"图案填充和渐变色"对话框"快速"选项卡中，选择"预定义"类型、BRASS图案，并在"角度（L）"列表框中输入30（使图案填充时旋转30°）。

（4）在"图案填充和渐变色"对话框"右下角弹框"选项卡中，选择"孤岛显示样式"区中的"普通"选项。

（5）单击"添加：拾取点"按钮，回到图形界面，在所绘图形的圆与矩形之间用鼠标左键选取一内点。按回车键确认后，返回"图案填充和渐变色"对话框。

（6）在"图案填充和渐变色"对话框中单击"确定"按钮，则绘出如图3-31（b）所示图形；若在图案填充和渐变色对话框"孤岛显示样式"区中，选择"外部"选项，则绘出如图3-31（c）所示图形；若选择"忽略"选项，则绘出如图3-31（d）所示图形。

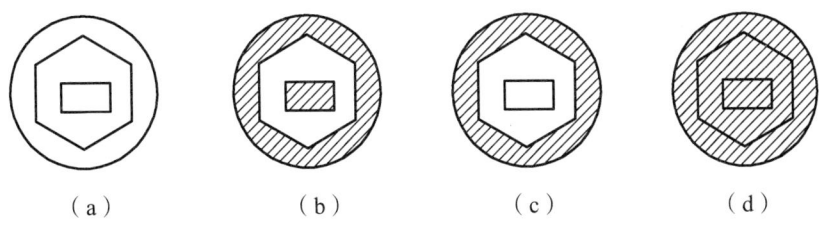

图 3-31　图案填充图形

3.3 辅助作图

在绘图过程中，我们经常使用辅助作图线帮助定位和构图。AutoCAD提供了"构造线（XLINE）"和"射线（RAY）"两种辅助线，以及等分对象等手段。这些辅助作图线可以像其他对象一样进行移动、复制和旋转，也可以进行修剪和打断等操作。因此，辅助线可以帮助用户构造并画出新的图形。

3.3.1 构造线的绘制命令（XLINE）

3.3.1.1 命令的功能

绘制构造线，即从指定点开始向两个方向无限延长的直线。构造线具备所有图形对象的特性，如图层、颜色与线型等。通过修建，用户还可以使构造线成为直线或射线。

3.3.1.2 命令的启动

以下几种方式可以启动XLINE命令：

（1）在命令行的"命令："提示符后，键入xline并按回车键。

（2）单击"默认"选项卡中的"绘图"面板下的"构造线"按钮""。

（3）在"绘图（D）"下拉菜单中，选择执行"构造线（T）"命令选项。

3.3.1.3 命令的使用及说明

启动XLINE命令后，系统将显示如下提示：

命令：_xline

指定点或[水平(H)/垂直(V)/角度(A)/二等分(B)/偏移(O)]：

各选项含义说明如下：

（1）指定点。指定构造线要通过的某一点。该项为系统默认选项。之后系统将提示：

指定通过点：指定构造线要通过的另一点。该提示将会继续重复出现，要求用户输入其他点，以连续绘制其他任意方向的构造线，直至空响应结束 XLINE 命令（下同）。

（2）水平(H)。绘制通过指定点且平行于 X 轴的构造线。

（3）垂直(V)。绘制通过指定点且平行于 Y 轴的构造线。

（4）角度(A)。绘制指定角度的构造线。键入 a 并按回车键，系统将提示：

输入构造线的角度(0)或[参照(R)]：指定构造线的角度（与 X 轴的夹角），或指定两点作为构造线的方向。

指定通过点：指定构造线要通过的一点。

（5）二等分(B)。绘制通过指定角的顶点且平分该角的构造线。键入 b 并按回车键，系统将提示：

指定角的顶点：指定被平分角的顶点。

指定角的起点：指定角边上一点。

指定角的端点：指定另一角边上的一点。该提示将继续重复出现，可以连续指定多个角边以产生多个角的平分线，直至空响应结束 XLINE 命令。

（6）偏移(O)。绘制以指定距离平行于某一直线对象的构造线。键入 o 并按回车键，系统将提示：

指定偏移距离或[通过(T)]<当前值>：输入偏移距离值，或指定两点作为偏移的距离值。按回车键默认当前值。之后系统将提示：

选择直线对象：选择一条直线或多段线等作为构造线偏移的参照对象。

指定向哪侧偏移：指定构造线相对选定对象的偏移方向。

后两项提示将会继续重复出现，用以绘制多条偏移构造线，直至空响应结束 XLINE 命令。

3.3.2 射线的绘制命令（RAY）

3.3.2.1 命令的功能

绘制射线，即一种从指定点起向一个方向无限延长的直线。

3.3.2.2 命令的启动

以下几种方式可以启动 RAY 命令：

（1）在命令行的"命令:"提示符后，键入 ray 并按回车键。

（2）单击"默认"选项卡中的"绘图"面板下的"射线"按钮" "。

（3）在"绘图(D)"下拉菜单中，选择"射线(R)"命令选项。

3.3.2.3 命令的使用及说明

启动射线命令后，系统将提示：

命令：_ray
指定起点：指定射线的起点。
指定通过点：指定射线通过的点。

第三行提示将会继续重复出现，用户可连续指定多条射线的通过点，以绘制不同方向的射线，直至空响应结束RAY命令。

3.3.3 定数等分对象命令（DIVIDE）

3.3.3.1 命令的功能

使用DIVDIE命令，可沿一个对象的长度方向将其划分成一个确定数目的等长线段，并放置点或者块作为标记。它可以等分直线、圆、圆弧、多段线和样条曲线等，但对射线或构造线无效。该等分点可用目标捕捉模式（Node）来捕捉。

3.3.3.2 命令的启动

以下几种方式可以启动DIVIDE命令：

（1）从命令行"命令:"提示符后，键入divide并按回车键。

（2）单击"默认"选项卡中的"绘图"面板下的"定数等分"按钮" "。

（3）在"绘图（D）"下拉菜单中，选择"点（O）"命令选项，在弹出的次级子菜单中，选择"定数等分（D）"命令。

3.3.3.3 命令的使用及说明

启动DIVIDE命令后，系统将出现如下提示：

命令：_divide
选择要定数等分的对象：选择要等分的图形对象。
输入线段数目或[块（B）]：输入要等分线段的数目，或者选择"块（B）"选项，在等分点上插入块标记。

块标记的方向可以与等分图形对象平行，也可旋转角度为0°的方向插入，如图3-32所示。

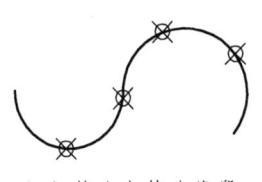 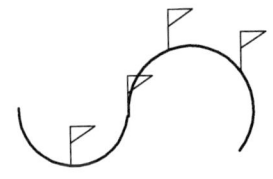

（a）等分点等分线段　　　　　　　　　　（b）块标记等分线段

图3-32 用定数等分对象命令等分对象

【注1】DIVIDE命令一次只适用于一个图形对象，不能用于一组图形对象。

【注2】DIVIDE命令中用户设置的是等分段数，而不是等分点数。并且所选的图形对象并没有被分割，只是在等分点上放置了点标记或插入了块标记。

3.3.4 定距等分对象命令（MEASUR）

3.3.4.1 命令的功能

使用 MEASURE 命令，用户可按指定的间距沿一个对象放置点或者块。该对象可以是直线、圆、圆弧、多段线和样条曲线等。

3.3.4.2 命令的启动

以下几种方式可以启动 MEASURE 命令：

（1）在命令行的"命令:"提示符后，键入 measure 并按回车键。

（2）单击"默认"选项卡中的"绘图"面板下的"定距等分"按钮" "。

（3）在"绘图（D）"下拉菜单中，选择"点（O）"命令选项，在弹出的次级子菜单中，选择执行"定距等分（M）"命令。

3.3.4.3 命令的使用及说明

启动 MEASURE 命令后，系统将提示：

命令: measure

选择要定距等分的对象：指定要标记给定间距的图形对象。

指定线段长度或[块（B）]：指定间距，或者选择"块（B）"选项，用以指定要放置的块。

【注】MEASURE 命令一次只适用于一个图形对象，不能适用于一组图形对象。

思考与练习题

1. 采用直线命令绘制如图 3-33 所示图形。

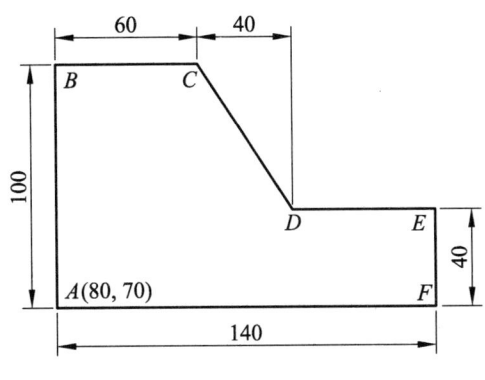

图 3-33　练习题一

2. 采用圆的命令绘制图 3-34 所示图形。
圆 1：圆心（100，100），半径 50。
圆 2：圆心（200，200），半径 50。
圆 3：与圆 1 相切，与圆 2 相切，半径 50。

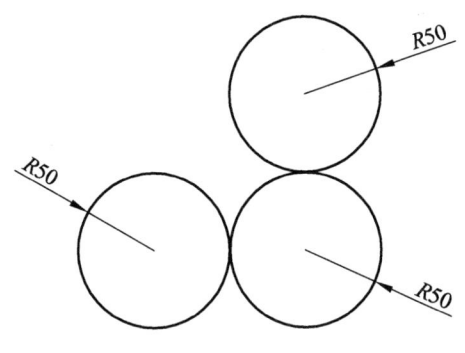

图 3-34　练习题二

3. 如何绘制圆弧？需要输入半径时，其数值正负对圆弧有什么影响？需要输入弦长时，其数值正负对圆弧有什么影响？

4. 采用起点、端点、角度法绘制圆弧，绘图参数：起点（100，100）、端点（200，200）、角度 90°。

5. 采用矩形命令，绘制如图 3-35 所示带有倒角的矩形。

6. 绘制正多边形时的内接法与外切法有什么区别？

7. 采用绘制多边形命令绘制如图 3-36 所示图形。

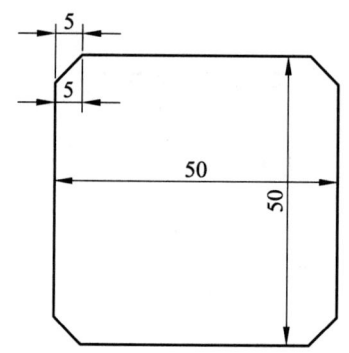

图 3-35　练习题三

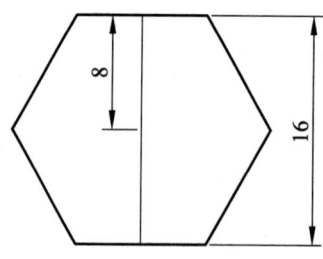

图 3-36　练习题四

8. 采用绘制椭圆命令绘制如图 3-37 所示图形。

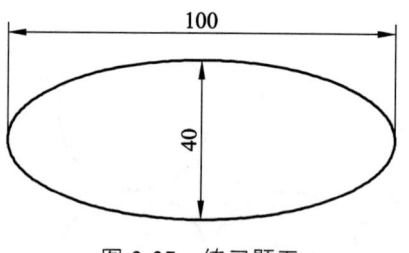

图 3-37　练习题五

9. 如何控制所绘制的点的形式？
10. 直线 Line 命令与多段线 Pline 命令有什么异同？
11. 采用多段线命令绘制如图 3-38 所示图形。

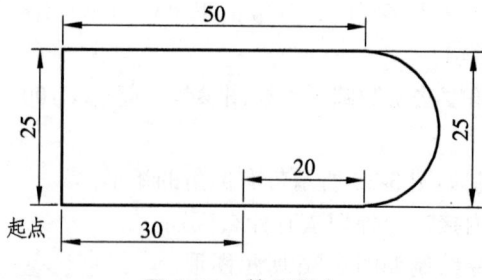

图 3-38　练习题六

第 4 章　图形编辑

> **导言**：在绘图时，单纯地使用绘图命令或绘图工具只能绘制一些基本的图形对象。为了绘制复杂的图形，很多情况下就必须对图形对象进行处理，因此掌握编辑图形的方法非常重要。AutoCAD 2022 提供了众多的图形编辑命令，如复制、移动、旋转、镜像、偏移、阵列、拉伸及修剪等。使用这些命令，用户可以修改、编辑、加工已有图形。本章将重点介绍 AutoCAD 2022 中编辑图形的方法和命令。

4.1　实体目标的选择

在对图形进行编辑操作之前，首先需要选择要编辑的对象。当用户选择实体目标后，该实体将呈高亮显示，此时组成实体边界的轮廓由实线变为虚线。

4.1.1　利用对话框设置对象选择模式

在对图形进行编辑时，往往需要同时选择多个实体进行编辑，为此，AutoCAD 提供了用来设置选择方式的对话框，如图 4-1 所示。

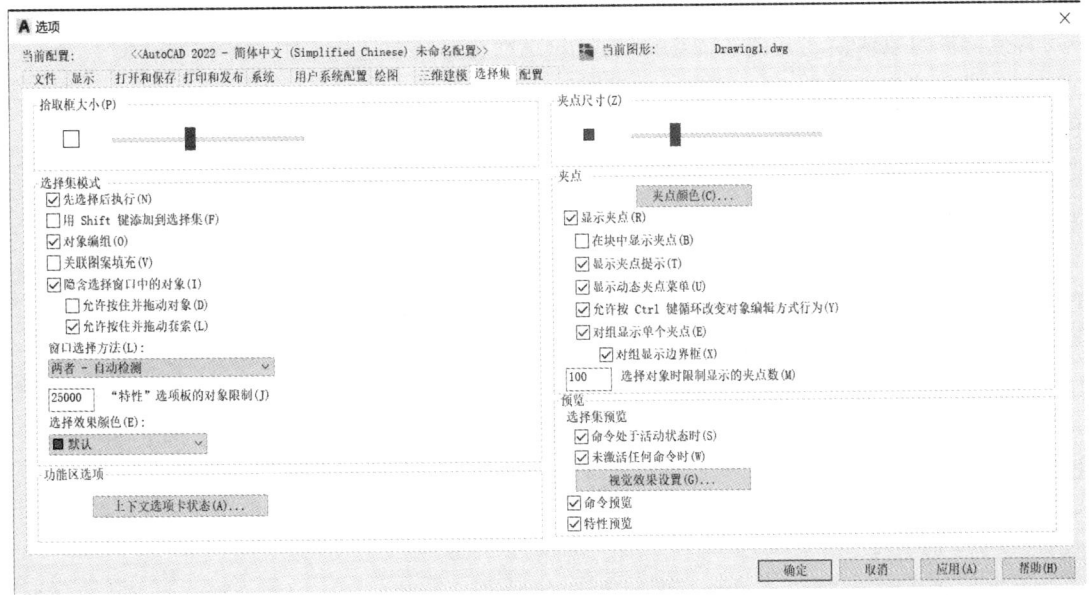

图 4-1　"选择集"选项卡

4.1.1.1 执行方式

（1）命令行：输入 ddselect 并按回车键。

（2）菜单：单击"工具"→"选项"按钮，在打开的"选项（N）"对话框中单击"选择集"选项卡。

（3）状态栏：用右键单击状态栏上的"对象捕捉设置"按钮，打开快捷菜单。然后，单击"选项"按钮，在打开"选项"对话框后，单击"选择集"选项卡。

（4）在空白处右键，单击"选项（O）"，在弹出的选项对话框中单击"选择集"选项卡。

用上述的四种方法之一，即可打开"选择集"选项卡。

4.1.1.2 设置选择模式

在"选择集"选项卡中，用户可根据需要灵活地对图形目标的选择方式及附属功能进行设置。"选择集"选项卡共有 6 个选项组，各具有不同功能。

（1）"选择集模式"选项组。在该选项组中共有 6 种模式，均以复选框的形式供用户选择。

① "先选择后执行"复选框：先选择实体，后执行命令。

该选项用于在执行大多数修改命令时调换传统的次序。该选项设置为打开时，可以在命令行"命令："提示下，先选择对象，再执行修改命令。例如，如果要使用 COPY 命令复制一个对象，当"先选择后执行"复选框选中时，可以先选择该对象，然后再调用 COPY 命令，此时 AutoCAD 将跳过"选择对象"提示，直接复制先前选择的对象。

② "用 Shift 键添加到选择集"复选框：利用 Shift 键控制添加实体对象到选择集。

当选中该复选框时，它激活一个附加选择方式，即需要按住 Shift 键才能添加新对象。例如，如果先选择一个对象，该对象亮显，此时若再选择一个对象，则新对象亮显，而前一个对象不呈亮显状态。若要两者均被选择，唯一的方法是选择第 1 个对象后按住 Shift 键选择第 2 个对象。与之类似，取消选择的对象也需用同样的方法。当清除该复选框时，若选择新对象，只需直接选择对象或使用其他选项选择，AutoCAD 将直接向选择集中添加新的对象。

③ "对象编组"复选框：当选中该复选框时，如果选择组中的任意一个对象，则该对象所在的组都会被选择。

④ "关联图案填充"复选框：当选中该复选框时，如果选择关联填充的对象，则填充的边界对象也被选中。

⑤ "隐含选择窗口中的对象"复选框：当选中该复选框时，用户利用矩形选择框选择实体目标时，就可以看到因为拖动而产生的矩形选择框。当清除该复选框时，用户只能利用拾取框选择实体目标，不能利用矩形选择框选择实体目标。

"允许按住并拖动对象"复选框：利用定位设备（鼠标）控制建立选择窗口或交叉窗口的方式。当选中该复选框时，用矩形选择框选择目标，应单击左键确定矩形选择框的一个角点，并拖动鼠标（按下左键不放开）至另一个角后再松开鼠标左键。当清除该复选框时，用矩形选择框选择目标，只需要单击左键确定矩形选择框的一个角点，然后在适当的位置再次单击左键确定另一个角点。

"允许按住并拖动套索"复选框：当勾选复选框时，可以控制用于对象选择的自动窗口选择。

⑥ 窗口选择方法：窗口选择方法可以选择两次点击、按住并拖动和两者-自动检测。

⑦选择效果颜色：可以设置选择窗口的颜色。

（2）"夹点"选项组。用户可以在该选项组内选择控制点的显示颜色和状态。

①夹点颜色按钮：点击按钮会弹出设置夹点颜色对话框。其中，"未选中夹点颜色"下拉列表框用来确定未选中夹点的颜色；"选中夹点颜色"下拉列表框用来确定已选中夹点的颜色；"悬停夹点颜色"下拉列表框用来确定悬停夹点的颜色；"夹点轮廓颜色"下拉列表框用来确定夹点轮廓的颜色。

②"显示夹点"复选框能控制夹点在选中对象上显示。其中，各复选框如下："在块中启用夹持点"复选框，用于设置是否显示在图块中各图形元素的夹持点；"显示夹点提示"复选框，当鼠标悬停在支持夹点提示的自定义对象的夹点上时，显示夹点的特定信息；"显示动态夹点菜单"复选框，控制在将鼠标悬停在多功能夹点上时动态菜单的显示；"允许按Ctrl键循环改变对象编辑方式行为"复选框，按Ctrl键可以更改对象的编辑方式；"对组显示单个夹点"复选框，显示对象组的单个夹点；"对组显示边界框"复选框，围绕编组对象的范围显示边界框。

③"选择对象时限制显示的夹点数"：文本框可以设置选择对象时显示夹点数的上限个数。

（3）"拾取框大小"滑杆。该项用于控制拾取框的大小。设置适当的拾取框大小，可以快速、高效地选择实体目标。若拾取框过大，在选择实体目标时容易将实体目标附近的其他不该选择的实体也选择在内；如果过小，则选取实体目标会非常困难。

（4）"夹点大小"滑杆。该项用于设置夹点的大小。

（5）"选择集预览"：当拾取框光标滚动过对象时，亮显对象。"命令处于活动状态时"：仅当某个命令处于活动状态并显示"选择对象"提示时，才会显示选择预览。"未激活任何命令时"：即使未激活任何命令，也可显示选择预览。"视觉效果设置"：显示"视觉效果设置"对话框。

（6）"功能区选项"："上下文选项卡状态"按钮将显示"功能区上下文选项卡状态选项"对话框。

4.1.2 实体目标的选择方法

4.1.2.1 用拾取框选择实体目标

当执行编辑命令后，在绘图区内的十字光标就会变成一个正方形的小框，在AutoCAD中称为拾取框（Pick box），如图4-2所示，同时在命令行有如下的提示：

选择对象：

当用拾取框选择一个实体目标后，命令行仍继续提示"选择对象："

直到以空响应（按回车键、空格键或鼠标右键）来结束选择。

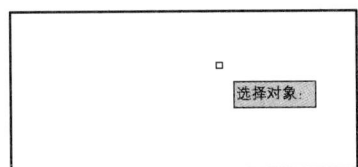

图4-2 用拾取框选择对象

【注】用拾取框选择实体目标时，一次只能选择一个实体。

4.1.2.2 用窗口方式选择实体目标

除了用拾取框选择实体目标外，AutoCAD 还提供了矩形选择框的方式来选择多个实体。矩形选择方式包含窗口（Window）和交叉（Crossing）两种方式，它们既有联系又有区别。

当执行编辑命令出现"选择对象:"提示符后，在适当的位置单击鼠标左键，选择矩形对角线上的第一个点，从左到右拖动鼠标至适当位置，即看到在绘图区内出现一个实线的矩形，称之为窗交方式下的矩形选择框，如图 4-3 所示。此时，只有完全包含在该矩形选择框内的实体目标才会被选中。

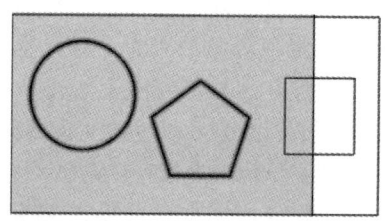

图 4-3 窗口方式选择实体目标

4.1.2.3 交叉方式选择实体目标

当执行编辑命令出现"选择对象:"提示符后，在适当的位置单击鼠标左键，选择矩形对角线上的第一点，从右向左拖动鼠标至适当位置，即可看到在绘图区内出现一个虚线的矩形，称之为交叉方式下的矩形选择框，如图 4-4 所示。此时，完全包含在该矩形选择框内的实体目标，以及与该选择框相交的实体目标均被选中。

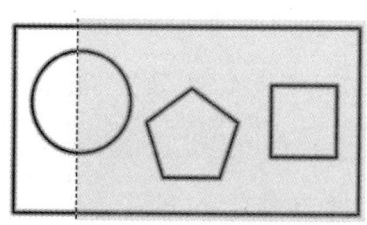

图 4-4 交叉方式选择实体目标

4.1.3 快速选择

有时用户需要选择具有某些共同属性的对象来构造选择集，如选择具有相同颜色、线型或线宽的对象，用户当然可以使用前面介绍的方法选择这些对象，但如果要选择的对象数量较多且分布在较复杂的图形中，工作量会很大。AutoCAD 2022 提供了 QSELECT 命令来解决这个问题，当需要选择具有某些共同特性的对象时，可利用"快速选择"对话框，根据对象的图层、线型、颜色、图案填充等特性和类型，创建选择集。

（1）执行方式

① 菜单："工具"→"快速选择"。

② 命令行：qselect。

③ 右键快捷菜单："快速选择"（图 4-5）。

④ 工具选项板："特性"→"快速选择"（图 4-6）。

（2）AutoCAD 打开"快速选择"对话框，如图 4-7 所示，在此对话框中，可以设置用户自定义的选择条件，然后快速选择需要的一个或一组对象。

图 4-5　右键快捷菜单

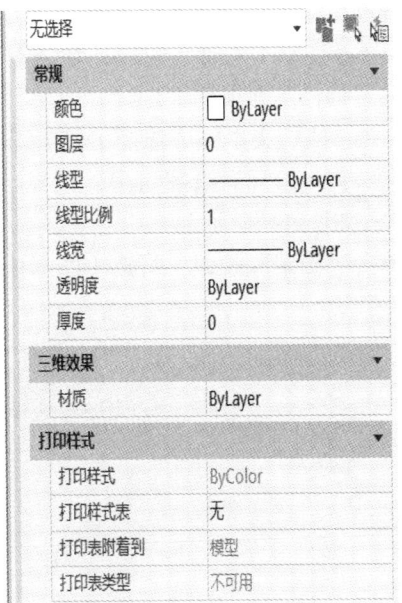

图 4-6　"特性"选项板

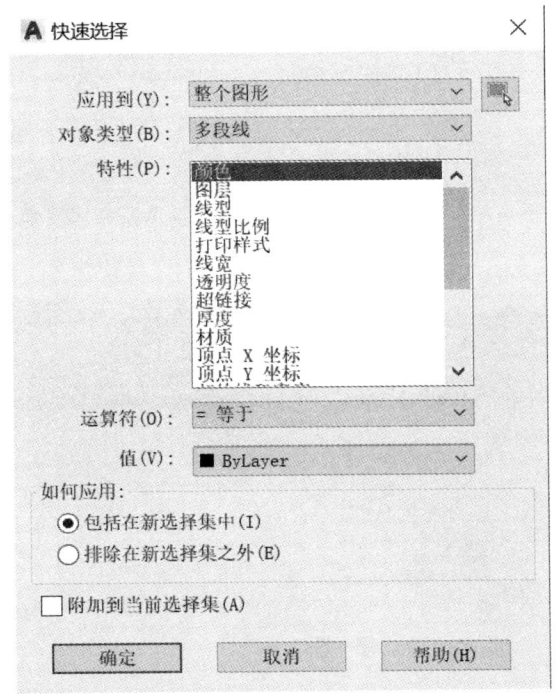

图 4-7　"快速选择"对话框

（3）例题。

实例目标：选择某一地形图中所有居民地。

操作步骤：

① 启动 AutoCAD 2022，打开某一地形图。

② 选择"工具"→"快速选择"命令，打开"快速选择"对话框。在"应用到"下拉列表框中，选择"整个图形"选项；在"对象类型"下拉列表框中，选择"所有图元"选项。

③ 在"特性"列表框中选择"图层"选项，在"运算符"下拉列表框中选择"=等于"选项，然后在"值"文本框中选择 JMD，表示选择图形中所有居民地。

④ 在"如何应用"选项组中，选择"包括在新选择集中"单选按钮，按设定条件创建新的选择集，如图 4-8 所示。

⑤ 单击"确定"按钮，将选中图形中所有符合要求的图形对象，如图 4-9 所示。

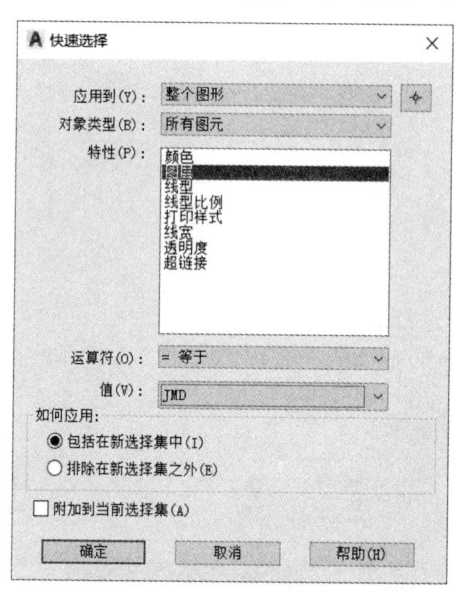

图 4-8 "快速选择"对话框设置选取所有居民地

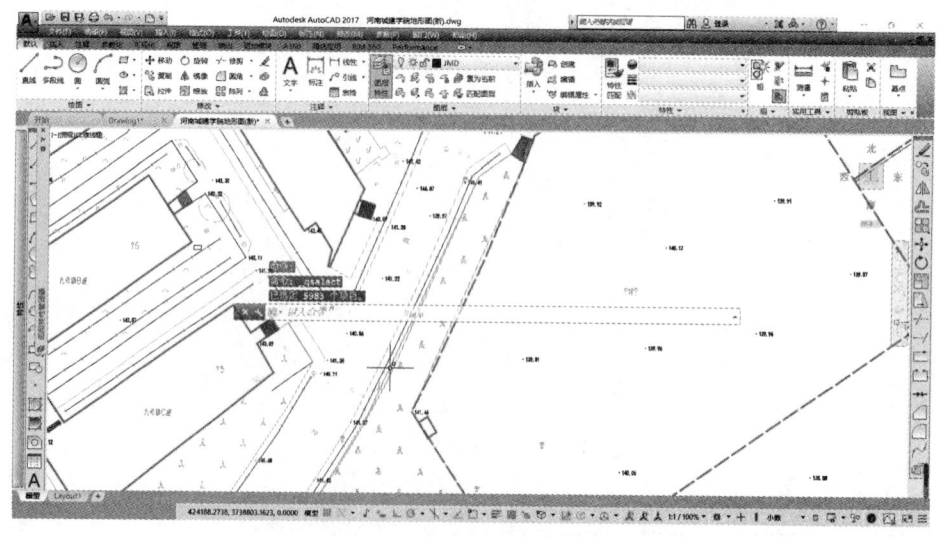

图 4-9 快速选择居民地

4.2 图形实体删除与恢复

4.2.1 图形实体删除命令（ERASE）

在绘图过程中，常会产生一些中间阶段的实体，可能是辅助线，也可能是一些错误或没用的图形，在最终的图纸中，是不需要这些实体的。删除（Erase）命令可方便用户删除这些实体。

（1）执行方式。

① 菜单："修改"→"删除（E）"。

② "修改"工具栏："删除"按钮" "。

③ 单击"默认"选项卡中的"修改"面板下的"删除"按钮" "。

④ 命令行：erase（缩写 e）。

（2）命令的使用与说明。

启动删除命令后，AutoCAD 提示：

选择对象：要求选择实体对象

然后按回车键或空格键结束对象选择，同时删除已选择的对象。

也可以先选择对象，然后调用"删除"命令。

当选择多个对象时，多个对象被删除；若选择的对象属于某个对象组，则该对象组的所有对象都被删除。

【注】在 AutoCAD 中，用 Erase 命令删除实体后，这些实体只是临时性地被删除，只要不退出当前图形且没有存盘，用户还可以用图形恢复命令将已删除的图形实体恢复。

4.2.2 恢复已删除命令（OOPS）

如果在删除图形时，发现刚删除的实体对象是不该删除的，即误删了不该删除的对象。此时，可用 OOPS 命令来恢复刚删除的实体对象。该命令的使用方法：在命令行的"命令："提示符后键入 oops 并回车，即可恢复刚删除的图形实体。

【注】使用 OOPS 命令只能恢复最近一次使用 Erase 命令删除的实体对象，在此之前被删除的实体对象不能被恢复，必须用其他的命令来恢复。

4.2.3 放弃命令（UNDO）

（1）命令功能。

在绘图过程中，可能不慎执行了错误操作，当失误严重时，就会对图形文件造成很大的损失。这时，只要没有退出（Quit）或结束（End）绘图，就可以通过放弃（UNDO）命令来取消这些错误的操作。因为 AutoCAD 的全部绘图操作都贮存在缓冲区内，使用 UNDO 命令可以逐步取消本次进入绘图状态后的操作，直至初始状态。使得用户逐步找出错误所在。

（2）执行方式。

启动 UNDO 命令有如下几种方式：

① 菜单："编辑"→"放弃"

②标准工具栏:"放弃"按钮"⤺"。
③命令行:undo(缩写 u)。

4.2.4 重做命令(REDO)

(1)命令功能。

同 Windows 的其他应用软件相似,该命令用于重复上一次操作。

(2)执行方式。

启动 REDO 命令有以下几种方式:
① 菜单:"编辑"→"重做"。
② 标准工具栏:"重做"按钮"⤻"。
③ 命令行:redo。

【注】重做(REDO)命令只有在取消(UNDO)命令之后才能起作用,它没有选项,如果连续进行了两次以上的重做(REDO)命令,则只能对最近一次的取消(UNDO)命令起作用。

4.3 改变图形位置的编辑命令

4.3.1 移动图形命令(MOVE)

(1)命令功能。

在实际绘图过程中,特别是进行图纸设计时常常会要移动某一个设计好的图形。AutoCAD 提供的图形移动(MOVE)命令,就可方便地将目标图形移动到指定的位置。

(2)执行方式。

启动移动命令有如下四种方式:
① 菜单:"修改"→"移动(V)"。
② 修改工具栏:"移动"按钮"✥"。
③ 单击"默认"选项卡中的"修改"面板下的"移动"按钮"✥"。
④ 命令行:move(缩写 m)。

(3)命令的使用和说明。

启动移动命令后,命令行有如下的提示:

选择对象:确定要移动的实体目标。

指定基点或位移:确定移动基点,表明将所选实体目标从哪点开始移动。

指定位移的第二点或<用第一点作位移>:确定移动终点,也可以以第一点的坐标值作相对位移坐标,即以它的 X 坐标值作为目标在 X 方向的位移量,Y 坐标值作为在 Y 方向的位移量,用户可直接按回车键确认选择该方式。

【注】和其他编辑命令一样,用户可借助目标捕捉功能或相对极坐标形式来确定基点与终点的位置。

(4)例题。

如图4-10所示,试将图中所示的椭圆从A点移至B点。

具体方法如下:

① 在AutoCAD中绘制如图4-10所示的图形。

② 启动移动命令。

③ 在"选择对象:"提示符后选择图形椭圆,并回车。

④ 在"基点或位移:"提示符后,利用目标捕捉功能选取A点。

⑤ 在"指定位移的第二点或<用第一点作位移>:"提示符后,利用目标捕捉功能选择B点。

通过上述操作,将得到如图4-11所示的图形。

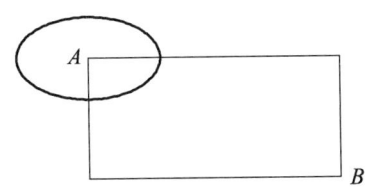
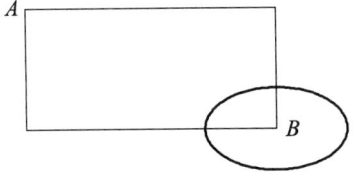

图4-10 移动图形实例　　　　　图4-11 移动后的图形

4.3.2 旋转对象命令(ROTATE)

(1)命令功能。

在绘制图形的过程中,有时需要将某一个图形旋转一个角度。AutoCAD提供了旋转命令,就可以方便地将所选对象相对于基点进行旋转,同时还可将所选对象进行多次复制。

用鼠标拾取对象的某夹点作为基点,然后在右击鼠标弹出的快捷菜单中选择"旋转"命令,使目标图形旋转指定的角度。

(2)执行方式。

启动旋转命令有如下四种方式:

① 菜单:"修改"→"旋转"。

② 修改工具栏:"旋转"按钮" "。

③ 单击"默认"选项卡中的"修改"面板下的"旋转"按钮" "。

④ 命令行:rotate(缩写ro)

(3)命令的使用和说明。

启动旋转命令后,命令行有如下的提示:

选择对象:确定要进行旋转的实体目标。

指定基点:确定旋转基点,AutoCAD将绕该点旋转所选择的图形。

指定旋转角度,或[复制C/参照R]:确定绝对旋转角或输入c,创建要旋转的选定对象的副本;或输入r,选择相对参考角度方式。默认项是在提示后直接输入角度值后,AutoCAD把选中的对象绕特征基点旋转指定的角度。

若用户选择相对参考角度方式即输入r,AutoCAD提示:

指定参照角<重新输入>:要求用户指定参考方向的参考角度值。

指定新角度或[点(P)]<重新输入>:要求用户指定相对于参考方向的新角度,可以通过输入值或指定两点来指定新的绝对角度。

【注1】旋转角度有正、负之分，如果输入的绝对旋转角度为正值，则将沿逆时针方向旋转实体目标；若输入的角度值为负值，则将顺时针方向旋转实体目标。

【注2】当提示用户指定参考角度时，可直接输入具体的角度值（可正可负），也可以确定特殊的点来定义参考角度。

【注3】当提示用户指定新角度时，可以直接输入一个角度值；也可以确定一点并通过该点和先前所定义的旋转基点的连线确定新角度；或指定两点来指定新的绝对角度。

（4）例题。

如图4-12所示，试利用旋转命令将图中图形进行旋转。

采用直接输入旋转角旋转，具体方法如下：

① 在AutoCAD中绘制一个五边形。
② 启动旋转命令。
③ 在"选择对象："提示符后选择五边形[图4-12（a）]，并回车。
④ 在"基点："提示符后，利用目标捕捉功能选取A点。
⑤ 在"指定旋转角度，或[复制（C）/参照（R）]<0>："提示符后，直接输入角度108。

通过上述操作，将得到如图4-12（b）所示的图形。

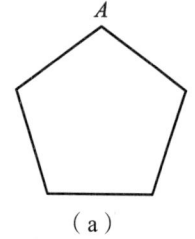
（a）

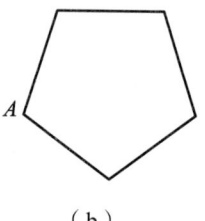
（b）

图4-12　旋转图形

4.4　改变图形大小的编辑命令

4.4.1　比例缩放对象命令（SCALE）

（1）命令功能。

在实际绘图过程中，有时会需要将某一个图形按比例缩放。AutoCAD提供的比例缩放对象（SCALE）命令，可方便地将目标图形按一定比例进行缩放。

（2）执行方式。

启动比例缩放对象命令有如下四种方式：

① 菜单："修改"→"缩放（L）"。
② 修改工具栏："缩放"按钮"▢"。
③ 单击"默认"选项卡中的"修改"面板下的"缩放"按钮"▢"。
④ 命令行：scale（缩写sc）。

（3）命令的使用及说明。

启动缩放命令后，命令行有如下提示：

选择对象：选择要比例缩放的实体目标。

指定基点：确定缩放基点，AutoCAD将以该点为中心，比例缩放所选的实体对象。

指定比例因子或[复制（C）/参照（R）]<1.0000>：指定绝对比例系数或创建要缩放选定对象的副本或指定相对比例系数，AutoCAD缺省方式为输入比例系数。

若用户选择相对比例系数（即输入r并回车），将出现操作如下提示：

指定比例因子或"参照（R）"：输入r并回车

指定参考长度<1>：指定参考长度，可以直接输入一个长度值，也可以确定两点并通过这两点确定一个长度，作为参考长度。

指定新长度：指定新的长度值，用户可以直接输入一个长度值，也可以确定一个点并将该点和先前所确定的缩放基点连线长度作为新的长度值。

【注1】比例系数应为正数。若比例系数大于1，实体对象将被放大；若比例系数小于1，实体对象将被缩小。

【注2】在实际作图中，根据经验，建议将缩放的基点选择在实体的几何中心，或实体的某一特殊点上，或实体对象的附近，这样缩放后的实体对象，不至于落到很远的地方。

【注3】当不清楚所选择的实体对象的具体缩放比例时，可采用相对比例缩放实体对象的方式，该方式通过指定缩放前的参考长度（reference length）和缩放后的新长度（new length），确定出比例缩放系数，即缩放后的新长度与缩放前的参考长度比值（称为相对缩放比例系数）。

（4）例题。

绘制一个边长为10和5的长方形，如图4-13（a）左侧图形所示，试用比例缩放命令中的指定比例因子，将图形缩放成如图4-13（a）右侧所示图形。

重新绘制一个边长为10和5的长方形，在此基础上继续绘制一条长度为19.5的直线AC，如图4-13（b）左侧图形所示，采用缩放命令中的参照缩放，将图形缩放成如图4-13（b）右侧所示图形。

采用直接输入缩放比例，具体方法如下：

① 启动缩放命令。

② 在"选择对象:"提示符后，选择图形实体矩形（可用窗选或交叉的窗口方式选取）。

③ 在"指定基点:"提示符后，利用目标捕捉功能选取A点作为比例缩放基点。

④ 在"指定比例因子或[复制（C）/参照（R）]:"提示符后，输入c并按回车键。

⑤ 在"指定比例因子或[复制（C）/参照（R）]:"提示符后，键入2并回车，即得到如图4-13（a）所示的图形。

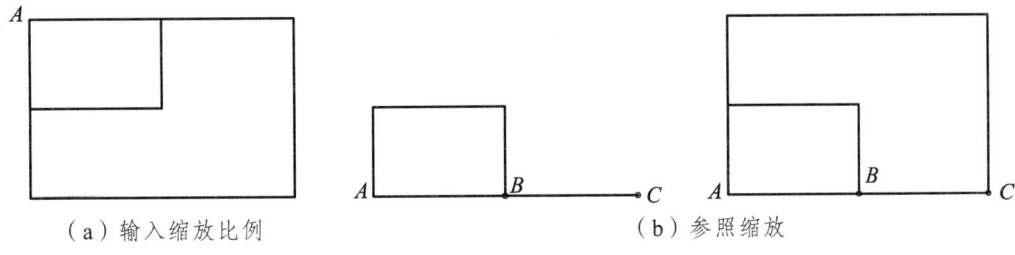

（a）输入缩放比例　　　　　（b）参照缩放

图4-13　图形缩放

采用参照缩放，具体方法如下：
① 启动缩放命令。
② 在"选择对象："提示符后选择矩形 4-13（b）中矩形，并回车。
③ 在"基点："提示符后，利用目标捕捉功能选取 A 点。
④ 在"指定比例因子或[复制（C）/参照（R）]："提示符后，输入 c 并回车。
⑤ 在"指定比例因子或[复制（C）/参照（R）]："提示符后，输入 r 并回车。
⑥ 指定参照角：利用目标捕捉功能选取 A 点。
⑦ 指定参照角：指定第二点：利用目标捕捉功能选取 B 点。
⑧ 指定新角度或[点（P）]：利用目标捕捉功能选取 C 点，即得到如图 4-13（b）所示的图形。

4.4.2 改变长度命令（LENGTH）

（1）命令功能。

改变长度（LENGTH）命令和修剪（TRIM）及延伸（EXTEND）命令很相似，可用于改变直线、多段线、圆弧、椭圆弧和非封闭的曲线的长度。

（2）命令的启动。

用户可通过以下三种方法来启动该命令：

① 菜单："修改"→"拉长（G）"。
② 单击"默认"选项卡中的"修改"面板下的"拉长"按钮" "。
③ 命令行：length（缩写 len）。

（3）命令的使用及说明。

当启动命令后，命令行有如下提示：

选择对象或"增量（DE）/百分数（P）/总计（T）/动态（DY）"：

各选项的含义如下：

① 增量（DE）。用于改变实体对象的长度，键入 de 并回车后有如下提示：

输入长度增量或"角度（A）"<0.0000>：确定实体长度增量或角度增量。各选项含义如下：

输入长度增量：直接输入要改变的直线或曲线的长度增量值，此项为缺省选项。输入后有如下的提示：

选择要修改的对象或"放弃(U)"：选择要修改的实体对象或输入 u 取消上次所做的修改。

【注】长度增量可正可负，若取正值，则实体对象将变长，反之将变短；AutoCAD 将在离选点最近端的端点处变长或缩短其长度。

② 百分数（P）。以百分比的方式改变实体对象的长度，即指定改变后的实体长度所占原来的实体对象的百分比。通过键入 p 并回车选择该选项后，有如下提示：

输入长度百分数<100.0000>：输入一个百分比，要求为非零的正数。

选择要修改的对象或"放弃(U)"：选择要修改的实体对象或输入 u 取消上次所做的修改。

③ 总计（T）。以确定总长度（或角度）的方式更改实体对象的长度，键入 t 后有如下的提示：

指定总长度或"角度（A）"<1.0000>：确定实体对象的总长度（或角度）。各项含义如下：

指定总长度：指定实体对象改变后的总长度，可直接输入其长度值，输入确认后有如下的提示：

指定要修改的对象或"放弃（U）"：选择要修改的实体对象或输入 u 取消上次所做的修改。

指定总长度：键入 a 并回车后有如下的提示：

指定总长度：<57>：指定实体对象改变后的总角度值。输入后有如下的提示：

选择要修改的对象或"放弃<U>"：选择要修改的实体对象或输入 u 取消上次所做的修改。

④ 动态（DY）。动态改变实体对象的长度。输入 dy 后，有如下的提示：

选择要修改的对象或"放弃（U）"：选择要修改的实体对象或输入 u 取消上次所做的修改。选择修改的实体后有如下的提示：

指定新端点：用户可利用十字光标动态地改变实体对象的终点，实体终点位置改变后其长度也随之发生相应的变动。

（4）例题。

试用改变图形长度命令修改图 4-14 中的各线段长度。

具体操作如下：

① 在 AutoCAD 中绘制如图 4-14 所示的图形。

② 启动拉长命令。

③ 在"选择对象或[增量（DE）/百分数（P）/全部（T）/动态（DY）]:"提示符后，键入 de 并回车。

④ 在输入长度增量或[角度（A）]:"提示符后，键入 30 并回车，并选择要修改的对象，经上述操作后，即得到如图 4-14（a）的图形。

⑤ 回车，再次启动拉长命令。

⑥ 在"选择对象或[增量（DE）/百分数（P）/全部（T）/动态（DY）]:"提示符后，键入 t 并回车。

⑦ 指定总长度或[角度（A）]<1.0000）>：键入 100 并回车，并选择要修改的对象，经上述操作后，即得到如图 4-14（b）的图形。

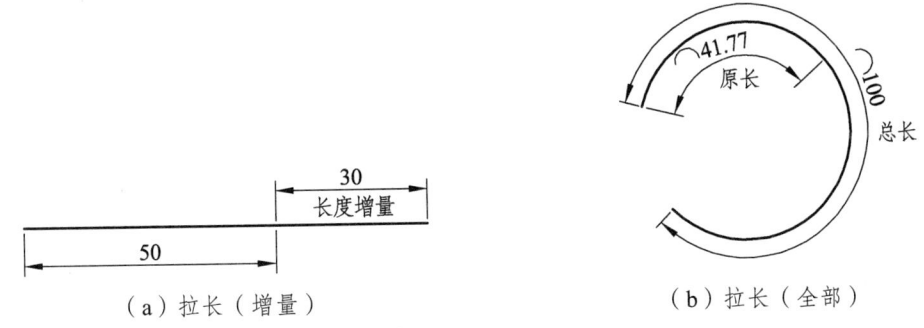

（a）拉长（增量）　　　　　　（b）拉长（全部）

图 4-14　改变长度

4.5 图形的复制

4.5.1 复制命令（COPY）

（1）命令功能。

在绘制工程图中，常常有许多完全相同的实体，若要一个一个的复制，必然效率不高。因此 AutoCAD 提供了 COPY 命令可十分轻松地将实体目标复制到新的位置。

（2）执行方式。

启动复制命令有如下四种方式：

① 菜单："修改"→"复制（Y）"。

② 修改工具栏："复制"按钮" "。

③ 单击"默认"选项卡中的"修改"面板下的"复制"按钮" "。

④ 命令行：copy（缩写 co 或 cp）。

（3）命令的使用及说明。

启动复制（copy）命令后，命令行有如下提示：

① 选择对象：选择要复制的实体目标。

② 指定基点或[位移（D）/模式（O）]<位移>：

指定基点：确定复制的基点，AutoCAD 将以该点为中心，复制所选的实体对象。

③ 指定第二个点或[阵列（A）]<使用第一个点作为位移>：要求确定复制实体目标的终点位置，即确定要将实体目标从基点复制到何处。确定重点位置可利用目标捕捉功能、绝对坐标（或绝对极坐标）、相对坐标（或相对极坐标）等来完成。

④ 指定第二个点或[阵列(A)/退出(E)/放弃(U)]<退出>：确定一个复制终点后，AutoCAD 将反复出现这一提示，要求用户确定另一个重点位置，直到用户按"回车"键或"鼠标右键"结束命令。

模式（O）：输入复制模式选项[单个（S）/多个（M）]<当前>：输入 s 或 m。

（4）例题。

如图 4-15（a）所示的图形，试用"复制单个图形"和"复制多个图形"的方法将"五角星"复制到正六边形的各顶点上。

具体操作如下：

① 在 AutoCAD 中，绘制如图 4-15（a）所示的图形。

② 单击修改工具栏上的"复制"按钮，启动 COPY 命令。

③ 在"选择对象"提示符下选择"五角星"实体目标。

④ 按回车键结束"选择对象"。

⑤ 在"指定基点或位移，或者[模式（O）]:"提示符后，利用目标捕捉功能捕捉"五角星"其中两条边的一个交点，作为复制操作的基点。

⑥ 在"指定位移的第二点或阵列（A）<使用第一点作位移>:"提示符下，捕捉正六边形的一个顶点。即将"五角星"复制到该顶点处，如图 4-15（b）所示。

⑦ 按回车键，再次启动 COPY 命令。

⑧ 在"选择对象"提示符后选择"圆"实体目标，并按回车键结束"选择对象"。

⑨ 在"指定基点或位移,或者[重复(M)]:"提示符后键入 m 并回车。

⑩ 在"指定基点"提示符后,捕捉"五角星"其中两条边的一个交点,作为复制操作的基点。

⑪ 在"指定位移的第二点或<用第一点作位移>:"提示符下依次捕捉正六边形的各个顶点。

⑫ 在"指定位移的第二点或<用第一点作位移>:"提示符下按回车键结束命令操作。

经上述操作,即可得到如图 4-15(c)所示的图形。

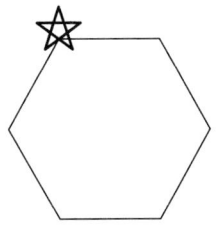 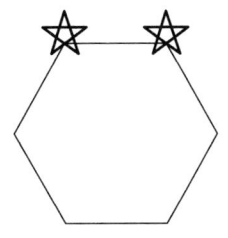 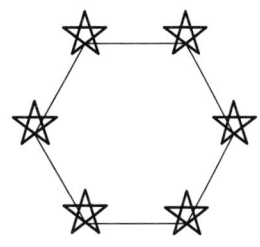

(a)复制前的图形　　　(b)单个图形复制后图形　　　(c)多个图形复制后图形

图 4-15　复制图形

4.5.2　将图形复制到 Windows 剪切板中

(1)命令功能。

剪切板(Clipboard)是 Windows 提供的一个实用工具,可方便地实现应用程序间图形数据和文本的传递。

(2)命令的启动。

可使用下面几种方法启动该命令:

① 菜单:"编辑"→"复制(C)"或"带基点复制(B)"。

② 单击"默认"选项卡中的"剪切板"面板下的"复制"按钮" "。

③ 命令行:copyclip。

(3)命令的使用说明。

① "复制到剪切板"按钮、"复制"选项、"COPYCLIP"命令的使用。当使用该方法启动命令时,有如下提示:

选择对象:可进行实体目标的选择,选择完后按"回车或空格或鼠标右键"结束命令。

② "带基点复制"选项的使用。当用该方法启动命令时,有如下的提示:

指定基点:要求指定复制图形的操作基点。

选择对象:可进行实体目标的选择,选择完后按"回车或空格或鼠标右键"结束命令。

【注1】下拉菜单"编辑(E)"中的"复制"选项命令和"修改(M)"中"复制"选项命令有着本质的区别,前者是将实体对象复制到剪切板上,需要用"从剪切板上粘贴"(Paste)才能完成复制图形操作;而后者是文档内部的复制,不能从其他应用程序进行图形数据和文本数据的传递。

【注2】下拉菜单"编辑(E)"中的"复制"选项命令虽然也是将图形复制到剪切板上,但该方式不允许用户确定图形的操作基点,因此,在新文件或者新位置上粘贴图形时,不易准确地控制其位置。

4.5.3 图形镜像命令（MIRROR）

（1）命令功能。

在实际绘图过程中，常常会遇到一些对称图形。AutoCAD 提供的图形镜像（Mirror）命令，可以将对称图形的另一部分镜像复制出来。

（2）执行方式。

启动镜像命令有如下几种方式：

① 菜单："修改" → "镜像（I）"。

② 修改工具栏："镜像" 按钮 " "。

③ 单击 "默认" 选项卡中的 "修改" 面板下的 "镜像" 按钮 " "。

④ 命令行：mirror（缩写 mi）。

（3）命令的使用及说明。

在进行图形镜像复制时，只需选择镜像的实体目标及对称线的位置。

启动 "镜像" 命令后，有如下的提示：

选择对象：选择要进行镜像的实体对象。选取目标后有如下的提示：

选择对象：找到 1 个。

……

选择完实体对象确认后，提示如下：

指定镜像线的第一点：确认对称点的起始位置。

指定镜像线的第二点：确定对称线的终点位置。确定了这两点，即确定了对称线，用户所选择的实体对象就会以该对称线为轴线进行镜像。

是否删除原对象？[是（Y）/否（N）]<N>：确认是否删除原来所选择的实体对象，缺省选项为 "否"。若选择 "是"（Y），将删除原来所选择的实体，保留镜像后的实体对象；若选择 "否"（N），原来所选择的实体对象和镜像后的实体对象均保留。

【注 1】镜像对称线（Mirror Line）是一条辅助绘图线，该命令执行完毕，自然消失。

【注 2】对称线可以为任意方向的斜线，不一定为水平线或铅垂线。

【注 3】镜像（MIRROR）命令除了可以镜像图形外，还可镜像文本。镜像文本的方式受系统变量（MIRRORTEXT）的取值控制，当 MIRRORTEXT=1 时，镜像后的文本，在位置、书写顺序上均发生变化；当 MIRRORTEXT=0 时，镜像后的文本只在位置上发生变化，书写顺序不变。系统变量（MIRRORTEXT）设置方法如下：

在命令行的 "命令:" 提示符后键入 mirrortext 并回车，有如下的提示：

输入 MIRROR 的新值<1>：输入 0 或 1 并回车。

（4）例题。

如图 4-16 所示，以 *AB* 线为对称线，试用图形镜像命令复制该图形。

具体操作如下：

在 AutoCAD 中绘制如图 4-16（a）所示的图形。

① 启动镜像命令。

② 在 "选择对象:" 提示符后选择要镜像的实体目标，按回车键结束 "选择对象"。

③ 在 "指定镜像线的第一点:" 提示符后，利用捕捉功能捕捉 *A* 点，作为镜像线的第一点。

④ 在"指定镜像线的第二点:"提示符后,捕捉 B 点作为镜像线的第二点。

⑤ 在"是否删除源对象?[是(Y)/否(N)]"提示符后(取默认选择"N"),按回车键结束命令操作。

经上述操作,即可得到如图 4-16(b)所示的图形。

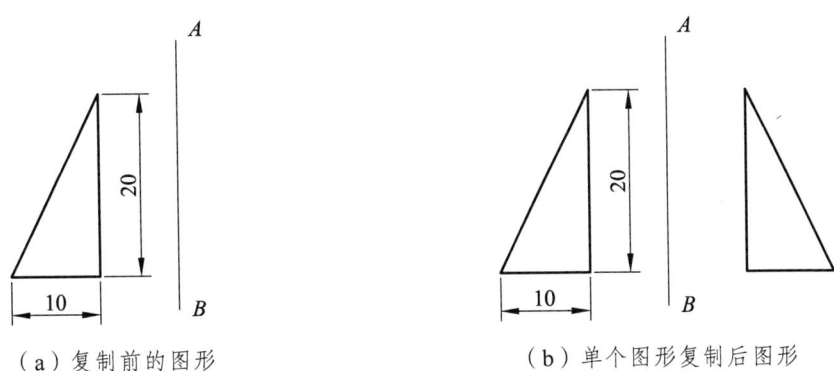

(a)复制前的图形　　　　　　　　(b)单个图形复制后图形

图 4-16　镜像图形

4.5.4　阵列图形命令(ARRAY)

(1)命令功能。

在实际绘图过程中,尽管用 COPY 命令可以一次复制多个图形,但要复制呈现规则分布的实体目标并不是很方便。AutoCAD 提供了图形阵列(ARRAY)功能,可方便用户迅速准确地复制呈现规则分布的图形。

(2)执行方式。

启动图形阵列命令有如下几种方式:

① 菜单:"修改"→"阵列"。

② 修改工具栏:"矩形阵列"按钮"▦"。

③ 单击"默认"选项卡中的"修改"面板下的"矩形阵列"按钮"▦""路径阵列"按钮"⌇"和"环形阵列"按钮"⋮⋮"。

④ 命令行:array(缩写 ar)或 arrayclassic。

(3)命令的使用和说明。

启动 ARRAY 命令后,将出现如下提示:

命令:ARRAY

选择对象:选择要进行阵列的对象,按回车键确认,将出现如下提示:

输入阵列的类型[矩形(R)/路径(PA)/极轴(PO)]<当前值>:

具体有三种阵列方式:矩形阵列、路径阵列和环形阵列。

启动 ARRAYCLASSIC 命令后,将打开矩形阵列和环形阵列的对话框(图 4-17),通过矩形阵列和环形阵列单选按钮切换阵列方式。

① 矩形阵列。矩形阵列是按照网格行列的方式进行实体复制的,即需要输入复制实体目标的行数、列数,以及行间距、列间距。

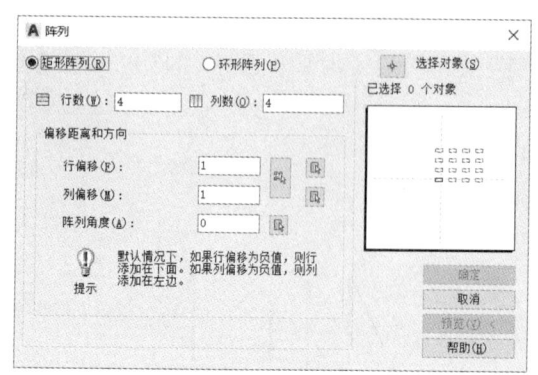
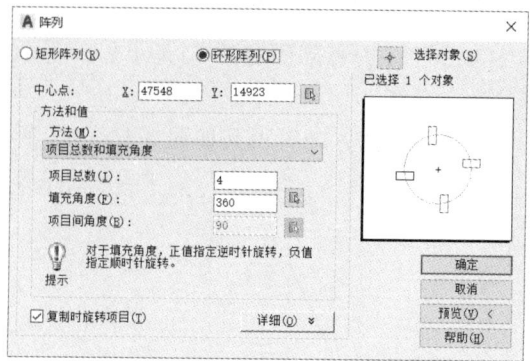

（a）"阵列"对话框（矩形阵列）　　　　（b）"阵列"对话框（环形阵列）

图 4-17　"阵列"对话框

选择对象：选择阵列实体目标，点击图 4-17 右上角"　"按钮。

"矩形阵列"和"环形阵列"复选框：选择矩形还是环形阵列。

矩形阵列：

行数：输入矩形阵列网格的行数。

列数：输入矩形阵列网格的列数。

行偏移：输入矩形网格单元的行间距。

列偏移：输入矩形网格单元的列间距。

拾取行偏移：临时关闭"阵列"对话框，这样可以使用定点设备来指定行间距。ARRAY 提示用户指定两个点，并使用这两个点之间的距离和方向来指定"行偏移"中的值。

拾取列偏移：临时关闭"阵列"对话框，这样可以使用定点设备来指定列间距。ARRAY 提示用户指定两个点，并使用这两个点之间的距离和方向来指定"列偏移"中的值。

拾取两个偏移：临时关闭"阵列"对话框，这样可以使用定点设备指定矩形的两个斜角，从而设置行间距和列间距。

拾取阵列的角度：临时关闭"阵列"对话框，这样可以输入值或使用定点设备指定两个点，从而指定旋转角度。

【注】行间距、列间距有正、负之分。行间距为正时，AutoCAD 向上阵列实体；否则，向下阵列实体。同样，列间距也有正、负之分，为正则向右阵列实体，为负则向左阵列实体。复制总数包括最初选择的那个实体目标。

② 环形阵列。环形阵列是将实体目标按圆周等距离排列的方式进行实体复制的。

选择对象：选择阵列实体目标，点击图 4-17 右上角"　"按钮。

环形阵列：

指定阵列中心点：确定环形阵列中心，即围绕该点在圆周上进行等间距分布阵列图形。

项目总数：设置在结果阵列中显示的对象数目，默认值为 4。

填充角度：通过定义阵列中第一个和最后一个元素的基点之间的包含角来设置阵列大小，正值指定逆时针旋转，负值指定顺时针旋转，默认值为 360，不允许值为 0。

项目间角度：设置阵列对象的基点和阵列中心之间的包含角，输入一个正值，默认方向值为 90。可以选择拾取键并使用定点设备来为"要填充角度"和"项目间角度"指定值。

拾取要填充的角度：临时关闭"阵列"对话框，这样可以定义阵列中第一个元素和最后一个元素的基点之间的包含角。ARRAY 提示在绘图区域参照一个点选择另一个点。

拾取项目间角度：临时关闭"阵列"对话框，这样可以定义阵列对象的基点和阵列中心之间的包含角。ARRAY 提示在绘图区域参照一个点选择另一个点。

复制时旋转项目：如预览区域所示旋转阵列中的项目。

【注】复制总数包括最初选择的那个实体目标。在输入圆周角时，若输入正值，则按逆时针方向环形阵列实体图形；若输入负值，则按顺时针方向环形阵列图形。

③ 路径阵列。

在"默认"选项卡下，"修改"面板中点击"路径阵列"按钮"🔧"。

选择对象：选择阵列实体目标，按回车键确认。

选择路径曲线：选择曲线后按回车键确认。

选择夹点以编辑阵列或[关联（AS）/方法（M）/基点（B）/切向（T）/项目（[）/行（R）/层（L）/对齐项目（A）/Z 方向（Z）/退出（X）]<退出>：按回车键确认。

（4）例题。

例 1：如图 4-18（a）所示图形，将其复制成如图 4-18（b）和图 4-18（c）的矩形阵列形式。

具体操作如下：

① 在 AutoCAD 中绘制如图 4-18（a）所示的图形样式。

② 启动阵列命令，打开的"阵列"对话框，进行如下设置：

选中"环形阵列"复选框。

选择对象：选择 4-18（a）所示图形。

项目总数：输入 25。

中心点：利用对象捕捉拾取大圆圆心。

填充角度：输入 360。

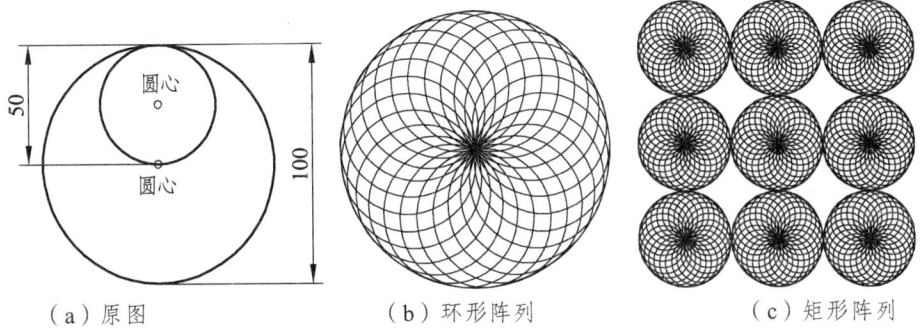

（a）原图　　　　　（b）环形阵列　　　　（c）矩形阵列

图 4-18　环形阵列、矩形阵列

③ 点击"确定"，经上述操作，即可得到如图 4-18（b）所示的图形。

④ 按回车，继续启动阵列命令，打开的"阵列"对话框，进行如下设置：

选中"矩形阵列"复选框。

选择对象：选择 4-18（b）所示图形。

行数：输入 3。

列数：输入 3。

行偏移：输入 100。

列偏移：输入 100。

⑤ 点击确定，经上述操作，即可得到如图 4-18（c）所示的图形。

例 2： 如图 4-19（a）所示图形，将其复制成如图 4-19（b）所示的路径阵列形式。

具体操作如下：

① 在 AutoCAD 中绘制如图 4-19（a）所示的图形样式。

② 在"默认"选项卡下，"修改"面板中点击路径阵列按钮" "。

③ 选择对象：选择阵列实体目标，按回车键确认。

④ 选择路径曲线：选择曲线后按回车键确认。

⑤ 选择夹点以编辑阵列或[关联（AS）/方法（M）/基点（B）/切向（T）/项目（[）/行（R）/层（L）/对齐项目（A）/Z方向（Z）/退出（X）]<退出>：按回车键确认。

经上述操作，即可得到如图 4-19（b）所示的图形。

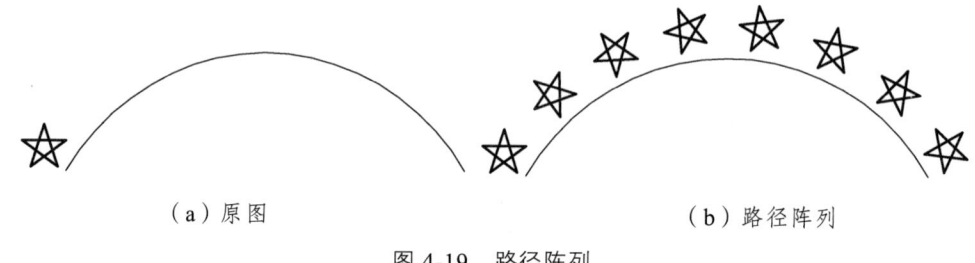

（a）原图　　　　　　　　　　（b）路径阵列

图 4-19　路径陈列

4.5.5　偏移复制图形命令（OFFSET）

（1）命令功能。

在绘制图形过程中，我们会常遇到一些等间距、形相似的图形，例如环形跑道、人行横道、地下巷道等。AutoCAD 提供了 OFFSET 命令，可方便用户快捷地偏移复制这类图形。

（2）执行方式。

启动图形阵列的命令有如下几种方式：

① 菜单："修改"→"偏移（S）"。

② 修改工具栏："偏移"按钮" "。

③ 单击"默认"选项卡中的"修改"面板下的"偏移"按钮" "。

④ 命令行：offset（缩写 o）。

（3）命令的使用及说明。

当启动命令后有如下的提示：

指定偏移距离或[通过（T）/删除（E）/图层（L）]<通过>：

用户可用两种方式来偏移复制图形：

① 通过指定偏移距离或[通过（T）]<通过>：确定偏移量，用户可直接输入一个数值或通过两点之间的距离确定偏移量。

选择要偏移的对象，或[退出（E）/放弃（U）]<退出>：要求用户选择偏移复制的实体目标。

指定要偏移的那一侧上的点，或[退出（E）/多个（M）/放弃（U）]<退出>：确定复制后的实体位于原实体的哪一侧，可用十字光标点取，继续选择实体或直接回车结束命令。

多个（M）：可以实现多个偏移命令。

② 通过指定偏移通过点进行偏移复制图形。具体操作如下：

指定偏移距离或[通过（T）]<通过>：确定偏移量，键入 t 并回车确定。

选择要偏移的对象，或[退出（E）/放弃（U）]<退出>：要求用户选择偏移复制的实体目标。

指定通过点，或[退出（E）/多个（M）/放弃（U）]：指定偏移通过的点。

选择要偏移的对象，或[退出（E）/放弃（U）]<退出>：继续选择实体或直接回车结束命令。

③ 删除（E）：偏移源对象后将其删除。

④ 图层（L）：确定将偏移对象创建在当前图层上还是源对象所在的图层上。

【注1】"偏移复制"命令和其他的编辑命令不同，只能用拾取框的方式一次选择一个实体进行偏移复制。

【注2】用户只能选择直线、圆、多段线、椭圆、椭圆弧、多边形和曲线。AutoCAD 不能偏移复制点、图块、属性和文本。

【注3】对于直线、射线、构造线等实体，AutoCAD 将进行偏移复制，直线的长度保持不变。

【注4】对于圆、椭圆、椭圆弧等实体，AutoCAD 偏移时将同心复制，即偏移后的实体是同心的。

【注5】多段线的偏移逐段进行，各段长度将重新调整。

（4）例题。

如图 4-20 所示图形，试用偏移复制图形命令完成：① 取偏移量 10 进行偏移复制；② 过图中 A 点偏移复制图形。

具体操作如下：

① 在 AutoCAD 中绘制弧线。

② 启动偏移命令。

③ 在"指定偏移距离或[通过（T）]<T>："提示符后，输入 10 并按回车键。

④ 在"选择要偏移对象，或[退出（E）/放弃（U）]<退出>："提示符后，选择要偏移复制的实体图形。

⑤ 在"指定要偏移的那一侧上的点，或[退出（E）/多个（M）/放弃（U）]<退出>："提示符后，用光标点取要偏移实体图形的一侧。

⑥ 在"选择要偏移的对象，或[退出（E）/放弃（U）]<退出>："提示符后，按回车键结束命令。

⑦ 按回车键，再次启动偏移复制图形命令。

⑧ 在"指定偏移距离或[通过（T）]<通过>："提示符后，键入 t 并按回车键。

⑨ 在"选择要偏移对象，或[退出（E）/放弃（U）]<退出>："提示符后，选择要偏移复制的实体图形。

⑩ 在"指定通过点，或[退出（E）/多个（M）/放弃（U）]<退出>："提示符后，利用捕捉功能，捕捉 A 点。

⑪ 在"选择要偏移对象，或[退出（E）/放弃（U）]<退出>："提示符后，按回车键结束命令。

通过上述步骤①～⑥和⑦～⑪步的操作可分别得到图 4-20（a）、(b) 所示图形。

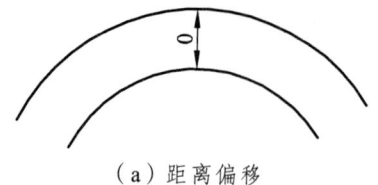
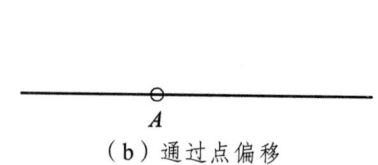

（a）距离偏移　　　　　　　　　　　（b）通过点偏移

图 4-20　图形偏移和复制

4.6　图形的修改

4.6.1　拉伸图形命令（STRETCH）

（1）命令功能。

Stretch 命令可以方便用户对选定部位的图形进行拉伸（或压缩）。

（2）执行方式。

启动图形阵列的命令有如下几种方式：

① 菜单："修改" → "拉伸（H）"。

② 修改工具栏："拉伸"按钮" "。

③ 单击"默认"选项卡中的"修改"面板下的"拉伸"按钮" "。

④ 命令行：stretch（缩写 s）。

（3）命令的使用及说明。

当启动命令后有如下的提示：

以交叉窗口或交叉多边形选择要拉伸的对象……

选择对象：使用交叉多边形或交叉窗口方式选择要拉伸的实体对象。

指定对角点：找到 0 个。

选择对象：

指定对角点：找到 1 个。

选择对象：选择完后按回车确认。

指定基点或[位移（D）]<位移>：指定拉伸的基点，表明 AutoCAD 将实体对象从什么位置开始拉伸（或移动）。

指定位移的第二点或<使用第一点作为位移>：指定拉伸的终点，表明将所选择的实体对象拉伸（或移动）到新的位置，用户可用十字光标或以光标参数的形式来确定终点的位置。

【注1】拉伸（Stretch）命令可拉伸实体，也可移动实体。如果所选择的实体全部落在选择窗口内，AutoCAD 将把该实体从基点移动到终点。若所选择的对象实体只有部分包含在选择窗口内，则 AutoCAD 将拉伸实体对象。

【注2】若用户没有使用交叉窗口或交叉多边形的方式选择实体对象，则 AutoCAD 将不会拉伸实体对象。

【注3】并非所有的实体只要部分包含在选择窗口内就可被拉伸。AutoCAD 只能拉伸由直

线（LINE）、圆弧（ARC，包括椭圆弧）、多段线（PLINE）和样条曲线（SPLINE）等命令绘制的带有端点的图形实体。选择窗口内的那部分实体被拉伸，而选择窗口外的那部分实体将保持不变。

【注4】对于没有端点的图形实体，如：图块、文本，形、圆、椭圆、属性等，AutoCAD在执行拉伸（STRETCH）命令时，将根据其特征点是否包含在选择窗口内而决定是否进行移动操作。若特征点在选择窗口内，则移动实体，否则不移动实体。

（4）例题。

绘制一个边长分别为 5 和 10 的矩形，如图 4-21（a）所示，试用拉伸图形命令改变图中矩形的形状。

具体操作如下：

① 在 AutoCAD 中绘制如图 4-21（a）所示的图形实体。

② 启动拉伸命令。

在"STRETCH 选择对象："提示符后，输入 c，回车。

指定第一个角点：在屏幕上 A 点附近任意点击一点。

指定对角点：在屏幕上点击另一点 在"找到 1 个"提示下，回车。

选择对象：回车。

在"指定基点[位移（D）]<位移>："提示符后用光标指定拉伸的基点，本例选择 B 点。

在"指定位移第二点或<使用第一点作为位移>："提示符后，用光标指定拉伸的终点。

通过上述的操作步骤即可得到如图 4-21（b）所示的拉伸后的图形。

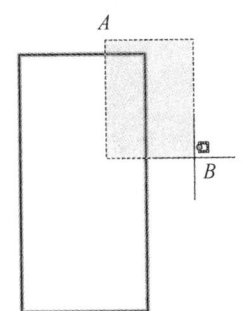
（a）交叉窗口方式选择拉伸前的图形实体

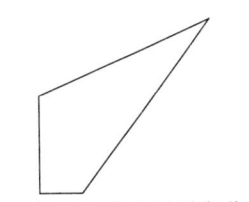
（b）拉伸后的图形实体

图 4-21　图形拉伸

4.6.2　延伸实体命令（EXTEND）

（1）命令功能。

在实际绘图过程中，有时会需要将某一个实体（如线段、圆弧等）延伸到指定位置。AutoCAD 提供的延伸（EXTEND）命令，就可以方便地延伸各类直线和曲线。

（2）执行方式。

启动图形阵列的命令有如下四种方式：

① 菜单："修改"→"延伸（D）"。

② 修改工具栏："延伸"按钮"--/"。

③ 单击"默认"选项卡中的"修改"面板下的"延伸"按钮"--/"。

④命令行：extend（缩写 ex）。

（3）命令的使用及说明。

启动移动"延伸"命令后，有如下的提示：

当前设置：投影=UCS　边=无。

选择边界的边……

选择对象：选择作为延伸边界的实体目标，可以使圆弧、圆、多段线、椭圆和椭圆弧，按回车确认。

选择要延伸的对象，或按住 Shift 键选择要修剪的对象，或[栏选（F）/窗交（C）/投影（P）/边（E）/放弃（U）]：选择要延伸到的实体目标。可为直线、多段线和弧三种。或按住 Shift 键选择要修剪的对象：将选定对象修剪到最近的边界而不是将其延伸。这是在修剪和延伸之间切换的简便方法。

其他选项含义如下：

①栏选（F）：选择与选择栏相交的所有对象。选择栏是一系列临时直线段，它们是用两个或多个栏选点指定的。选择栏不构成闭合环。

指定第一个栏选点：指定选择栏的起点。

指定下一个栏选点或[放弃（U）]：指定选择栏的下一点或输入 u 并回车。

指定下一个栏选点或[放弃（U）]：指定选择栏的下一点，输入 u 或按回车键。

②窗交（C）：选择矩形区域（由两点确定）内部或与之相交的对象。

指定第一个角点：指定点。

指定对角点：指定源自第一点的对角上的点。

③投影（P）。该选项用于确定延伸实体对象的投影方式。键入 p 并回车有如下的提示：

输入投影选项[无（N）/UCS（U）/试图（V）]<UCS>：该选项提示要求确定延伸实体对象的投影方式。

④边（E）。该选项用于确定延伸实体目标的隐含延伸模式，键入 e 并回车有如下提示：

输入隐含边延伸模式[延伸（E）/不延伸（N）]<延伸>：要求延伸实体目标是否一定与边界相交。

⑤放弃（U）。用于取消上一次的延伸操作，键入 u 并回车。

【注1】"延伸"命令可用于延伸尺寸标注，并会自动更新尺寸标注文字。

【注2】"延伸"命令会反复出现"选择要延伸的对象或[投影（P）/边（E）/放弃（U）]："要求确定要延伸的实体，直到按回车键或鼠标右键，方可退出操作。

【注3】选择要延伸的实体时，应将拾取框靠近延伸实体边界的那一端来选择实体目标。

（4）例题。

绘制三条直线 *AB*、*AC* 和 *EF*，如图 4-22（a）所示，其中 *AB*、*AC* 为待延长的实体，*EF* 为延伸边界线，使用延伸命令，延伸 *AB* 和 *AC* 至 *EF*。

具体操作如下：

①在 AutoCAD 中绘制如图 4-22（a）所示的图形样式。

②启动延伸命令。

③在"EXTEND[边界边（B）窗交（C）模式（O）投影（P）:"提示符后，输入 b，回车。

在"选择对象或<全部选择>:"提示符后，选择延伸边界 *AB*，并按回车键。

④ 在"EXTEND[边界边（B）窗交（C）模式（O）投影（P）:"提示符后，用鼠标在靠近 B 点的位置点击直线 AB，并在靠近 C 点的位置点击直线 AC，即完成图形实体的延伸，如图 4-22（b）所示。

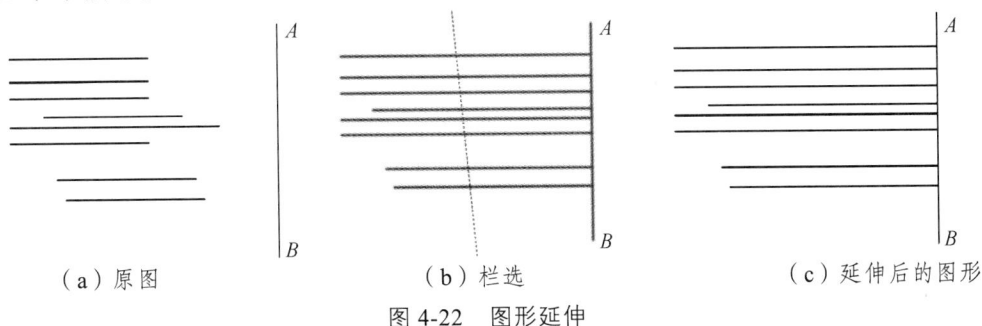

（a）原图　　　　　　（b）栏选　　　　　　（c）延伸后的图形

图 4-22　图形延伸

4.6.3　打断图形命令（BREAK）

（1）命令功能。

在实际绘图过程中，有时会需要将某一个实体（如线段，圆等）从某点打断，甚至需要删除该实体的某一部分。AutoCAD 提供的打断图形（BREAK）命令，就方便地将实体目标从指定的部位打断。

（2）执行方式。

启动打断命令有如下几种方式：

① 菜单："修改"→"打断（D）"。

② 修改工具栏："打断"按钮"　"。

③ 单击"默认"选项卡中的"修改"面板下的"打断"按钮"　"。

④ 命令行：break（缩写 br）。

（3）命令的使用及说明。

启动打断命令后，有如下提示：

选择对象：确定要打断的实体对象。

指定第二个打断点或[第一点（F）]：确定要删除部分的第二点，若选择该方式，则上一操作中选取实体对象的点便作为第一点，若采用第二种方式时，需确定删除部分的起点和终点。

输入 F 并回车，有如下提示：

指定第一个打断点：选择起点。

指定第二个打断点：选择终点。

两种操作方式如图 4-23 所示。

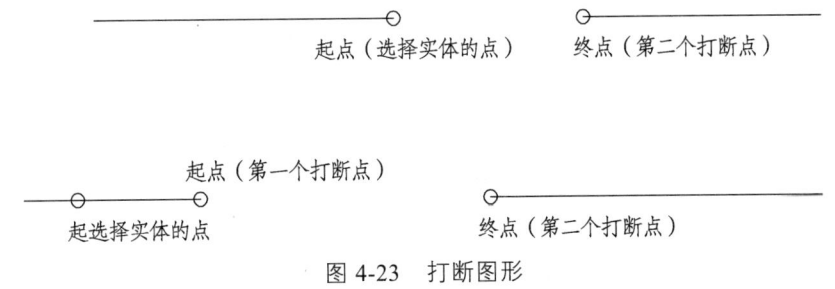

图 4-23　打断图形

【注】使用打断（BREAK）命令可使实体分为两部分，即选择起点和终点时均选择同一点或在选择起点后键入@并回车。

（4）例题。

如图4-24（a）所示为一道路交叉十字口，试用打断图形（Break）命令修改图形。具体操作如下：

① 在AutoCAD中绘制如图4-24（a）所示图形。

② 启动打断图形（BREAK）命令。

③ 在"选择对象："提示符后选择线段1。

④ 在"指定第二个打断点或[第一点 F]："提示符后，键入f并按回车键。

⑤ 在"指定第一个打断点："提示符后，利用捕捉功能捕捉交点 A 点。

⑥ 在"指定第二个打断点："提示符后捕捉交点 B。

⑦ 依次在"指定第一个打断点："和"指定第二个打断点："提示符之后，捕捉 C 和 B、A 和 C、B 和 D 各点。最后按回车键结束本次操作。

经上述操作得到如图4-24（b）所示的图形。

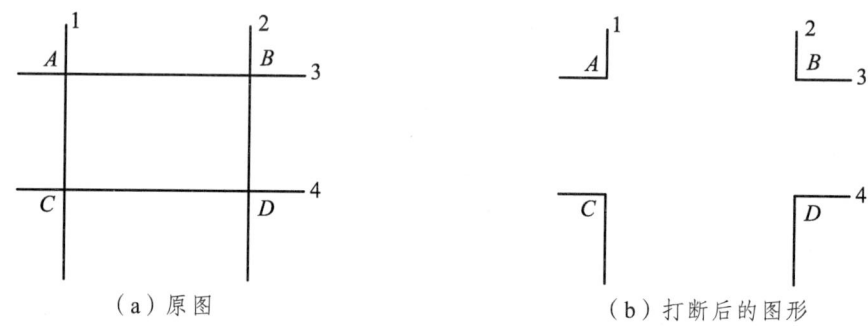

（a）原图　　　　　　　　　　（b）打断后的图形

图 4-24　打断图形

4.6.4　修剪图形命令（TRIM）

（1）命令功能。

在实际编辑图形过程中，常对图形进行必要的修剪。AutoCAD提供的修剪实体图形（TRIM）命令，可方便迅速地利用边界线对图形实体进行修剪。该命令要求用户先定义修剪边界，然后用此边界修剪实体的一部分。

（2）执行方式。

启动"打断"命令有如下四种方式：

① 菜单："修改"→"修剪（T）"。

② 修改工具栏："修剪"按钮" "。

③ 单击"默认"选项卡中的"修改"面板下的"修剪"按钮" "。

④ 命令行：trim（缩写 tr）。

（3）命令的使用及说明。

启动"修剪"命令后，有如下的提示：

当前设置：投影=UCS　边=无。

选择修剪边……

选择对象：选择作为修剪边界的实体对象（可以是圆弧、圆、多段线、椭圆和椭圆弧），选择完后按回车确认。

选择要修剪的对象，或按住 Shift 键选择要延伸的对象，或[栏选（F）/窗交（C）/投影（P）/边（E）/删除（R）/放弃（U）]：选择要修剪的实体对象的被剪部分，将其剪掉，回车可退出命令。

其他六个选项含义如下：

① 栏选（F）。选择与选择栏相交的所有对象。选择栏是一系列临时直线段，它们是用两个或多个栏选点指定的。选择栏不构成闭合环。

指定第一个栏选点：指定选择栏的起点。

指定下一个栏选点或[放弃（U）]：指定选择栏的下一点或输入 u 并回车。

指定下一个栏选点或[放弃（U）]：指定选择栏的下一点，输入 u 或按回车键。

② 窗交（C）。选择矩形区域（由两点确定）内部或与之相交的对象。

指定第一个角点：指定点。

指定对角点：指定源自第一点的对角上的点。

③ 投影（P）。该选项用于确定修剪实体对象的投影方式。键入 p 并回车有如下提示：

修剪输入投影选项[无（N）/UCS（U）/视图（V）]<UCS>：该选项提示要求确定修剪实体对象的投影方式。

④ 边（E）。该选项用于确定修剪实体目标的隐含延伸模式，键入 e 并回车有如下提示：
输入隐含边延伸模式[延伸（E）/不延伸（N）]<不延伸>：要求延伸实体目标是否一定与边界相交。

⑤ 删除（R）。删除选定的对象。此选项提供了一种用来删除不需要的对象的简便方式，而无需退出 TRIM 命令。

⑥ 放弃（U）。用于取消上一次的延伸操作，键入 u 并回车。

【注1】使用修剪命令修剪实体，第一次要求选择的实体是修剪边界而非被剪实体对象。

【注2】修剪命令可用于修剪尺寸标注线，并会自动更新尺寸标注文字。

【注3】修剪命令会反复出现"选择要修剪的对象，或按住 Shift 键选择要延伸的对象，或[栏选（F）/窗交（C）/投影（P）/边（E）/删除（R）/放弃（U）]："，要求指定修剪的实体对象，直到按回车键或鼠标右键退出操作。

【注4】圆、弧、直线、多段线、矩形、多边形、椭圆、样条曲线等实体对象均可作为修剪边界，也可作为被修剪的实体对象。

【注5】在 AutoCAD 中平行线、区域填充、单行文本、多行文本等均可作为修剪边界，不可作为被修剪的实体对象。

【注6】图块和外部引用均不能作为修剪边界和被修剪的实体对象。

（4）例题。

如图 4-25（a）所示，试用修剪图形命令修剪图形，具体操作方法如下：

① 在 AutoCAD 中绘制如图 4-25（a）所示图形。

② 启动修剪图形（TRIM）命令。

③ 在"选择对象："按回车键。

④在"选择要修剪的对象,或按住 Shift 键选择要延伸的对象,或[栏选(F)/窗交(C)/投影(P)/边(E)/删除(R)/放弃(U)]:"提示符后,依次用选择框选取多余的直线,将其剪切掉。

⑤在"选择要修剪的对象,或按住 Shift 键选择要延伸的对象,或[栏选(F)/窗交(C)/投影(P)/边(E)/删除(R)/放弃(U)]:"提示符后,按回车键,结束本次操作。

经上述操作得到图 4-25(b)所示的图形。

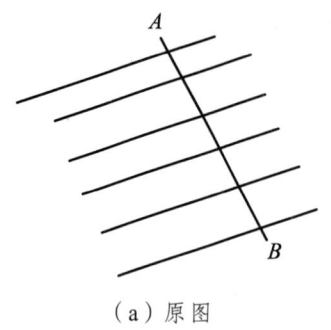 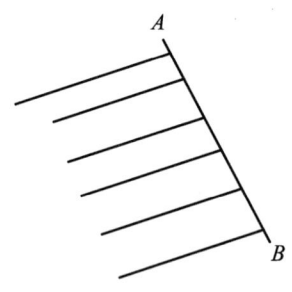

（a）原图　　　　　　　　　　　　（b）修剪后的图形

图 4-25　图形修剪

4.6.5　倒角命令（CHAMFER）和圆角命令（FILLET）

（1）命令功能。

在工程制图中,经常遇到修改实体图形的转折部位,使得图形在转折处有一定的光滑感。AutoCAD 提供的倒角（CHAMFER）和圆角（FILLET）命令,可方便地完成这类操作。

（2）执行方式。

启动倒角或圆角命令有如下四种方式：

①菜单："修改"→"倒角或圆角"。

②修改工具栏："圆角"按钮"⌒"或"倒角"按钮"⌐"。

③单击"默认"选项卡中的"修改"面板下的"倒角或圆角"按钮"⌐"和"⌒"。

④命令行：chamfer（缩写"cha"）或 fillet（缩写"f"）。

（3）命令的使用及说明。

启动倒角命令后,有如下的提示：

（"修剪"模式）当前倒角距离 1=0.0000,距离 2=0.0000

选择第一条直线或[放弃（U）/多段线（P）/距离（D）/角度（A）/修剪（T）/方式（E）/多个（M）]：

选择要进行倒角的第一个实体对象,或选择其他的选项,其他各选项的含义如下：

①放弃（U）：恢复在命令中执行的上一个操作。

②多段线（P）：选择多段线,当键入 p 并回车确定后,有如下的提示：

选择二维多段线或[距离（D）/角度（A）/方法（M）]：选择二维多段线作为倒角的实体对象,确认后即将选定的多段线的各相邻边进行倒角。

③距离（D）：确定新的两个倒角距离,当键入 d 并回车后,有如下的提示：

指定第一个倒角距离<10.0000>：确定第一个实体对象上倒角距离,即从两实体的交点到倒角线起点的距离。

指定第二个倒角距离<10.0000>：确定第二个实体对象上倒角距离。

④ 角度（A）：确定第一倒角距离和角度。选择并回车后有如下提示：

指定第一条直线的倒角长度<10.0000>：要求确定第一实体对象上的倒角距离。

指定第二条直线的倒角角度<0>：确定倒角线相对于第一实体对象的角度，倒角线是以角度为延伸方向至第二实体，并与之相交。

⑤ 修剪（T）：确定倒角的修剪状态。选择t并回车后有如下提示：

输入修剪模式选项[修剪（T）/不修剪（N）]<修剪>：确定倒角的修剪状态，"修剪（T）"表示修剪原实体目标，"不修剪（N）"表示不修剪原实体目标。

⑥ 方式（E）：确定进行倒角的方式，键入m并回车后，有如下提示：

输入修剪方法[距离（D）/角度（A）]<角度>：要求选择D或A这两种倒角方法之一。上次使用的倒角方式将作为本次倒角操作的默认方式。

选择第二条直线：选择第二个实体对象。

⑦ 多个（M）为多组对象的边倒角。

【注1】"倒角"命令只对直线、多线进行倒角，不能对弧、椭圆倒角。

【注2】"倒角"命令对两条多线段不起作用。

启动"圆角"命令后，有如下的提示：

当前设置：模式=修剪，半径=0.0000

选择第一个对象或[放弃（U）/多段线（P）/半径（R）/修剪（T）/多个（M）]：

指定要进行圆角操作：第一个实体对象。其他选项的含义如下：

① 多段线（P）：选择多线段。当键入p并回车确认后有如下的提示：

选择二维多线段或[半径（R）]：选择二维多线段作为圆角的实体对象，确认后即将选定多线段的各个邻边进行圆角操作。

② 半径（R）：确定新的圆角半径。键入r确认后有如下的提示：

指定圆角半径<10.0000>：输入新的圆角半径。

③ 修剪（T）：确定圆角的修剪状态。键入t确认后有如下提示：

输入修剪模式选项[修剪（T）/不修剪（N）]<修剪>：确定圆角的修剪状态，"修剪（T）"表示修剪原实体目标，"不修剪（N）"表示不修剪原实体目标。

【注1】"圆角"命令中确定圆角半径参数很重要，若半径$R=0$，则将延伸或修剪两个所选取的实体，使之形成一个直线角；若半径R很大，以至于在所选的两实体之间容纳不下这么大的圆弧，则将无法对实体进行圆角操作。

【注2】"圆角"命令对立两段多线段不起作用。

【注3】两平行线可进行倒圆角，此时无论新设的圆半径多大，都将自动在其度端点画一半圆，且直径为两平行线间的距离。

（4）例题。

例1：如图4-26（a）所示的图形，试用"倒角"命令对矩形的A角进行修改，要求倒角距离为20个图形单位。

具体操作如下：

① 在AutoCAD中绘制如图4-26（a）所示图形。

②单击修改工具栏上的"倒角"按钮，启动"倒角"命令。

③在（"修剪"模式）"当前倒角距离 1=0.0000，距离 2=0.0000

选择第一条直线或[放弃（U）/多段线（P）/距离（D）/角度（A）/修剪（T）/方式（E）/多个（M）]："提示符后，输入 D 并按回车键。

④在"指定第一个倒角距离<10.0000>："提示符后，输入 20 并按回车键。

⑤在"指定第二个倒角距离<20.0000>："提示符后，输入 20 并按回车键。

再次按回车键重新启动"倒角"命令。

⑥在"选择第一条直线或[多段线（P）/距离（D）/角度（A）/修剪（T）/方法（M）]："提示符后，选择 AB 线段。

⑦在"选择第二条直线："提示符后，选择 AC 线段。

经以上操作可得到如图 4-26（b）所示的图形。

（a）原图　　　　　　　　　　（b）倒角后的图形

图 4-26　图形倒角

例 2：图 4-27（a）为道路的交叉口，试用"圆角"（FILLET）命令修改道路的转弯处。要求圆角半径为 15 个图形单位。

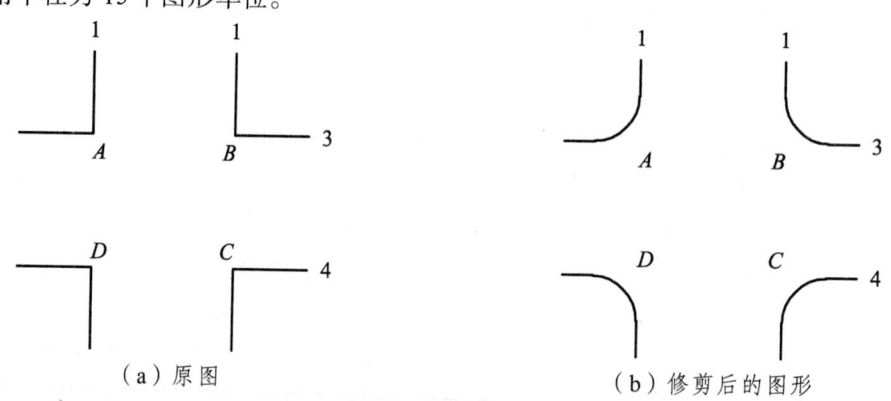

（a）原图　　　　　　　　　　（b）修剪后的图形

图 4-27　图形圆角

具体操作如下：

①单击修改工具栏上的"圆角"按钮，启动"圆角"命令。

②在"选择第一个对象或[多段线（P）/半径（R）/修剪（T）]："提示符后，键入 R 并按回车键。

③在"指定圆角半径<当前值>："提示符后，输入 15 并按回车键。

④再次按回车重新启动"圆角"命令。

在"当前设置：模式=修剪，半径=0.0000

选择第一个对象或[放弃（U）/多段线（P）/半径（R）/修剪（T）/多个（M）]："提示符

后，选择 B2 线段。
⑤ 在"选择第二个对象："提示符后，选择 B3 线段。
⑥ 重复步骤④、⑤，依次选择 C、D、A 点处的线段。
经以上操作可得到如图 4-27（b）所示的图形。

4.7 夹点功能

在 AutoCAD 2022 中，用户可以使用夹点编辑完成某些编辑命令的功能。夹点编辑与通常所使用的修改方法是完全不同的。夹点是一种集成的编辑模式，提供了一种方便快捷的编辑操作途径。例如，使用夹点可以对对象进行拉伸、移动、旋转、缩放及镜像等操作。

4.7.1 夹点

4.7.1.1 夹点含义

当用户在选择对象时，所选择的对象一般呈虚线显示，并在所选对象上出现若干个小方框，这些小方框所确定的点即为对象的特征点，在 AutoCAD 中称为夹点，如图 4-28 所示。在选择对象实现某些编辑操作，都可以通过对夹点的控制来完成。

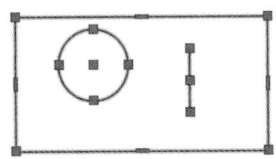

图 4-28　夹点

4.7.1.2 夹点的状态

夹点的状态有两种，即冷态和热态。

冷态是指未激活的夹点，即当选择图形后，实体上出现若干夹点。

热态是指激活的夹点，即当在单击实体上某个夹点，则该夹点呈高亮显示，用户可以执行拉伸、移动、旋转、缩放、镜像等五种夹持编辑功能。

4.7.1.3 设置夹点

对象上的夹点对于编辑对象非常有效和方便。对象上的夹点还可以进行设置，以改变夹点的大小和颜色，为此 AutoCAD 提供了夹点编辑功能。使用菜单栏"工具"→"选项"可打开一个选项对话框，如图 4-29 所示，在该对话框中选择集选项卡可设置对象的夹点的颜色、大小及开关状态等内容。

在"选择"选项卡中，利用标尺可以确定显示夹点方框的尺寸。在夹点选项组中，可以确定屏幕上夹点的显示形式。其中"显示夹点"复选框用来确定是否打开夹点功能。"在模块中启用夹点"复选框用来确定是否显示块内对象的夹点。"夹点颜色"对话框如图 4-30 所示，可以设置夹点颜色。其中，"未选中夹点颜色"下拉列表框用来确定未选中夹点的颜色；"选中夹点颜色"下拉列表框用来确定已选中夹点的颜色;"悬停夹点颜色"下拉列表框用来确定悬停夹点的颜色;"夹点轮廓颜色"下拉列表框用来确定夹点轮廓的颜色。

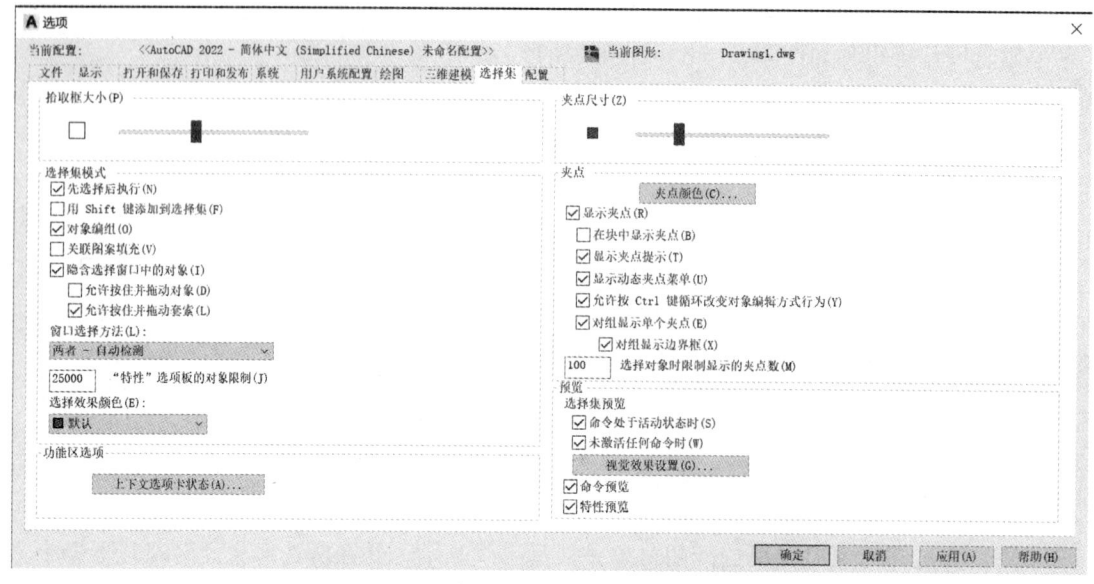

图 4-29 "选项"对话框的"选择集"选项卡

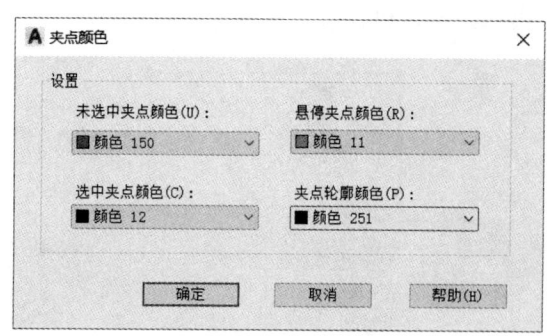

图 4-30 夹点颜色对话框

4.7.2 夹点编辑功能

4.7.2.1 拉伸对象

在不执行任何命令的情况下选择对象,显示其夹点,然后单击其中一个夹点,进入编辑状态。此时,AutoCAD 自动将其作为拉伸的基点,进入"拉伸"编辑模式,命令行将显示如下提示信息:

拉伸

指定拉伸点或[基点(B)/复制(C)/放弃(U)/退出(X)]:

在上述提示中,各选项的含义和功能如下:

(1) 指定拉伸点。

该选项可以将指定基点拉伸到的新位置。在系统提示下输入新点的位置,AutoCAD 将所选对象上指定的基点拉伸到新点的位置。

（2）基点。

选择该选项后，系统允许以输入的另外一点作为基点。然后 AutoCAD 提示：

指定基点：（输入新基点的位置）

拉伸

指定拉伸点或[基点（B）/复制（C）/放弃（U）/退出（X）]：（键入端点的坐标）

拉伸结果是所选对象以新点为基点发生了移动。

（3）复制。

选择该选项后，AutoCAD 允许用户对所选对象进行多次移动操作，并保留所有移动后的对象。

【注1】并非所有实体的夹点都能拉伸，当用户选择不支持拉伸操作的夹持点（直线的中点、圆心、文本的插入点、图块的插入点等）时，不能拉伸实体，只能移动实体。

【注2】stretch 夹持编辑模式和 stretch 命令区别：stretch 命令通过选择部分实体进行拉伸，stretch 夹持编辑模式通过选择某个热夹点来拉伸实体；stretch 命令需要确定拉伸基点，stretch 夹持编辑模式将热夹持点作为初始默认的拉伸基点。

4.7.2.2 移动对象

利用该功能不但可以移动对象，还可以对所选对象进行多次复制。

移动对象仅仅是位置上的平移，对象的方向和大小并不会改变。要精确地移动对象，可使用捕捉模式、坐标、夹点和对象捕捉模式。在夹点编辑模式下确定基点后，在命令行提示下输入 MO 进入移动模式，命令行将显示如下提示信息：

移动

指定移动点或[基点（B）/复制（C）/放弃（U）/退出（X）]：

在上述提示中，各选项的含义和功能如下：

（1）指定移动点。

选择该选项后，可以指定平移的目标点。可以通过输入坐标点或通过鼠标在绘图窗口直接拾取点来确定。AutoCAD 把所拾取的夹点作为起始点，后面输入的点作为终止点，将对象平移到端点位置。

（2）基点。

该选项允许用输入的另外一点作为基点来移动对象。AutoCAD 提示：

指定基点：（输入新基点的位置）

移动

指定移动点或[基点（B）/复制（C）/放弃（u）/退出（x）]：（指定移动的终点）

编辑结果是将选取的对象以指定的基点为起点，平移到终点位置。

（3）复制。

选择该选项后，系统允许用户对所选对象进行多次移动操作，并保留所有移动后的对象。

4.7.2.3 旋转对象

该命令用来将所选对象相对于基点进行旋转，同时还可将所选对象进行多次复制。

用鼠标拾取对象的某夹点作为基点，然后在右击鼠标弹出的快捷菜单中选择"旋转"命令，AutoCAD 提示：

旋转

指定旋转角度或[基点（B）/复制（C）/放弃（u）/参照（R）/退出（x）]：

在上述提示中，各选项的含义和功能如下：

（1）指定旋转角度。

这是默认项，在提示后直接输入角度值，AutoCAD 把选中的对象绕特征基点旋转指定的角度。

（2）参照。

选择该选项后，可以使用参照方式旋转对象。AutoCAD 提示：

指定参照角<θ>：（输入参考方向的角度值）

旋转

指定新角度或[基点（B）/复制（C）/放弃（u）/参照（R）/退出（x）]：（输入相对于参考方向的角度值）

其余选项的操作与"移动（M）"命令中的相应选项的含义相同。

4.7.2.4　缩放对象

该命令用于将所选对象相对于所选的基点进行缩放，同时还可对所选对象进行多次复制。

用鼠标拾取所选对象的某夹点作为基点，然后在单击鼠标右键弹出的快捷菜单中选择"缩放（L）"命令，AutoCAD 提示：

比例缩放

指定比例因子或[基点（B）/复制（C）/放弃（u）/参照（R）/退出（x）]：

在上述提示中，各选项的含义和功能如下：

（1）指定比例因子。

这是默认项，在系统提示下直接输入比例因子值，AutoCAD 以指定的特征基点作为缩放基点，然后对所选对象按指定的比例因子进行缩放。

（2）参照。

选择该选项后，可以用参照方式对所选对象进行比例缩放。然后 AutoCAD 提示：

指定参考长度<1.0000>：（输入参考长度）

比例缩放

指定新长度或[基点（B）/复制（c）/放弃（u）/参照（R）/退出（x）]：（输入新的长度）

AutoCAD 自动计算所选对象的缩放比例，比例值为"新长度/参考长度"，并按该比例对所选对象进行缩放。

其余选项的操作与"移动（M）"命令中的相应选项的操作相同。

4.7.2.5　镜像对象

镜像操作后将删除原对象。在夹点编辑模式下确定基点后，在命令行提示下输入 MI 进入镜像模式，命令行将显示如下提示信息：

MIRROR 指定镜像的第一点：

指定第二点或[基点（B）/复制（C）/放弃（U）/退出（X）]：

思考与练习题

1. 利用镜像命令保留原对象，绘制如图 4-31 所示图形。

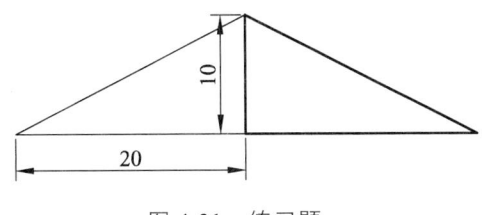

图 4-31　练习题一

2. 利用偏移命令绘制如图 4-32 所示图形。

绘制一个三点圆弧：起点（100，100）、第二个点（200，100）、端点（100，300），偏移距离 30。

图 4-32　练习题二

3. 采用阵列命令绘制如图 4-33 所示图形。

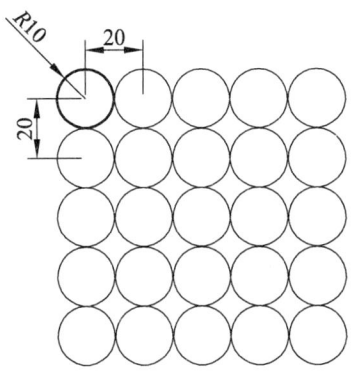

图 4-33　练习题三

4. 延伸后不能相交的对象能延伸吗？
5. 修剪和延伸对象时当提示选择边界时，如果直接回车不选择边界可以吗？
6. 采用旋转命令将图 4-34（a）图旋转成图 4-34（b）图。
7. 采用打断命令，将图 4-35（a）图绘制成图 4-35（b）图。
8. 利用所学命令，完成如图 4-36 所示图形的绘制。

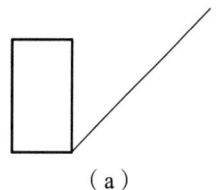

（a） （b）

图 4-34　练习题四

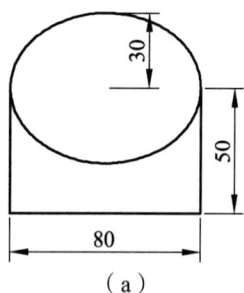 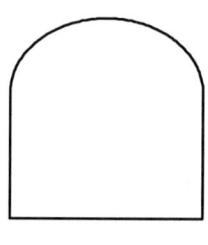

（a） （b）

图 4-35　练习题五

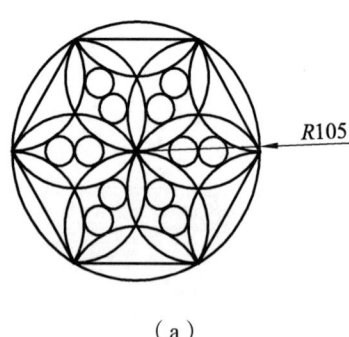 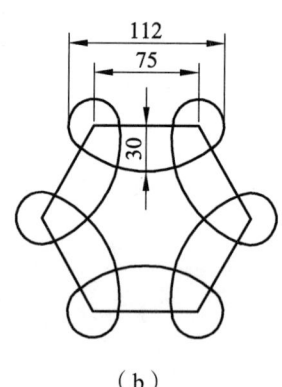

（a） （b）

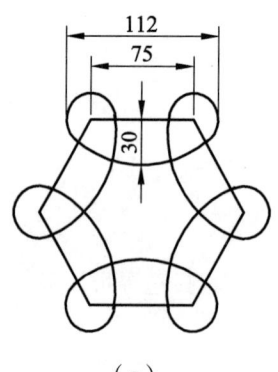 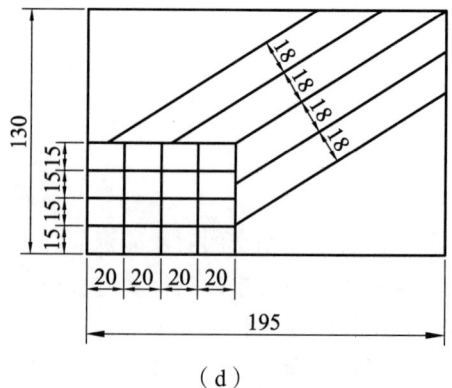

（c） （d）

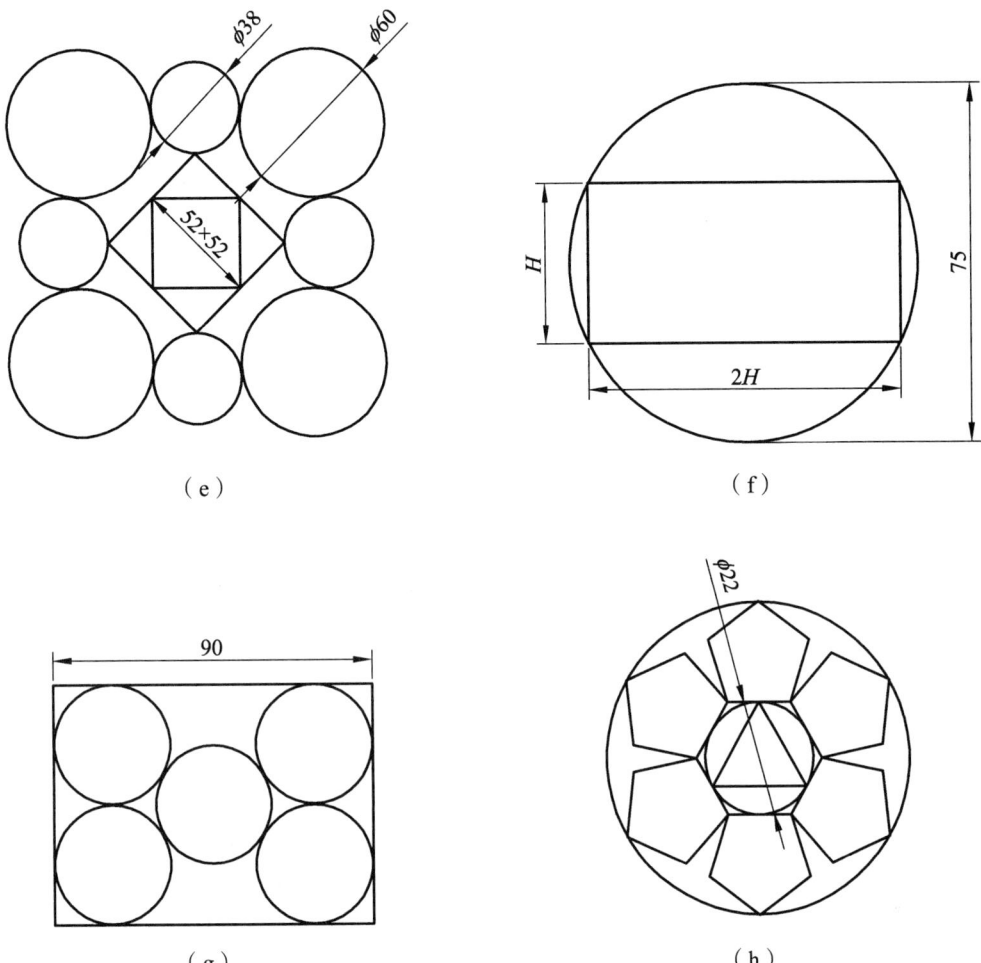

图 4-36 练习题六

第 5 章　图层与对象特性

> **导言**：图层是 Auto CAD 中用户组织图形的最有效的工具之一，用线型、线宽和颜色等作为图形对象的基本特性，以表达对象所具有的附加属性。特别是绘制复杂图形时，它有着非常重要的作用，利用图层可以在图形中对相关联的对象进行分组，不仅有利于图形的显示、编辑和输出，还提高了整个图形的表达能力和可读性。

5.1　图　层

5.1.1　图层的概念

绘制一个图形的对象，除了必须给出它的几何数据（如位置、形状等）以外，还要给定它的线型、线宽、颜色和状态等非几何数据。图形所具有的这些非几何信息被称为图形的属性。例如，为了画一条直线，除必须指定它的两个端点坐标外，还要说明画这段直线所用的线型（实线、虚线等）、线宽（线条的粗细）和颜色。如果对于绘制的每个图形对象都要进行这两步工作，那么势必对图形的绘制和存储造成麻烦。因为在工程应用中，一张完整的工程图纸是由许多基本的图形对象构成，而其中的大部分对象都会具有相同的线型、线宽、颜色或状态。所以，对每个对象重复进行上面所说的工作，实际是一种浪费，并且还要占用更多存储空间。

另外，在各种工程设计图中，往往存在着各种组织上的共性。如建筑物的楼面布置图、电路布置图、管道布置图，采矿的巷道断面图及地形图中的水系、植被、道路、管线等。为了使图纸表达的内容清晰、不易出错，并便于管理，那么在设计、绘图和施工中，最好能分别为这些内容提供方便。

如果根据图形的这些有关线型、线宽、颜色、状态等属性信息对图形对象进行分类，使具有相同性质的对象分在同一组，那么就可用对一组所共有属性的描述来替代对该组内每个对象的属性描述，从而大大减少了重复性的工作和存储冗余。这个"组"就是我们要介绍的"图层"（LAYER）。

可以把每个图层想象为一张没有厚度的透明胶片，在图层上面画图就相当于在这些透明胶片上面画图。假设现在有 5 张透明的胶片，在这些胶片上分别绘制了一个城市的房屋、道路、公用设施、公园及河流。如果分别看每一张胶片，它们上面绘制的图形对象都具有共性，即同属一类，但都无法对整个城市进行系统的描述。可如果把它们重叠起来，我们就会看到一张完整的城市地图。在上面的例子中，我们把城市地图分成了 5 张图，每张图就是一层，这里的层是逻辑意义上的图层。

5.1.2 图层的性质

图层具有以下特性:

(1) 一幅图可以有多个图层, 所有的这些图层采用相同的图限、坐标系统、缩放比例因子, 对于不同图层的对象可同时进行编辑操作, 每个图层上可以绘制的图形对象不受限制。

(2) 每个图层都有一个图层名称, 用以区分不同图层。该图层名最长可达 255 个字符, 这些字符可以是数字 (0~9)、字母 (大小写均可, 没有大小写之分) 或未被 Windows、CAD 使用的字符。但是不允许用<、>、/、\、"、'、:、;、,、|、=等符号。图层名称不允许重名, 支持中文名称。用户可以根据自己的习惯和方便性决定图层的命名规则。当开始画一幅新图时, AutoCAD 自动生成 0 层, 即自动给该新图层命名为 0, 且 0 层不能被更名和删除。

(3) 图层被指定带有颜色、线型、线宽和打印。颜色为可见的图层指定实际显示的颜色。每个图层都应具有一种颜色。对于新的图层, 系统可按默认方式赋予颜色 (白色)。线型为图层指定绘图时所用的线型, 系统可按默认方式赋予线型为实线线型 (CONTINUOUS)。线宽的默认值为 default (线宽为 0.01 英寸或 0.25 mm)。

(4) 在一幅图中包含多个图层, 仅只能设置一个"当前图层"。用户只能在当前图层上绘图, 并且使用当前图层的颜色、线宽、线型。所以在绘图前首先用图层操作命令选择好相应的当前层。

(5) 图层可以被打开或关闭。只有在图层被打开时该图层上的图形才能显示在屏幕上, 并可以用绘图仪绘图。被关闭图层上的图形仍然是整图中的一部分, 它们只是不能被显示或绘制出来。所以合理地打开和关闭一些图层, 可以使绘图或看图时更清楚。但应注意, 不要轻易关闭掉当前层, 因为这样可能会导致图形混乱。

(6) 图层可以被冻结或解冻。处于冻结层上的图形不能被显示出来, 并且图层上的对象不受重生成的影响; 解冻图层则与之相反。从可见性来说, 冻结的图层和关闭的图层是相同的, 它们之间的差别在于: 被冻结图层上的对象不受重生成的影响, 而被关闭图层上的对象受重生成的影响。所以, 在复杂图形中冻结不需要的图层, 可以大大加快系统重新生成图形的速度。但应注意, 当前层不能被冻结。

(7) 图层可以锁定和解锁。锁定一个图层并不影响其上图形的显示状况, 即处于锁定层上的图形仍然是可以显示出来的, 当然该锁定层必须是打开且未被冻结的。用户不能对锁定层上的图形进行编辑。当前层也可以被锁定, 并且在该层上继续绘图。此外, 用户可以锁定层上改变颜色和线型, 也可以在锁定层上使用捕捉功能和查询命令。

5.1.3 图层的基本操作

在用图层功能绘图之前, 首先要对图层的各项特性进行设置, 包括建立和命名图层、设置当前图层、设置图层的颜色和线型、图层是否关闭、是否冻结、是否锁定, 以及图层的删除等。本节主要对图层的这些相关操作进行介绍。

5.1.3.1 "图层特性管理器"对话框

AutoCAD 提供了详细直观的"图层特性管理器"对话框 (图 5-1), 用户可以方便地通过对该对话框中的备选项及其二级对话框进行设置, 实现建立新图层、设置图层颜色及线型等各种操作。

可以通过以下方式打开"图层特性管理器"对话框：
（1）下拉菜单："格式（O）"→"图层（L）"。
（2）工具栏：单击"图层"工具栏上的"▣"按钮。
（3）命令行：layer（缩写 la）。

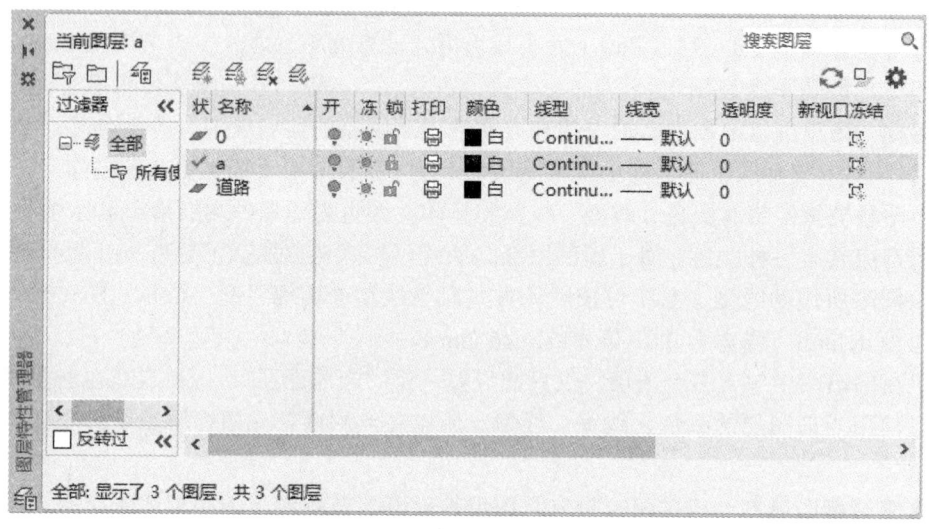

图 5-1　"图层特性管理器"对话框

下面分别介绍图层的各个特性。

（1）名称。名称是使用图层的唯一标识，是图层的名字。新图层默认的层名为"图层 n"，n 为依图层顺序排列的整数，用户可以直接重命名或以后再重命名。如需要为图层重新命名，可以在图层名称上单击，或按 F2 键，或在图层列表中右击，在弹出的快捷菜单中选择"重命名图层"选项，在新图层的"名称"文本框中输入图层的名称，为新图层重命名。

（2）开关状态。开关状态是指图层处于打开状态还是关闭状态。如果图层被打开，则该图层上的图形可以在显示器上显示，也可以在输出设备上打印。如果图层关闭，该图层仍然是图形的一部分，但该图层上的图形对象不显示，也不能打印输出。

（3）冻结/解冻。如果图层被冻结，则该图层上的图形对象不能被显示出来，也不能打印输出，而且也不参加图形之间的操作（例如不能将该图层上的对象复制到其他的图形上）；被解冻的图层则正好相反。

（4）锁定/解锁。锁定状态并不影响该图层上图形对象的显示（但颜色变暗），但用户不能编辑锁定图层上的对象。如果锁定的是当前图层，用户仍可以在该层上绘图。此外，用户还可以在锁定的图层上使用查询命令和对象捕捉功能。

（5）颜色。"颜色"列对应的各小方图标的颜色反映该图层的颜色。如果要改变某一图层的颜色，单击对应的图标，AutoCAD 弹出如图 5-2 所示的"选择颜色"对话框，用户从中选择所需颜色即可。

（6）线型。"线型"列显示各图层的线型名称。如果要改变某一个图层的线型，单击该图层的线型名称，AutoCAD 弹出如图 5-3 所示的"选择线型"对话框，用户从中进行选择所需线型即可。如果没有需要的线型，可以单击该对话框的"加载（L）..."按钮，加载其他线型。

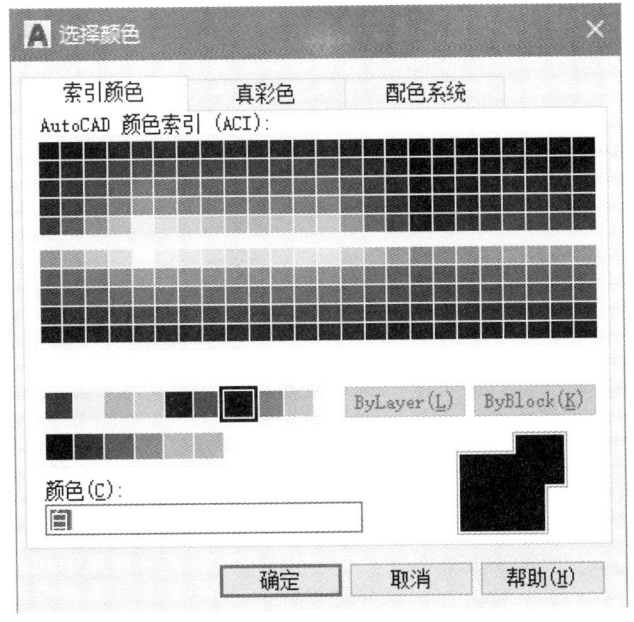

图 5-2 "选择颜色"对话框

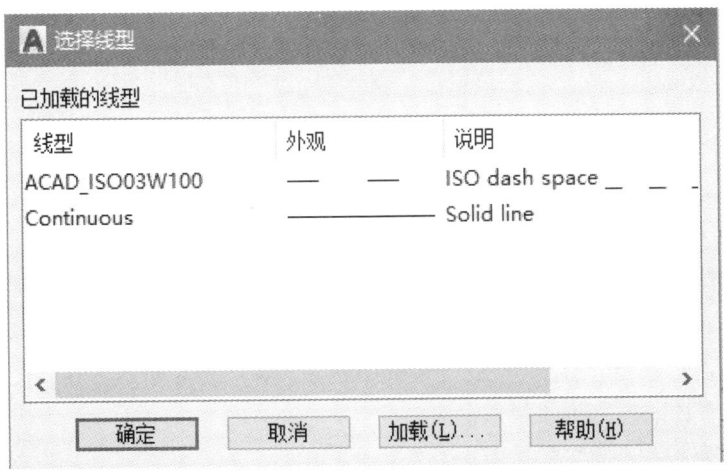

图 5-3 "选择线型"对话框

（7）线宽。"线宽"列显示各图层的线宽值。如果要改变某一图层的线宽，单击该层的线宽图标，AutoCAD 会弹出如图 5-4 所示的"线宽"对话框，用户可从中进行选择所需线宽。图层设置的线宽特性是否能显示在显示器上，还需要通过菜单中"格式"→"线宽"，打开如图 5-5 所示的"线宽设置"对话框来设置，选中"显示线宽（D）"，在"调整显示比例"选项组中，可以拖动滑块改变线宽的显示比例，从而改变图线的粗细。

（8）打印。打印特性设置是否打印该图层，这样就可以在保持图形显示可见性不变的前提下控制图形的打印特性。此功能只对可见的图层起作用，即只对没有冻结和没有关闭的图层起作用。用户可以通过单击相应的按钮来确定。

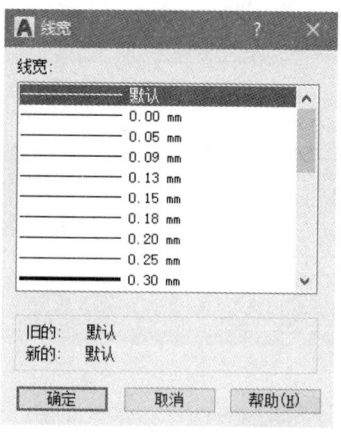

图 5-4 "线宽"对话框

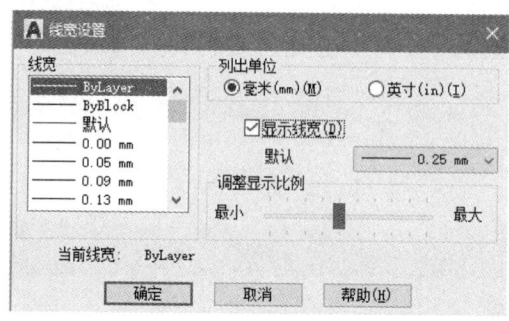

图 5-5 "线宽设置"对话框

5.1.3.2 创建新图层

操作步骤：

第 1 步：打开"图层特性管理器"对话框。

第 2 步：在"图层特性管理器"对话框中，单击"新建图层"按钮"   "，在图层列表中显示名称为"图层 1"的新图层，且处于被选中状态，如图 5-6 所示。在新图层的"名称"文本框中输入图层的名称，为新图层重命名。

第 3 步：设置图层的特性和状态。

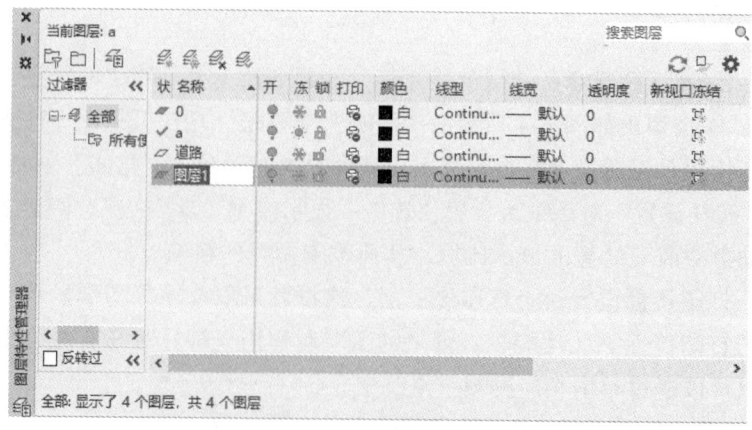

图 5-6 创建新图层

【注1】用户可以先创建多个新图层,然后再分别设置各个图层的特性。
【注2】新图层将继承当前列表中被选定的某一图层的特性。

5.1.3.3 设置图层特性

图层的特性包括颜色、线型、线宽等,用户可以在"图层特性管理器"选项板中为选定的图层设置特性。

(1)设置图层颜色。

操作步骤:

第1步:单击某一图层"颜色"列表中的色块图标或颜色名,打开如图 5-2 所示的"选择颜色"对话框。

第2步:在"索引颜色"选项卡的调色板中选择一种颜色,并显示所选颜色的名称和编号。

第3步:单击"确定"按钮,保存颜色设置,返回"图层特性管理器"对话框。

(2)设置图层线型。

操作步骤:

第1步:单击某一图层"线型"列表中的线型名,打开如图 5-3 所示的"选择线型"对话框,默认情况下,"已加载的线型"列表中只显示一种线型——Continuous(连续线)。

第2步:单击"加载"按钮,打开如图 5-7 所示的"加载或重载线型"对话框。

第3步:在"可用线型"列表中选择 acadiso.lin 线型文件中定义的线型;或单击"文件"按钮,在打开的"选择线型文件"对话框中,选择用户自定义线型文件后,在"可用线型"列表中选择自定义的线型。

第4步:单击"确定"按钮,返回"选择线型"对话框,加载的线型显示在"已加载的线型"列表中。

第5步:选择所需的线型。

第6步:单击"确定"按钮,保存线型设置,返回"图层特性管理器"对话框。

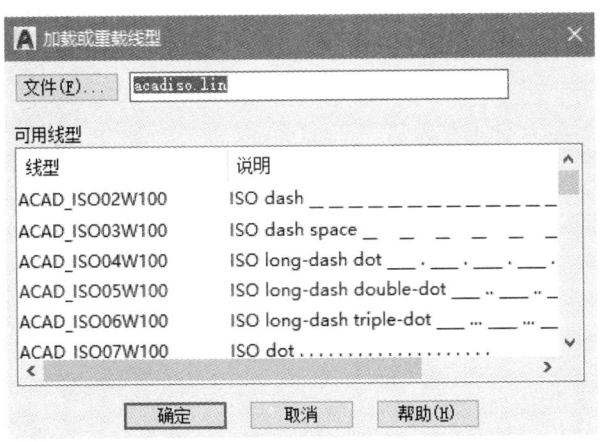

图 5-7 "加载或重载线型"对话框

(3)设置图层的线型宽度。

操作步骤:

第1步:单击某个图层"线宽"列表中的线宽图标或线宽名,打开如图 5-4 所示的"线宽"

对话框。

第 2 步：选择所需要的线宽。

第 3 步：单击"确定"按钮，保存线宽设置，返回"图层特性管理器"对话框。

5.1.3.4　设置为前层

操作步骤：

第 1 步：在"图层特性管理器"选项板中，选定要置为当前层的图层，使其亮显。

第 2 步：单击"置为当前"按钮"　"，在选定图层上出现"　"标记，并在"当前图层"栏内显示该图层的名称。此外，在某一图层的状态图标或名称上双击，均可将该图层设置为当前层。

5.1.3.5　删除图层

操作步骤：

第 1 步：在"图层特性管理器"对话框中，选定要删除的某一图层，使其亮显。

第 2 步：单击"删除图层"按钮"　"，或按 Delete 键。

【注】系统默认创建 0 层、包含对象的图层以及当前层均不能被删除。

5.1.3.6　设置图层状态

每个图层都包含开/关、冻结/解冻、锁定/解锁和打印/不打印等状态特性。

（1）图层的开/关：在"图层特性管理器"对话框中，"开"对应的是小灯泡图标。通过单击小灯泡图标可实现打开或关闭图层的切换。如果灯泡颜色是黄色，表示对应图层是打开的；如果是灰色，则表示对应图层是关闭的。如果关闭当前层，AutoCAD 会显示出如图 5-8 所示对话框，警告正在关闭当前层。但用户仍然可以关闭当前层。

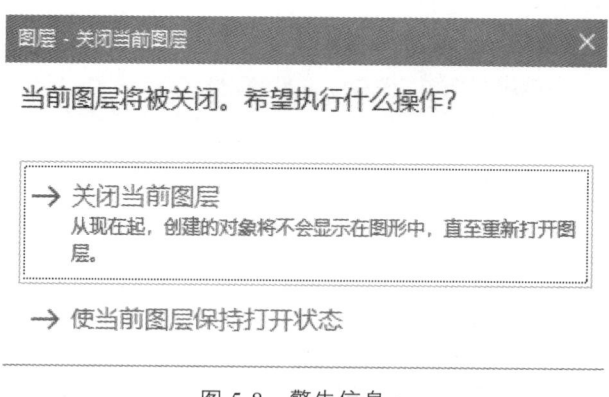

图 5-8　警告信息 a

（2）图层的冻结/解冻。

在"图层特性管理器"对话框中，"冻结和解冻"对应的是太阳或者雪花图标。太阳表示所对应的图层没有冻结；雪花则表示相应的图层被冻结。单击这些图标可实现图层冻结与解冻的切换。用户不能冻结当前层，也不能将冻结层改为当前层。如果要将当前层冻结，AutoCAD 会显示如图 5-9 所示的警告信息；如果要将冻结层改为当前层，会显示如图 5-10 所示的警告信息。

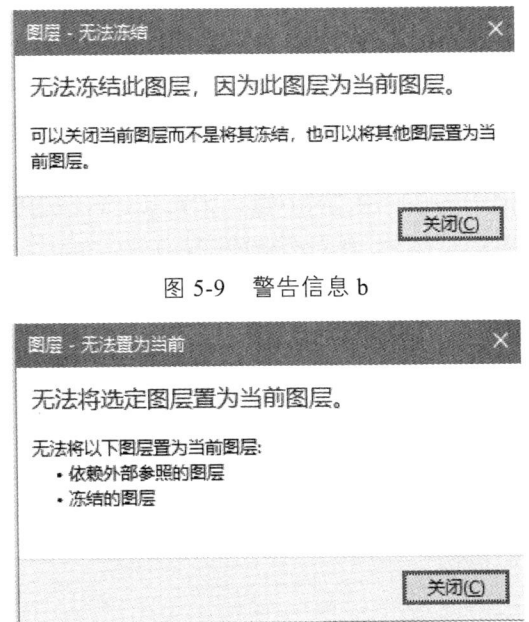

图 5-9 警告信息 b

图 5-10 警告信息 c

【注】从可见性来说，冻结的图层与关闭的图层是相同的，但冻结的对象不参加处理过程中的运算，关闭的图层则要参加运算。所以在复杂的图形中冻结不需要的图层可以加快系统重新生成图形时的速度。

（3）图层的锁定/解锁。

在"图层特性管理器"对话框中，"锁定"对应的是关闭或打开的小锁图标。单击这些图标可实现图层锁定或解锁的切换。

（4）图层的打印/不打印。

在"图层特性管理器"对话框中，"打印"对应的是关闭或打开的打印机图标。单击这些图标可实现图层打印或不打印的切换。

5.1.4 图层管理工具栏

AutoCAD 提供了"图层"工具栏，如图 5-11 所示，默认情况没有这个工具栏，需要添加（下拉菜单"工具（T）"→"工具栏"→"AutoCAD"→"图层"），利用这个工具栏可以方便、快捷地设置图层的状态。

图 5-11 "图层"工具栏

利用"图层"工具栏，用户可以更改某一图形对象所在的图层。

操作步骤：

第 1 步：选择需要更改图层的对象。

第 2 步：在图层状态控制栏中单击，打开下拉列表。

第 3 步：在某一图层名上单击。

5.2 对象特性

每个图形上建立的对象都具有其关联的特性，在默认状态下，在某层中绘制的对象，其颜色、线型和线宽等特性都与该层属性设置一致，即对象的特性类型为 ByLayer（随层）。在实际工作中，经常需要修改对象特性，AutoCAD 2022 提供了以下常用的方式修改对象特性。

5.2.1 使用"特性"面板修改对象特性

在功能区"默认"标签下包含"特性"面板，如图 5-12 所示。用它可以修改所有对象的通用特性，如图层、颜色、线型和线宽等。当选取多个对象时，面板的控制项将显示所选取的对象都具有的相同特性，如果这些对象所具有的对象特性不相同，则相应的控制项为空白。

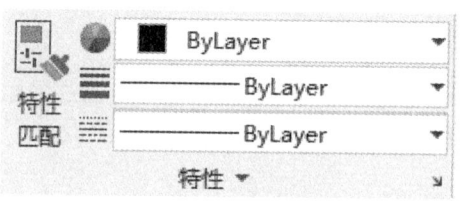

图 5-12 "特性"面板

当只选取一个对象时，则面板上的控制项将显示这个对象的相应特性。当没有选取对象时，控制项显示当前图层的特性。如要修改某特性，只需要在相应的控制项中选择新的选项。

5.2.2 使用"特性"工具栏修改对象特性

AutoCAD 提供了"特性"工具栏，如图 5-13 所示，默认情况没有这个工具栏，需要添加（下拉菜单"工具（T）"→"工具栏"→"AutoCAD"→"特性"），利用这个工具栏可以方便、快捷地设置对象特性。

图 5-13 "特性"工具栏

利用"特性"工具栏，可以为选定的图形对象更改颜色、线型、线宽等特性。
操作步骤：
第 1 步：选择图形对象。
第 2 步：在"特性"工具栏的颜色、线型、线宽内单击，打开相应的特性控制下拉列表。
第 3 步：在所需的颜色、线型、线宽上单击，如图 5-14 所示。

5.2.3 使用"特性"对话框修改对象特性

要显示特性对话框，主要有以下两种方式，可以弹出如图 5-15 所示的特性对话框。
（1）下拉菜单："修改（M）"→"特性（P）"。
（2）命令行：properties。

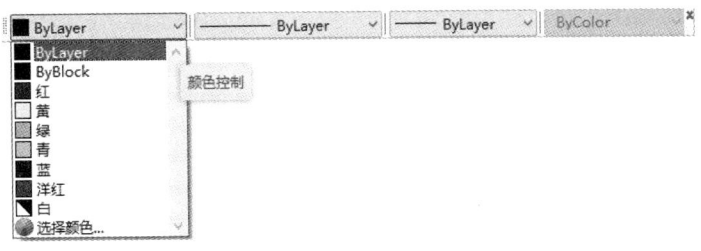

图 5-14 在"特性"工具栏中更改对象颜色

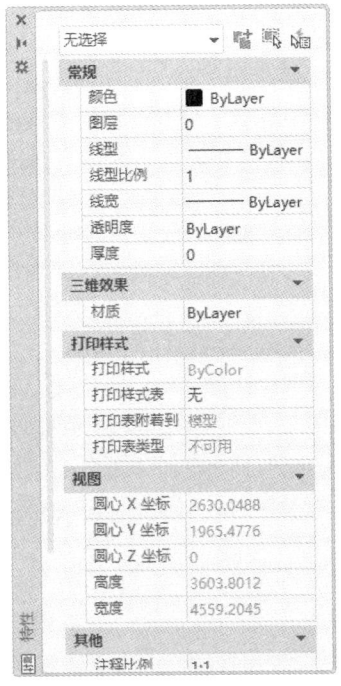

图 5-15 "特性"对话框

当没有选取对象时,窗口显示当前状态特性,包括当前的图层、颜色、线型、线宽和打印样式等设置。当只选取一个对象时,则窗口上将显示这个对象的相应特性。当选取多个对象时,窗口将显示所选取的对象都具有的共有特性,此时可以在窗口顶部的下拉列表选取一个特定的对象,这个列表还显示出当前所选择的每一种类型的对象的数量。如要修改某特性,只需要在相应的控制项中选择新的选项或输入新的数值。

此外,双击某一对象,还可以显示特定对象的特性窗口。图 5-16 为某一直线的特性对话框。

图 5-16 某一直线的"特性"对话框

思考与练习题

1. 在"对象特性"工具条上将线宽设置为 1.00 mm，但绘制出的对象并不显示出线宽，比默认线型更宽，是何原因？
2. 哪个图层不会被重新命名或被删除？
3. 可以冻结当前图层吗？
4. 如何改变一个对象的所在图层？
5. 可以在锁定的图层里创建新对象吗？
6. 关闭的图层里的对象可以被修改吗？
7. 在特性工具栏上将颜色设置为红色，线型设置为 Contunious。再在图层特性管理器中设置某图层颜色为黑色，线型为"x0"，并将其置为当前层，则新绘制对象的颜色和线型是什么？

第 6 章　精确绘制图形与视图显示

为了能够更加快速地指定对象的精确位置，AutoCAD 2022 提供了栅格、正交、捕捉等绘图辅助工具和视图的显示功能（如视窗缩放和平移），在测绘工作中，对精度有着非常高的要求，通过使用这些命令，用户可以提高绘图的效率。

6.1　栅格、捕捉与正交

为了在绘图过程中使用鼠标光标准确定位，可以结合实际情况使用 AutoCAD 提供的捕捉模式和图形栅格显示模式等辅助定位。捕捉模式（这里的捕捉是指捕捉到图形栅格）可用于设定光标移动间距，而图形栅格显示模式则可以提供直观的距离和位置参考。通常捕捉模式和图形栅格显示模式一起使用。如图 6-1 所示，AutoCAD 2022 辅助定位工作按钮主要在状态栏显示。

图 6-1　辅助定位工作按钮

6.1.1　栅格和捕捉

栅格（Grid）是一种可见的位置参考图标，它由一系列排列规则的点组成，是作图时的视觉参考，不用于打印，也不是图形的组成部分，类似于手工绘草图时的坐标纸，对于提高绘图的精确度有重要的作用。

1. 命令的执行方式

（1）菜单栏：根据菜单栏选择"工具"→"绘图设置"按钮。
（2）状态栏：左键"⊞"按钮可打开和关闭图形栅格，或右键"网格设置…"按钮。
（3）命令区：输入 grid 并按回车键确认。
（4）快捷键：F7 键可打开和关闭图形栅格。

2. 操作步骤

按栅格的执行操作打开"草图设置"对话框，选择"捕捉和栅格"选项卡，如图 6-2 所示。
"启用栅格"复选框：打开和关闭栅格模式，与 F7 快捷键和状态栏上的栅格左键功能相同。
"栅格样式"选项组：用于在二维上下文中设定栅格样式，可根据情况设置在二维模型空间、点编辑器、图纸布局显示点栅格。将"栅格样式"设置为"二维模型空间"时,栅格才显示为点,否则栅格将显示为线,如图6-3所示。

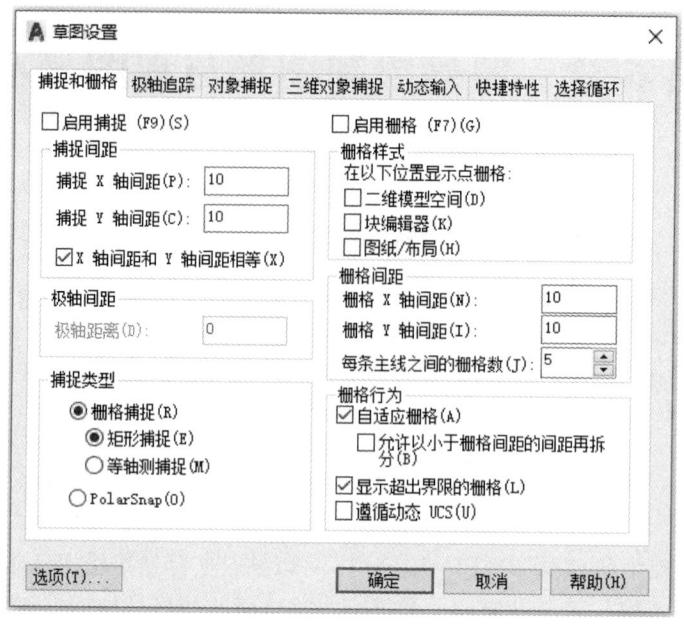

图6-2 草图设置对话框

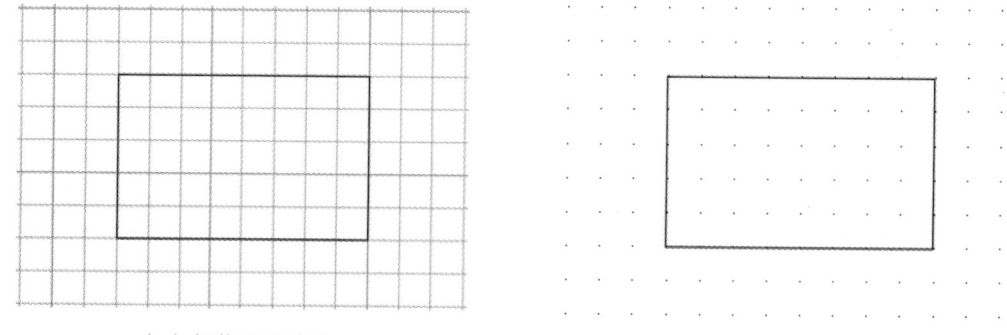

(a)栅格显示为线　　　　　　　　　(b)栅格显示为点

图6-3 栅格显示

"栅格间距"选项组:在"栅格X轴间距"和"栅格Y轴间距"文本框中设置在X、Y方向的栅格点间距,它们可以相等或不相等。"每条主线的栅格数":用来指定主栅格线相对于次栅格线的频率。

"栅格行为"选项组:用来控制所显示栅格线的外观。若选中"栅格行为"中的"显示超出界限的栅格"选项,则栅格显示超出图形界限,遍布整个绘图窗口。

【注1】栅格只是一种辅助定位图形工具,而不是图形文件的组成文件,也不可打印输出。

【注2】栅格设置命令是一透明命令。

【注3】在设置图形栅格显示时,要注意图形栅格间距不要太小,否则会导致图形模糊,以及屏幕重画太慢。

6.1.2 捕 捉

捕捉点是屏幕上不可见的网点,捕捉功能用于设置一个鼠标移动的固定步长,使得在绘图区内的光标沿 X 轴和 Y 轴方向的移动动量总是步长的整倍数,以提高绘图的精度和效率。当捕捉功能打开,光标不能连续移动,只能在捕捉点之间跳动,并被吸附在捕捉点上。该设置与栅格设置有关系。

1. 命令的执行方式

(1)菜单栏:根据显示的菜单栏选择"工具"→"绘图设置"按钮。

(2)状态栏:左键单击"　　"按钮可打开和关闭捕捉图形栅格,右键则出现快捷键,如图 6-4 所示。

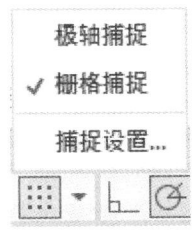

图 6-4　捕捉图形栅格右键快捷命令

(3)命令区:输入 snap(或 sn)并按回车键确认。

(4)快捷键:F9 键可打开和关闭捕捉图形栅格。

2. 操作步骤

打开"草图设置"对话框,选择"捕捉和栅格"选项卡,如图 6-2 所示。

"启用捕捉"复选框:打开和关闭捕捉模式,与 F9 快捷键和状态栏上的捕捉功能相同。

"捕捉 X(Y)轴间距":设置在 X、Y 方向上的捕捉间距。它们可以相等或不相等。

"极轴间距"选项组:该选项组只有在选中"极轴捕捉"单选项时才可用,可以在"极轴距离"文本框中输入距离值。

"捕捉类型"选项组:"栅格捕捉"沿栅格捕捉方向捕捉光标。"矩形捕捉"捕捉栅格平行于当前 UCS 的 X、Y 轴,是矩形的栅格,X 和 Y 的间距可以不同。"等轴测捕捉"是画正等轴测图时的工作环境,它的 X、Y 方向沿正等轴测方向,栅格和光标的十字线不再垂直,而是随同当前的 X、Y 方向。"PolarSnap"按极轴追踪角度捕捉光标。

【注1】自动捕捉和栅格设置有关,可以自动捕捉到隐含的格网点。

【注2】自动捕捉只是一种辅助定位工具,并不像栅格那样可看到各栅格点,而是一种隐含的格网。

【注3】自动捕捉设置也是透明命令。

例:利用捕捉和栅格的矩形捕捉绘制如图 6-5 所示的图形,每个小格距离为 10。

操作如下:

第1步:利用所学命令,打开"草图设置"对话框,选择"捕捉和栅格"选项卡

第2步:分别设置捕捉间距和栅格间距,距离设置为 10。

第3步:启用捕捉和栅格。

第 4 步：捕捉类型设为栅格捕捉的矩形捕捉。
第 5 步：启用绘制直线或多段线命令。
第 6 步：捕捉栅格点进行图形的绘制。

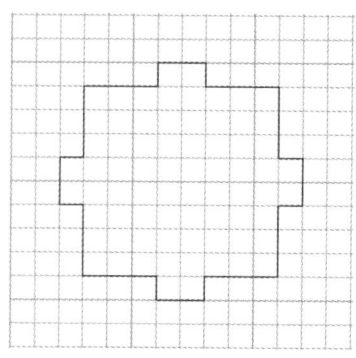

图 6-5　例题一

6.1.3　正　交

在 AutoCAD 中，若要利用鼠标绘制与当前 X 轴或 Y 轴平行的线段时，用肉眼判断绘制线条的水平或垂直是非常困难的；若利用坐标输入则要进行计算，相对较困难。AutoCAD 提供的正交模式将光标限制在水平或垂直方向上移动，可以根据线的长度快速用光标绘制水平线和垂直线。

1. 命令的执行方式

（1）状态栏：单击"正交"按钮"　"，打开或关闭"正交"。

（2）命令区：输入 ortho 并按回车键确认。

（3）快捷键：F8 键可打开和关闭正交。

2. 操作步骤

第 1 步：在命令行输入 ortho 并回车。

第 2 步：输入模式[开（ON）/关（OFF）]<开>：（设置开或关）。

【注】栅格（GRID）、捕捉（SNAP）、正交（ORTHO）命令都是透明命令，即可以在执行其他命令的过程中直接使用。注意，打开正交模式时，AutoCAD 系统将自动关闭极轴追踪。

例：利用"正交"命令绘制如图 6-6 所示图形。

操作如下：

第 1 步：利用正交命令打开正交。

第 2 步：启动直线命令。

第 3 步：在命令行中进行如下输入即可完成图形的绘制：

命令：line（缩写 l）。

指定第一个点：任意选取一点作为 A 点。

指定下一点或[放弃（U）]：100（B 点）。

指定下一点或[放弃（U）]：120（C 点）。

指定下一点或[闭合（C）/放弃（U）]：60（D 点）。

指定下一点或[闭合（C）/放弃（U）]：c。
本例题也可以先选取 D 点，然后顺时针绘制，最后闭合。

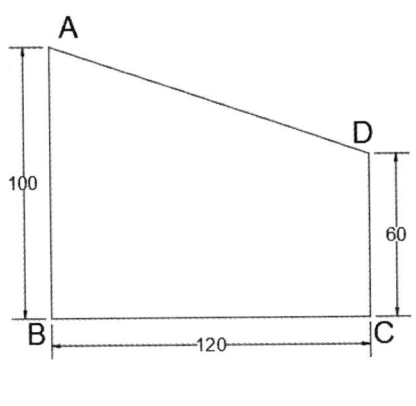

图 6-6　例题二

6.2　对象捕捉

在精确绘图过程中，经常需要在图形对象上选取对象的某些特征点，如端点、中点、圆心、交点等，仅靠视觉是很难做到的，此时如果使用 AutoCAD 提供的对象捕捉功能，只需把特征点置于捕捉选择框内，甚至置于选择框附近，便可准确地定位在该交点上，则可迅速、准确地捕捉到这些点的位置，以便精确地绘制图形。

6.2.1　对象捕捉的选项设置

在使用对象捕捉功能前，有必要先设置一些对象捕捉功能的参数。

1. 命令的执行方式
（1）菜单栏：根据菜单栏选择"工具"→"选项"对话框→"绘图"。
（2）命令区：输入 options 并按回车键确认。
（3）快捷键：单击鼠标右键点击"选项"→"绘图"。

打开"选项"对话框，选择"绘图"选项卡，如图 6-7 所示。拖动"自动捕捉标记大小"上的滑块可以设置捕捉标记的大小。

6.2.2　对象捕捉方式

在绘制 AutoCAD 图形时，有时需要指定一些特殊位置的点，如端点、中点、切点等等，这些点可以通过捕捉功能来捕捉。

AutoCAD 提供了命令行、工具栏、和右键快捷菜单三种方法来进行特殊点对象捕捉。

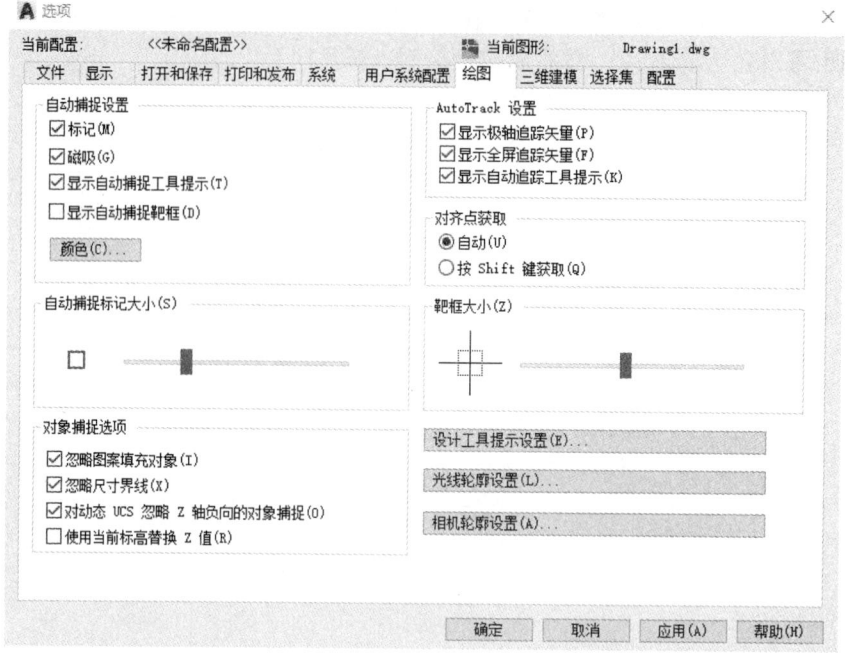

图 6-7 "选项"对话框

1. 执行命令方式

绘图时,当在命令行中提示输入一点时,可输入所需的捕捉命令的字符,如表 6-1 所示,再把指针移到要捕捉对象的特征点附近,即可以选择现有对象上的所需特征点。

表 6-1 捕捉命令字符

名称	命令	名称	图标
端点	END	插入	INS
中点	MID	垂足	PER
圆心	CET	切点	TAN
节点	NOD	最近点	NEA
象限点	QUA	外观交点	APP
交点	INT	平行线	PAR
范围	EXT		

特殊点说明:

(1)端点:捕捉到圆弧、椭圆弧、直线、多线、多段线、样条曲线等对象的端点。

(2)中点:捕捉到圆弧、椭圆、椭圆弧、直线、多线、多段线、样条曲线、面域、实体、构造线等对象的中点。

(3)圆心:圆、圆弧、椭圆和椭圆弧的圆心。

(4)节点:捕捉到点对象、标注定义点或标注文字原点。

(5)象限点:距光标最近的圆或圆弧上可见部分象限点,即圆周上 0°、90°、180°、270°位置点。

（6）交点：捕捉到圆弧、椭圆弧、直线、多线、多段线、样条曲线等对象的交点。

（7）延伸：指定对象延长线或圆弧上的点。

（8）插入：文本对象和块的插入点。

（9）垂足：在线段、圆、圆弧或它们的延长线上捕捉一个点，使之与最后生成的点连线与该线段、圆或圆弧正交。

（10）切点：最后生成的一个点到选中的圆、圆弧、椭圆、椭圆弧或样条曲线上引切线的切点位置。

（11）最近点：捕捉到圆弧、椭圆、椭圆弧、直线、多线、多段线、样条曲线、构造线等对象上的最近点。

（12）外观交点：图形对象在视图平面上的交点。

（13）平行线：绘制与指定对象平行的对象。

2. 工具栏方式

使用"对象捕捉"工具栏可以使用户更方便地实现捕捉点。打开方式：根据菜单栏选择"工具"→"工具栏"→"AutoCAD"→"对象捕捉"，如图 6-8 所示。当把鼠标放在"对象捕捉"工具栏某一图标上，就会显示出该功能的提示，然后根据提示操作即可。

图 6-8 "对象捕捉"工具栏

3. 快捷菜单方式

操作方法和工具栏相似，通过 Shift（或 Ctrl 键）+鼠标右键可以激活快捷菜单，菜单中列出了 AutoCAD 提供的对象捕捉模式，如图 6-9 所示。只要在 AutoCAD 提示输入点时单击快捷菜单上相应的菜单项即可。

6.2.3 设置对象捕捉

在用 AutoCAD 绘图之前，可以根据需要设置运行一些对象捕捉模式，绘图时 AutoCAD 能自动捕捉这些特殊点，从而加快绘图速度，提高绘图质量。

1. 命令的执行方式

（1）菜单栏：根据菜单栏选择"工具"→"绘图设置"按钮→"对象捕捉"。

（2）状态栏：左击" "按钮可打开和关闭图形栅格，或右键"对象捕捉设置..."按钮。

（3）命令区：输入 osnap 并按回车键确认。

（4）快捷键：F3 键可打开和关闭图形栅格。

（5）快捷菜单：打开对象捕捉快捷菜单后单击"对象捕捉设置"。

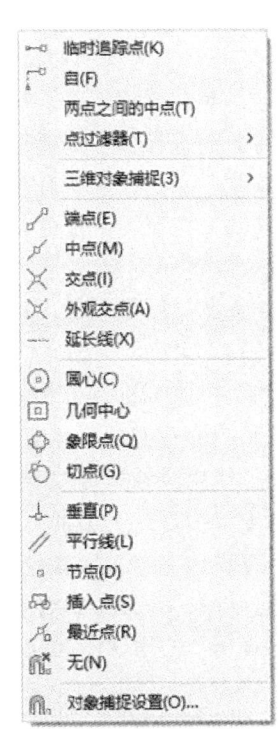

图 6-9 对象捕捉快捷菜单

2. 操作步骤

按上述操作，打开"草图设置"对话框，单击"对象捕捉"选项卡，如图 6-10 所示，利用此对话框进行对象捕捉方式设置。

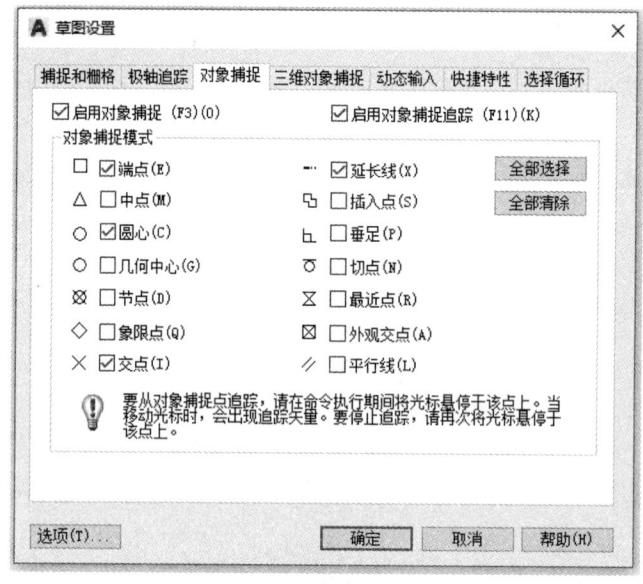

图 6-10 "草图设置"对话框的"对象捕捉"选项卡

3. 选项说明

"启用对象捕捉"复选框：打开或关闭对象捕捉方式。当选中此复选框时，在"对象捕捉模式"选项组中选中的捕捉模式处于激活状态。

"启用对象捕捉追踪"复选框：打开或关闭自动追踪功能。

"对象捕捉模式"选项组：列出了各种捕捉模式的单选按钮，选中则该模式被激活。单击"全部清除"按钮，则所有模式均被清除。单击"全部选择"按钮，则所有模式均被选中。

"选项"按钮，单击可以打开"选项"对话框的"草图"选项卡，利用该对话框可以决定捕捉模式的各项设置。

【注 1】捕捉圆心时，可以用拾取框选择圆或弧本身而非直接选择圆心部位，此时光标便自动在圆心闪烁。

【注 2】在 AutoCAD 中，当光标捕捉到捕捉点时，便会在该点闪出一个带颜色的特定小框，以便提示用户不需要再移动光标即可确定该捕捉点。

例：使用对象捕捉功能绘制如图 6-11 所示的图形，5 个圆大小相同。

第 1 步：打开"工具"菜单，单击"绘图设置"命令，打开草图设置对话框。

第 2 步：在"对象捕捉"选项卡中选择启用对象捕捉端点、象限点，如图 6-12 所示。

第 3 步：使用 POLYGON 命令，或者在绘图工具栏上单击正多边形命令，绘制正方形。

第 4 步：使用 ROTATE 命令，或者在修改工具栏上单击旋转命令，旋转 45°，如图 6-13 所示。

第 5 步：使用 CIRCLE 命令，或者在绘图工具栏上单击圆命令，绘制正方形的内切圆，如图 6-14 所示。

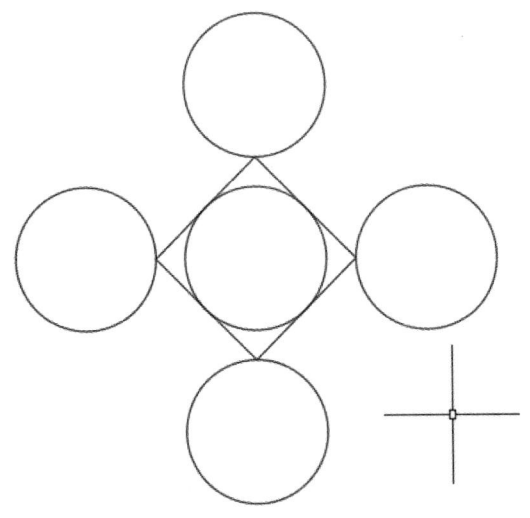

图 6-11 例题三

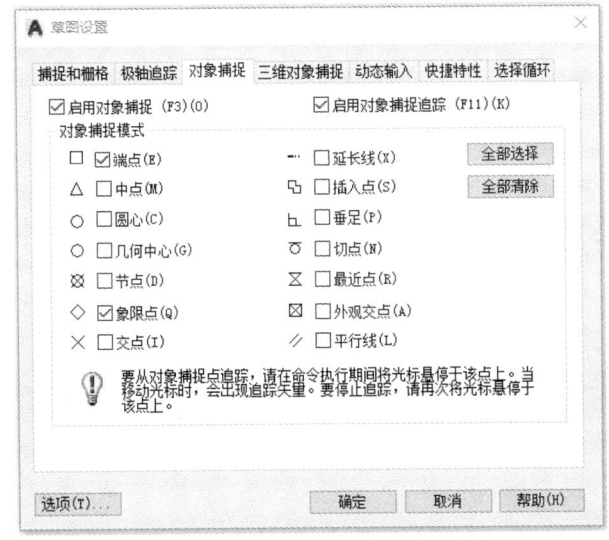

图 6-12 "草图设置"对话框的"对象捕捉"选项卡

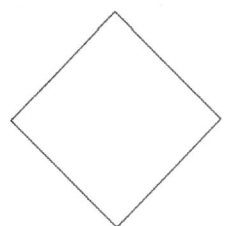 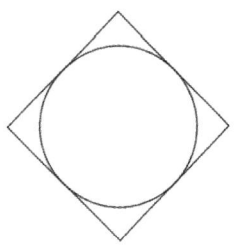

图 6-13 绘制正多边形　　　　图 6-14 绘制内切圆

第 6 步：使用 COPY 命令，或者在修改工具栏上单击复制命令，复制圆。

第 7 步："指定基点或[位移（D）/模式（O）]<位移>:"，这时将光标放在象限点位置，会出现"◇"符号，即选中圆的象限点，如图 6-15 所示。

第 8 步:"指定第二个点或[阵列(A)]<使用第一个点作为位移>:",这时将光标放在正方形最上边的端点位置,会出现"□"符号,即选中正方形的端点,如图 6-16 所示。

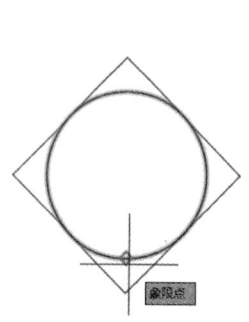 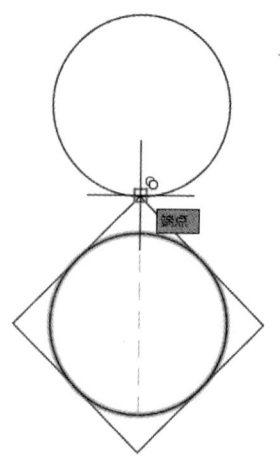

图 6-15 捕捉象限点　　　　　　　　图 6-16 捕捉端点

第 9 步:执行同样操作,分别复制圆到其余端点。

6.3 极轴追踪和对象捕捉追踪

AutoCAD 除了目标捕捉功能外,还有自动追踪目标功能,使用自动追踪功能可以帮助用户通过与前一点或与其他对象的特定关系来创建对象,从而快速、精确地绘制图形。自动追踪包括两种追踪方式:极轴追踪和对象捕捉追踪。

6.3.1 极轴追踪

使用极轴追踪,鼠标光标将按事先给定的角度增量来追踪点。当要求指定一个点时,系统将依照预先设置的角度增量来显示辅助线,用户可以沿辅助线追踪得到光标点。注意:极轴追踪模式和正交模式不能同时开启。

1. 命令执行方式

(1)菜单栏:根据菜单栏选择"工具"→"绘图设置"按钮→"极轴追踪"。
(2)状态栏:左键" ⌀ "按钮可打开和关闭极轴追踪,或右键"正在追踪设置..."按钮。
(3)快捷键:F10 键可打开和关闭极轴追踪。

2. 操作步骤

按上述操作,打开"草图设置"对话框,单击"极轴追踪"选项卡,如图 6-17 所示,利用此对话框进行极轴追踪方式设置。

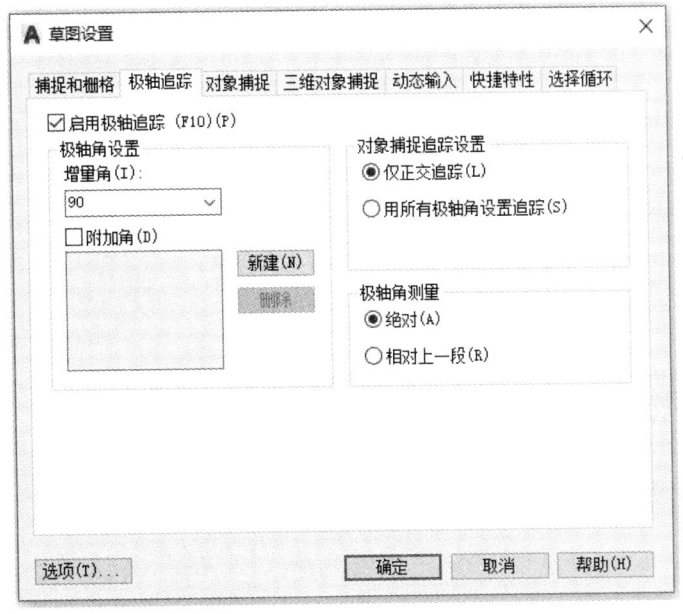

图 6-17 "草图设置"对话框的"极轴追踪"选项卡

3. 选项说明

"启用极轴追踪"复选框：打开或关闭极轴追踪方式。"启用对象捕捉追踪"复选框：打开或关闭自动追踪功能。

"极轴角设置"选项组：在"增量角"列表中，可以输入任何角度，也可以从列表中选择90、45、30、22.5、18、15、10 或 5 这些常用角度。在"附加角"列表中，点击"新建"可以输入附加角，附加角度是绝对的，而非增量的。对于不需要的附加角可以选中后点击"删除"，系统最多可以添加 10 个附加角。

"对象捕捉追踪设置"选项组："仅正交追踪"对象捕捉追踪打开时，仅显示已获得的对象捕捉点的正交（水平/垂直）对象捕捉追踪路径。"用所有极轴角设置追踪"将极轴追踪设置应用于对象捕捉追踪。使用对象捕捉追踪时，光标将从获取的对象捕捉点起沿极轴对齐角度进行追踪。

"极轴角测量"选项组：在该选项组中设定测量极轴追踪对齐角度的基准，"绝对"单选按钮用于根据当前用户坐标系（UCS）确定极轴追踪角度；"相对上一段"单选按钮用于根据上一个绘制线段确定极轴追踪角度。

【注】使用极轴追踪时，系统将沿着极轴角及其整数倍角度和附加角方向进行追踪。

6.3.2 对象捕捉追踪

对象捕捉追踪可以相对于对象捕捉点，并沿指定的追踪方向获取所需要的点。在打开目标追踪功能之前，必须先打开目标捕捉。

1. 命令执行方式

（1）菜单栏：根据菜单栏选择"工具"→"绘图设置"按钮→"对象捕捉"→"启用对象捕捉追踪"。

（2）状态栏：左键单击"∠"按钮可打开和关闭对象捕捉追踪，或右键"对象捕捉追踪设置…"按钮。

（3）快捷键：F11键可打开和关闭对象捕捉追踪。

2. 操作步骤

按上述操作，打开"草图设置"对话框，单击"对象捕捉"选项卡，利用此对话框进行"对象捕捉追踪"方式设置。

6.4 动态输入

6.4.1 动态输入

动态输入模式是AutoCAD中一种高效的输入模式，它在绘图区域中的光标附近提供直观的命令界面。当启用动态输入模式时，工具提示将在光标附近动态地显示更新信息，该命令是透明命令，不影响其他命令的使用。

1. 命令执行方式

（1）菜单栏：根据菜单栏选择"工具"→"绘图设置"按钮→"动态输入"。

（2）状态栏：左键"＋"打开和关闭动态输入，或右键"动态输入设置…"。

（3）快捷键：F12键可打开和关闭动态输入。

2. 操作步骤

按上述操作，打开"草图设置"对话框，单击"动态输入"选项卡，如图6-18所示，从中控制指针输入、标注输入、动态提示，以及绘图工具提示的外观。

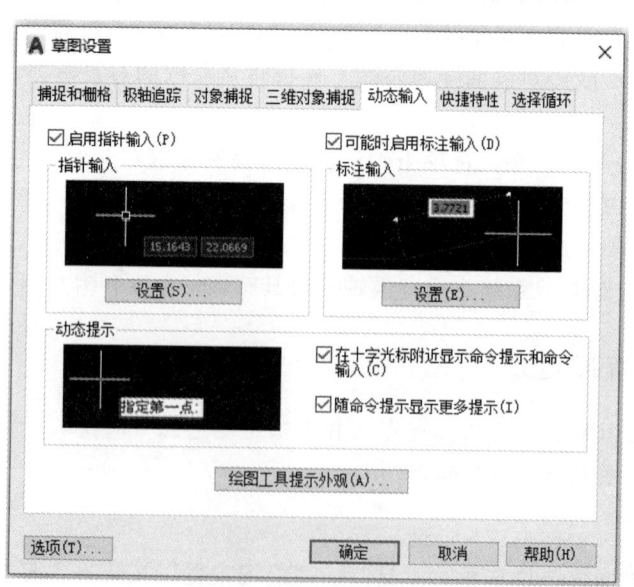

图6-18 "草图设置"对话框的"动态输入"选项卡

3. 选项说明

"启用指针输入"复选框表示打开指针输入。"指针输入"选项组中单击"设置"按钮，将打开如图 6-19 所示的"指针输入设置"对话框，可以控制指针输入工具提示的设置。当设置为相对极坐标时，不需要输入"@"符号，如果需要使用绝对坐标，则前缀使用"#"号。

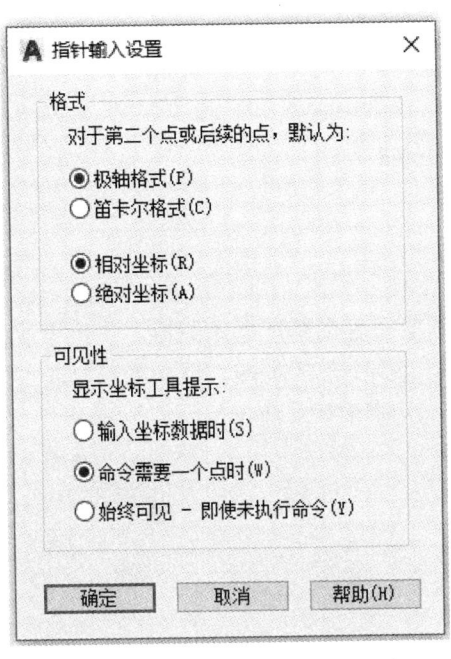

图 6-19 "指针输入设置"对话框

"标注输入"不适用于某些提示输入第二点的命令。启用标注输入时，当命令提示用户输入第二个点或距离时，将显示标注和距离值与角度值的工具提示，标注工具提示中的值将随着光标的移动而更改。

"动态提示"是指需要时将在光标旁边显示工具提示中的提示，以完成命令。

例：利用 pline 命令绘制一个长 20，宽 10 的矩形。

第 1 步：在状态栏中单击 " " 按钮，打开"动态输入"。

第 2 步：输入 pline 的快捷键命令 "pl"，任意输入第一点。

第 3 步：根据"动态输入"提示，输入 "20，0"，即第二点，注意此时不需要用@，如图 6-20 所示。

第 4 步：同上命令，输入 "0，10"，即第三点，如图 6-21 所示。

第 5 步：同上命令，输入 "-20，0"，即第四点，如图 6-22 所示。

第 6 步：输入 c，完成图形，如图 6-23 所示。

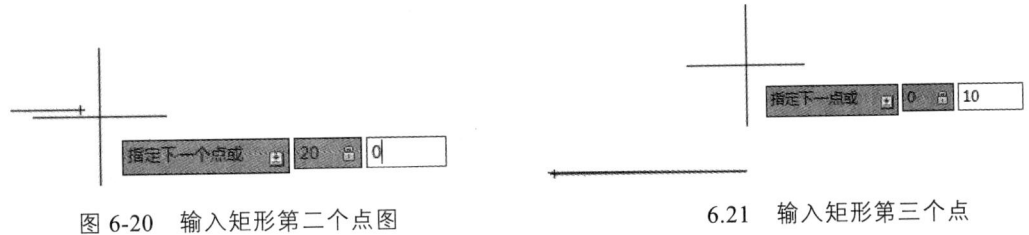

图 6-20 输入矩形第二个点图　　　　　　　　6.21 输入矩形第三个点

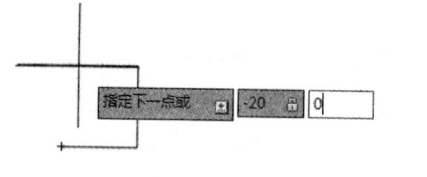
图 6-22 输入矩形第四个点图

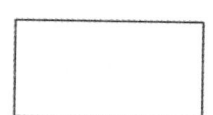
图 6-23 完成图形

6.5 视图缩放与平移

6.5.1 视图缩放

视图就是按一定比例、观察位置和角度显示图形。视图缩放是绘图中的基本的命令，通过该命令既能观察细节，又能看到全部的视图。该功能只是改变图形实体在视窗中显示的大小，不会改变对象的实际大小，如图 6-24 所示。

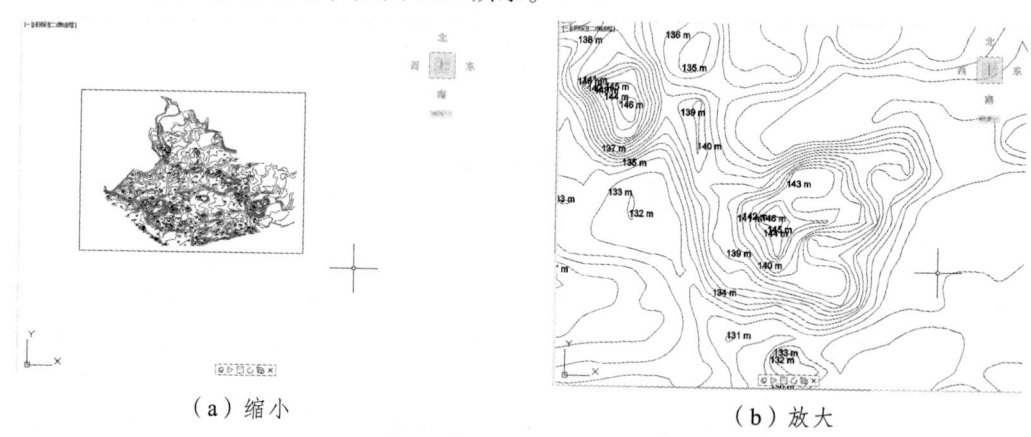

（a）缩小　　　　　　　　　　　　（b）放大

图 6-24 视图缩放

1. 命令的执行方式

（1）菜单栏：根据菜单栏选择"视图"→"缩放"，在弹出的次级子菜单中，选择一种缩放模式，如图 6-25 所示。

（2）工具栏：根据菜单栏选择"工具"→"工具栏"→"AutoCAD"→"缩放"，如图 6-26 所示。

（3）命令区：输入 zoom（或快捷键 z）并按回车键确认。

2. 命令的使用和说明

启动 ZOOM 命令后，将出现如下提示：

命令：zoom

指定窗口的角点，输入比例因子（nX 或 nXP），或者

[全部（A）/中心（C）/动态（D）/范围（E）/上一个（P）/比例（S）/窗口（W）/对象（O）]<实时>：

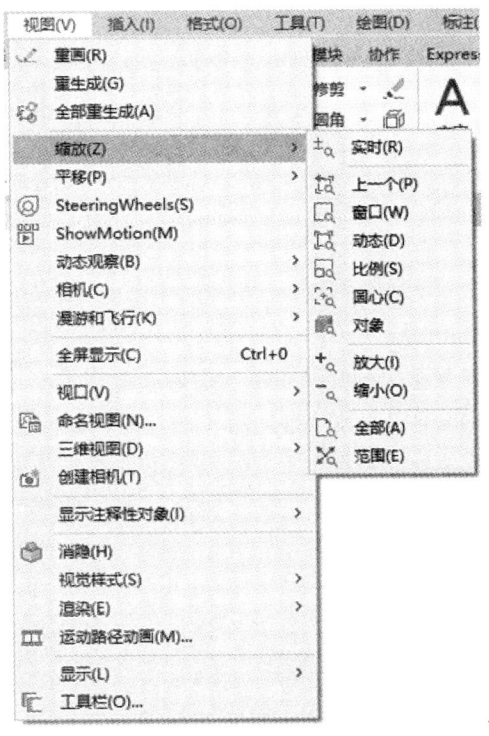

图 6-25 "视图"→"缩放"

图 6-26 缩放工具栏

该提示为 ZOOM 命令选项。各项的功能说明如下：

（1）全部（A）：将所有图像对象都显示屏幕之中。如果图形对象均位于绘图区域内，则缩放到区域边界，否则缩放到图形的实际范围。

（2）中心（C）：该选项让用户指定一个中心点和一个放大倍数（高度）来确定显示区域，AutoCAD 将根据这个中心点和放大的放大倍数（高度）来确定显示区域。如果输入的是一个值，则认为是高度，如果输入的是数值后加 X（如 6X）则认为是放大倍数。

（3）动态（D）：该选项将自动构造一个可以变化的视图框，用此视图框可选择图形中的全部或某一部分，作为下一视图的显示区域。

（4）范围（E）：将所有图形全部显示在屏幕上，并最大限度地充满整个屏幕。该方式会引起图形重新生成，故速度较慢。

（5）上一个（P）：用于恢复上一次显示的视窗图形。在 AutoCAD 中，使用 ZOOM 命令缩放图后，可将前面的视图自动保存。一般只保存最近的 10 个视图，连续选择该选项，可逐步恢复到 10 次缩放前所显示的视图图形。该方式不会引起图形重新生成，故速度较快。

（6）比例（S）：要求用户输入一数值作为缩放系数来缩放显示图形，有三种设置方式：

①若只输入一数值，表示相对于图形的实际尺寸或图形界限的缩放（绝对缩放）。

②若输入的数值后加 X，表示相对当前可见视图的缩放（相对缩放）。

③若输入的数值后加 XP，表示相对图纸空间单元的缩放。

（7）窗口（W）：允许用户使用窗选方式来选择下一视图的区域。

（8）<实时>：允许用户实时交互地缩放显示图形，该项为默认选项。选择该选项后，屏幕光标将变成一个小小放大镜，按住鼠标左键，上下移动鼠标，可实时动态放大或缩小图形视窗。

若要退出实时缩放状态，可按 Esc 键或回车键，或单击鼠标右键，在弹出的快捷菜单中，选择"退出"选项。

6.5.2 视图平移

视图平移将会改变视图在屏幕上的显示位置，而不会改变图形中对象的实际位置与比例。用户可以使用平移视图命令重新确定其在绘图区域中的位置，以便看清图形的其他部分。此时不会改变图形中对象的位置或比例，只改变视图。平移包括实时平移、定点平移和方向平移。

6.5.2.1 实时平移

1. 命令执行方式

（1）菜单栏：根据菜单栏选择"视图"→"平移"→"实时平移"，如图 6-27（a）所示。

（2）工具栏："标准"工具栏→"实时平移"按钮" "。

（3）命令区：输入 pan 并按回车键确认。

（4）快捷菜单：右键平移，如图 6-27（b）所示。

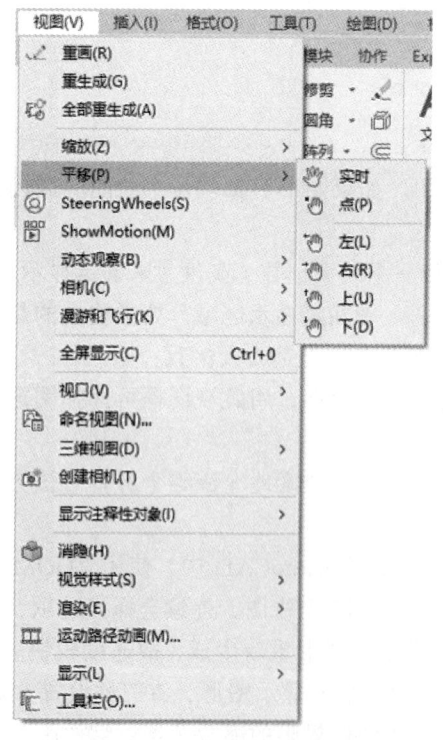

（a）平移子菜单　　　　　　　　（b）右键快捷菜单

图 6-27　平移菜单

2. 操作格式

执行完该命令后，此时光标指针变成一只小手"🖐"，按住鼠标左键拖动，窗口内的图形就可按光标移动的方向移动，释放鼠标，可返回到平移等待状态。按 Esc 键或回车键退出实时平移模式。

6.5.2.2 点平移和方向平移

该方式允许用户输入两点，以这两点之间的方向和距离来确定视图平移方向和距离。根据菜单栏选择"工具"→"视图"→"平移"→"点"，如图 6-27（a）所示。

选择该命令，可以通过指定基点和位移值来平移视图，如图 6-28 所示。

命令：pan
指定基点或位移：（指定基点位置或输入位移值）
指定第二点：（指定第二点确定位移和方向）

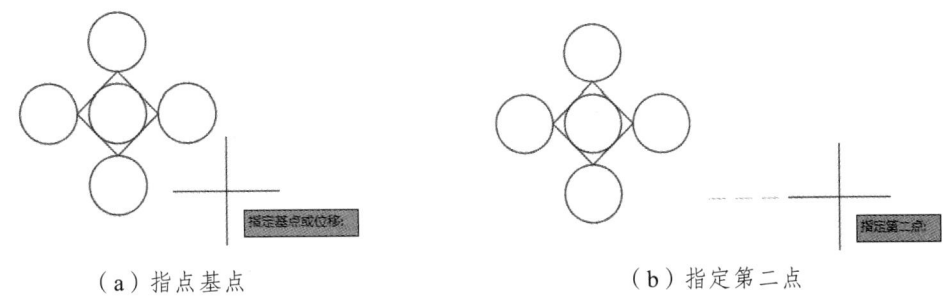

（a）指点基点　　　　　　　　　　（b）指定第二点

图 6-28　点位移过程

执行命令后，图形按指定的位移和方向平移。在"平移"子菜单中，还有"左""右""上""下"四个平移命令，选择该命令后，将视图向左、右、上、下移动一段距离，即在 X 轴或 Y 轴方向上移动。

6.5.3　鼠标滚轮平移

鼠标中间的滚轮也可以进行缩放和平移，在绘制图形过程中是极为便利的。
（1）滚轮向前滚动：放大显示界面。
（2）滚轮向后滚动：缩小显示界面。
（3）双击滚轮：等同于范围缩放，整个图形充满绘图区域。
（4）按住滚轮并拖拽：平移界面。

6.6　重画和重生成图形

在绘图和编辑过程中，由于操作的原因，使屏幕上常常留下对象的拾取标记，这些临时标记并不是图形中的对象，有时会使当前图形画面显得混乱，这时就可以使用 AutoCAD 的重画与重生成图形功能清除这些临时标记。

6.6.1 重画图形

在 AutoCAD 中,使用"重画"命令,系统将在显示内存中更新屏幕,消除临时标记。使用重画命令(REDRAW),可以更新用户使用的当前视区。

1. 命令的执行方式

(1)菜单栏:根据菜单栏选择"视图"→"重画",如图 6-29 所示。

(2)命令区:输入 redraw 并按回车键确认。

执行该命令后,屏幕上或当前视区中原有的图形消失,紧接着把该图形又重画一遍。一些编辑操作后遗留在显示区域中的零散像素,在重画后的图形中将不再出现。

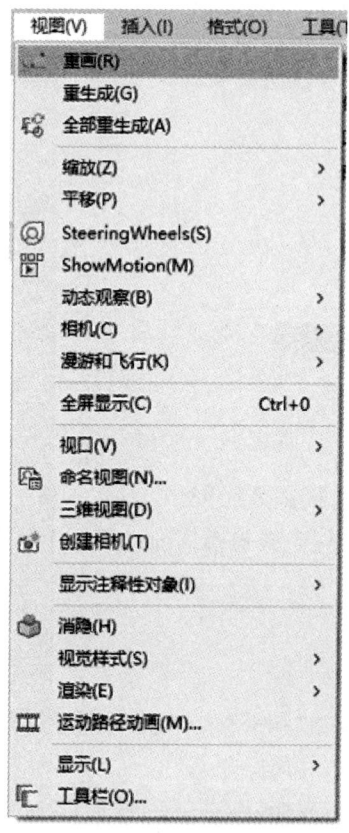

图 6-29 "视图"→"重画"/"重生成"

6.6.2 重生成图形

当界面重生成时,AutoCAD 将调整图形文件中的所有对象,并重新计算所有对象的屏幕坐标,使界面呈现最理想的显示效果。如当放大图形时,构成图形的光滑曲线或圆弧会变得不平滑,像由一段段直线构成,执行 REGEN 命令后,使图形重新生成,则图形又变得平滑光顺。

"重生成"命令有以下两种形式:

(1)选择"视图"→"重生成"命令(REGEN)可以更新当前视区,如图 6-29 所示。

(2)选择"视图"→"全部重生成"命令(REGENALL),可以同时更新多重视区。

思考与练习题

1. 绘制图形中,动态输入和命令行输入有什么联系?
2. 捕捉和对象捕捉的区别?对象捕捉模式有哪些?
3. 在使用 ZOOM 命令时是否把图形的真实尺寸改变了?范围缩放和全部缩放有什么区别?
4. 怎么利用鼠标进行图形缩放和平移?
5. 利用对象捕捉的命令,完成如图 6-30 所示图形的绘制。

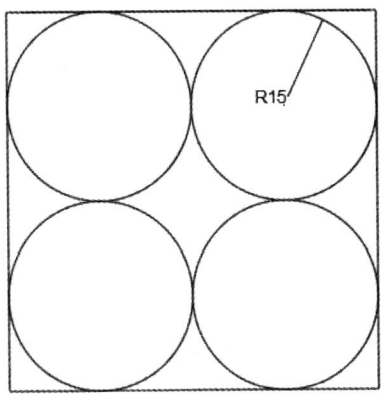

图 6-30 练习题一

第 7 章　文字与表格

> **导言：**文字对象是 AutoCAD 图形中很重要的图形元素，是制作图件中不可缺少的组成部分。在一个完整的图样中，通常都包含一些文字注释，进行必要的说明和注释。例如，标准的地形图、地籍图等都对图中的文字样式有一定的要求。此外，在 AutoCAD 2022 中可以创建不同类型的表格，以方便制图操作。

7.1　文字输入与编辑

在实际图形绘制中对文字的样式都有一定的要求，在 AutoCAD 2022 软件中输入文字都有与之相关联的文字样式，可以根据具体要求设置文字样式或创建新的样式。

7.1.1　文字样式的设置

标注之前，需要先给文本字体定义一种样式，文字样式是所用文字的外观，是对文字特性的一种描述，包括文字的"字体""大小""效果"等，具体有字体名、字体样式、颠倒、反向、宽度因子、倾斜角度等参数。

1. 命令的执行方式

（1）菜单栏：根据菜单栏选择"格式"→"文字样式"按钮。
（2）功能区：依次单击"注释"选项卡（图 7-1）→"文字"面板→"文字样式"按钮。

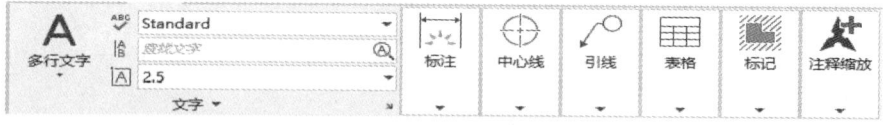

图 7-1　"注释"选项卡

（3）命令区：输入 ddstyle 或 style（缩写 st）并按回车键确认。

执行该命令后，将打开如图 7-2 所示的"文字样式"对话框。"样式"列表中显示了当前图形文件中已创建的所有文字样式，并显示当前文字样式名及其有关设置、外观预览。在该对话框内不但可以新建并设置文字样式，还可以修改或删除已有的文字样式等。

2. 设置文字样式

操作步骤如下：
第 1 步：用上述任一种方法调用"文字样式"命令，打开如图 7-2"文字样式"对话框。

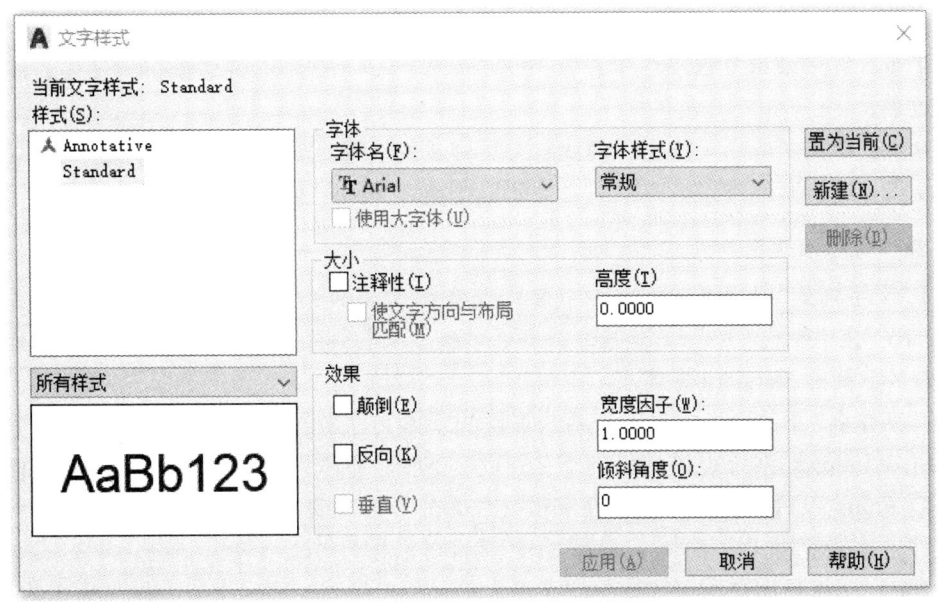

图 7-2 "文字样式"对话框

第 2 步：在"文字样式"对话框中，单击"新建（N）..."按钮，弹出如图 7-3 所示的"新建文字样式"对话框。

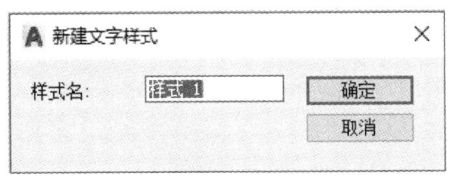

图 7-3 "新建文件样式"对话框

第 3 步：在"样式名"文本框中输入新样式名。
第 4 步：单击"确定"按钮，返回到主对话框，新的样式名显示在样式列表中，且被选中。
第 5 步：在"字体名"下拉列表框中选择某一字体，如图 7-4 所示。

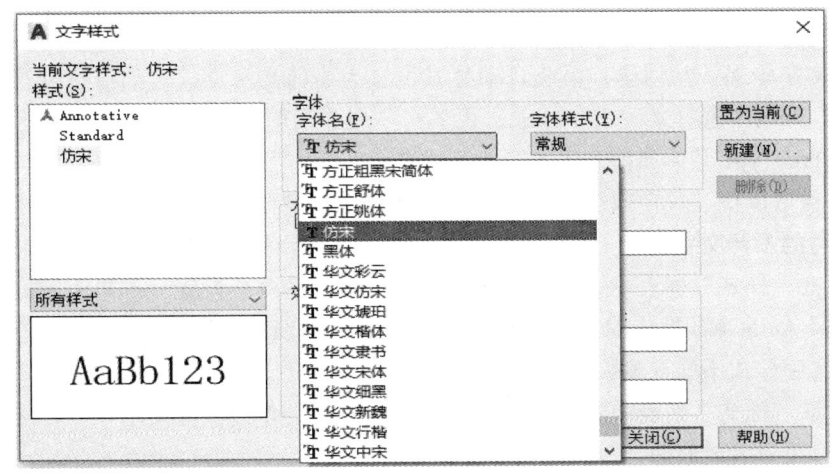

图 7-4 对"新建文件样式"进行设置

第 6 步：在"高度"文本框中设置文字的高度。

第 7 步：在"效果"选项组中设置文字的宽度因子、排列方式、倾斜角度等，确定文字的书写效果。

第 8 步：单击"应用"按钮，确认对文字样式的设置。

第 9 步：进行其他操作，或单击"关闭"按钮，关闭"文字样式"对话框。

3. 操作及选项说明

（1）"文字样式"对话框的"样式（S）"选项组中显示了文字样式的名称。默认文字样式为 Standard。在"样式（S）"文本框中用户可以通过单击鼠标右键进行文字样式的重命名，但无法重命名默认的 Standard 样式。

（2）"字体名"下拉列表中显示了系统提供的字体文件名。表中有两类字体，其中 TrueType 字体是由 Windows 系统提供的已注册的字体，SHX 字体为 AutoCAD 本身编译的存放在 AutoCAD Fonts 文件夹中的字体，在字体文件名前分别用前缀区别。只有"字体名"中指定 SHX 文件，才能使用"大字体"，只有 SHX 文件可以创建"大字体"。

（3）文字高度是用户所用字体中的字母大小，如果将固定高度指定为文字样式的一部分，则在创建单行文字时将不提示输入"高度"。如果文字样式中的高度设置为 0，每次创建单行文字时都会提示用户输入高度。要在创建文字时指定其高度，请将高度设置为 0。

（4）文字倾斜角度为相当于 Y 轴正方向的倾斜角度，其值为-85°~85°。倾斜角度的值为正时，文字向右倾斜；倾斜角度的值为负时，文字向左倾斜。

（5）文字各种书写效果如图 7-5 所示，由图 7-2 可以看到，效果中的"垂直"是灰色的，只有当"使用大字体"的字形时才能显示。

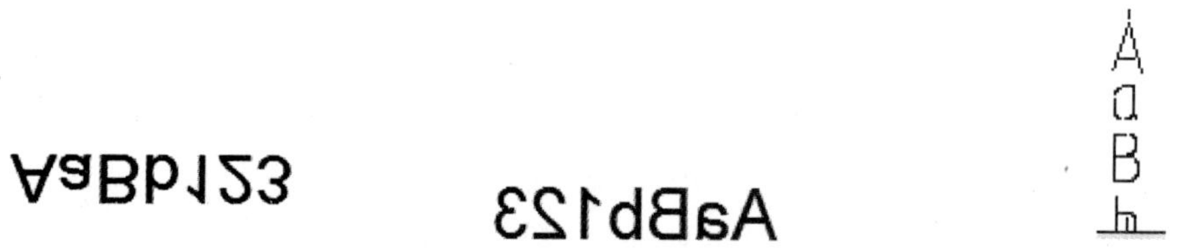

（a）颠倒　　　　　　　（b）反向　　　　　　　（c）垂直

图 7-5　文字效果

（6）新文字样式一旦创建，系统自动将其设置为当前文字样式。如需改变当前样式，可以在"样式"列表中选择某一文字样式，再单击"置为当前"按钮。

【注 1】TrueType 字体和符号不支持垂直方向。

【注 2】设置颠倒、反向效果不影响多行文字，而宽度比例和倾斜角度可应用于新注写的文字和已注写的多行文字。

【注 3】在"样式"列表中选择某一文字样式，可以修改其设置，或单击"删除"按钮，将其删除。但 AutoCAD 默认的"Standard 标准样式"不允许重命名和删除。另外，图形文件中已使用的文字样式不能被删除。

【注 4】在"样式"列表中的某一文字样式名上右击，弹出快捷菜单，可以将所选文字样式置为当前、重命名或删除。

4. 例题

在 AutoCAD 2022 中,创建文字样式为"注记",要求其字体为仿宋,倾角为 0°,宽度因子为 1。

具体方法如下:

(1) 在"文字样式"对话框中单击"新建"按钮,弹出"新建文字样式"对话框,在"样式名"文本框中输入"注记",如图 7-6 所示,单击"确定"按钮,创建了一个名为"注记"的新文字样式。

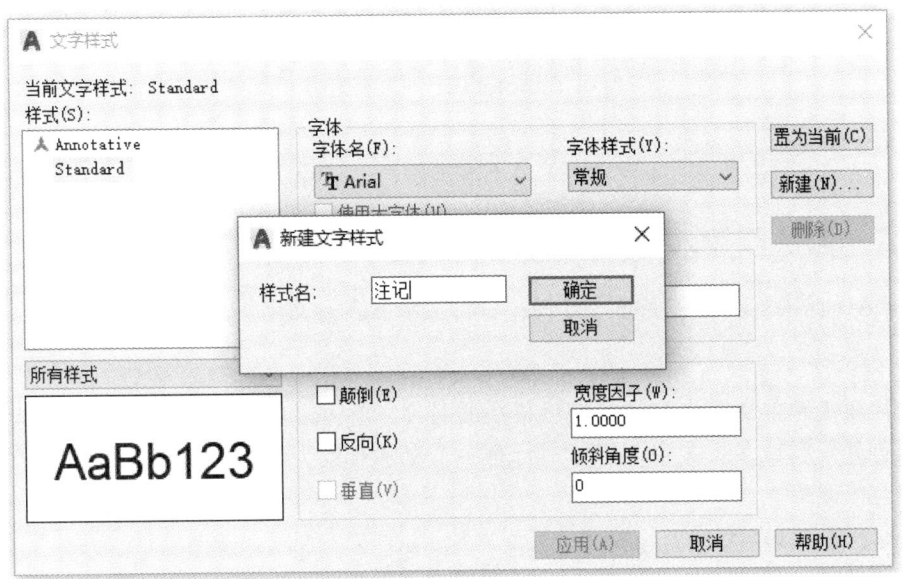

图 7-6 创建"注记"文字样式

(2) 在"字体名"下拉列框中选择仿宋,如图 7-7 所示。

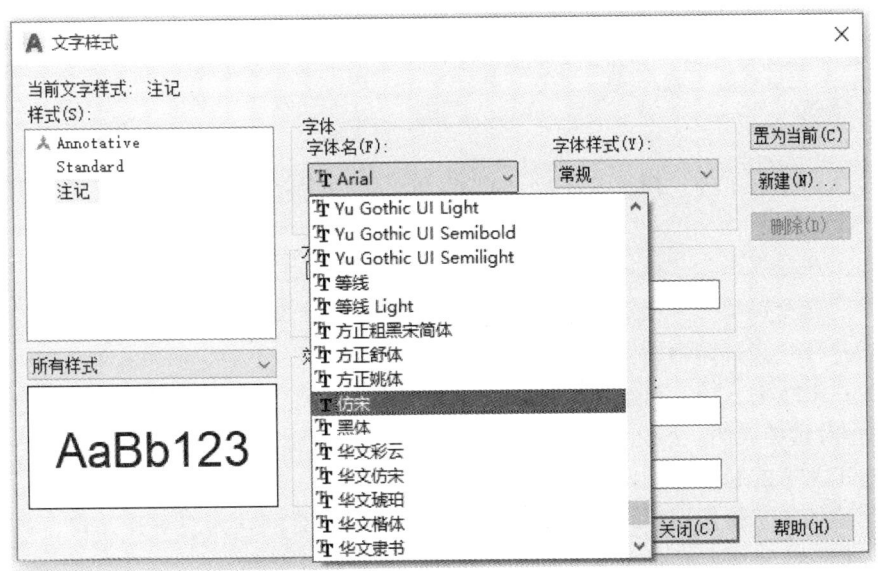

图 7-7 文字样式的字体设置

（3）在"效果"选项组中设置文字的宽度因子为1、倾斜角度为0°。

（4）完成上述设置后，单击"应用"按钮，再单击"关闭"按钮，完成对文字样式"注记"的设置。此时"注释"选项卡的"文字"面板中的"文字样式"下拉列表中就有了刚刚新创建的"注记"文字样式，如图7-8所示。

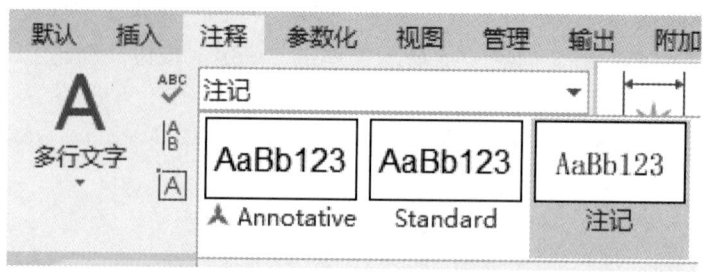

图7-8 "文字样式"下拉列表中的"注记"文字样式

7.1.2 文字的输入

AutoCAD提供了两种文字输入方式：单行文字、多行文字。

1. 单行文字

对于比较简单的文字内容，如自然村庄的名称，就可以用单行文字的方式来创建，单行文字可以创建一行或多行文字，但每一行是一个文字对象，用户可以对其进行重定位、调整格式或进行修改等。

1）命令的执行方式

（1）菜单栏："绘图"→"文字"→"单行文字"按钮。

（2）功能区：依次单击"注释"选项卡或者"默认"选项卡的"注释"面板中的"单行文字"按钮" "。

（3）命令区：输入dtext（缩写dt）或text并按回车键确认。

2）创建单行文字

操作步骤如下：

第1步：启动"单行文字"命令。

第2步：命令提示为"指定文字的起点或[对正（J）/样式（S）]："时，在合适位置指定注写单行文字的起点。

第3步：命令提示为"指定高度<2.5000>："时，输入文字的高度值，回车。

第4步：命令提示为"指定文字的旋转角度<0>：输入文本旋转的角度，回车。

第5步：在"文字编辑器"中，输入文字。

第6步：继续输入第二行文字，或回车结束命令。

3）操作及选项说明

（1）指定文字的起点：指定文字对象的起点。

（2）创建的文字将使用系统提示的当前文字样式，并且默认为左对齐方式。

对正（J）：控制文字的对正方式。选择该项将出现如下提示：

[左（L）/居中（C）/右（R）/对齐（A）/中间（M）/布满（F）/左上（TL）/中上（TC）

/右上（TR）/左中（ML）/正中（MC）/右中（MR）/左下（BL）/中下（BC）/右下（BR）]：用于设置文字的排列方式。

样式（S）：指定文字样式，文字样式决定文字字符的外观。选择该选项将出现如下提示：

输入样式名或[?]<Standard>：用户可以输入当前文字样式的名字，也可以输入"?"，显示当前图形已有的文字样式。

（3）在指定高度时，如果在屏幕上点击一点响应，则该点与起点的距离即为文字高度。

（4）在指定文字的旋转角度后，屏幕上在指定的文字对齐点处出现单行文字的"文字编辑器"，该编辑器是一个带有光标、高度为文字高度的矩形框，每输入一个文字都会在光标处显示出来，且编辑器边框随着文字的输入而展开。输入一行文字后，回车，光标自动下移一行，则新一行文字的对齐方式和文字属性不变。

当再次执行该命令时，如果在"指定文字的起点"提示下回车，则将跳过输入高度和旋转角度的提示，直接在上一命令的最后一行文字的对齐点下方出现"文字编辑器"，且文字的对齐方式和文字属性不变。

4）特殊字符的输入

在绘制图形的过程中，经常会用到一些特殊的字符，用来表示直径、度、正负号等。有时还要给文字添加上划线、下划线等修饰。这些字符无法通过键盘直接输入，在用"单行文字"命令时，AutoCAD 为输入这些字符提供了一些简洁的控制码，通过从键盘上直接输入这些控制码，可以达到输入特殊字符的目的。在 AutoCAD 中，常见的控制码及其对应的特殊字符如表 7-1 所示。

表 7-1 控制符号

控制符号	作用
%%C	用于生成直径符号"φ"
%%D	用于生成角度符号"°"
%%O	用于打开或关闭文字的上划线
%%U	用于打开或关闭文字的下划线
%%P	用于生成正负符号"±"
%%%	用于生成百分比符号"%"

在 AutoCAD 中，"%%O"和"%%U"分别是上划线和下划线的开关，即第一次使用这两个符号时，打开上划线和下划线，第二次使用，则是关闭上划线和下划线。

5）例题

在 AutoCAD 2022 中，输入文字"能够利用单行文字输入直径：$\phi 50$"，要求其字体高度为 5，文字的旋转角度为 0°。

具体方法如下：

（1）启动单行文字命令。

（2）指定文字的起点或[对正（J）/样式（S）]：用光标指定位置。

指定高度<6.2760>：输入 5。

指定文字的旋转角度<0>：默认是 0，可以直接回车。

（4）在文本框中输入例题要求的文字，注意下划线%%U的开关作用，具体输入内容如图 7-9 所示。

能够利用单行文字输入直径：Ø50

图 7-9 输入文字样例

2. 多行文字

"多行文字"又称为段落文字，是由任意数目的文字行或段落组成的，布满指定的宽度，是一种更易于管理的文字对象，可以由两行以上的文字组成，而且各行文字都是作为一个整体处理，可以移动、旋转、删除、复制、镜像、拉伸或缩放。对于较长、较为复杂的内容，就可以创建多行或段落文字。

1）命令的执行方式

（1）菜单栏："绘图"→"文字"→"多行文字"。

（2）功能区：依次单击"注释"选项卡或者"默认"选项卡的"注释"面板中的"多行文字"按钮"A"。

（3）命令区：输入 mtext（或 mt）并按回车键确认。

2）创建多行文字

操作步骤如下：

第 1 步：启动"多行文字"命令。

第 2 步：命令提示为"指定第一角点："时，在适当位置指定多行文字矩形边界的一个角点。

第 3 步：命令提示为"指定对角点或[高度（H）/对正（J）/行距（L）/旋转（R）/样式（S）/宽度（W）/栏（C）]："时，在适当位置指定多行文字矩形边界的另一个角点。

【注】矩形边界宽度即为段落文本的宽度，多行文字对象每行中的单字可自动换行，以适应文字边界的宽度。矩形框底部向下的箭头说明整个段落文本的高度可根据文字的多少自动伸缩，不受边界高度的限制，如图 7-10 所示。

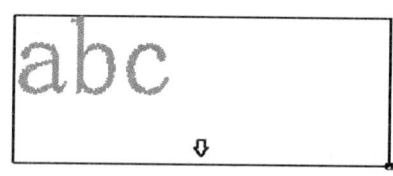

图 7-10 多行文字输入矩形边界框

第 4 步：在"文字编辑器"中，根据需要设置文字格式及多行文本的段落外观。

第 5 步：在"带标尺的文本框"中输入文字。

第 6 步：单击"确定"按钮，完成多行文字的注写。

3）操作及选项说明

在指定第一角点后，指定对角点之前，可以通过命令行以下选项设置文本的外观：

（1）对角点：直接指定一点后，系统以指定的两点形成的矩形区域的宽度作为文字行的宽度，以左上角作为文字行顶点的起始点。

（2）高度（H）：指定文字高度。

（3）对正（J）：指定多行文本的对齐方式，系统默认的对齐方式为"左上"对齐。

（4）行距（L）：设置多行文本的行距。

（5）旋转（R）：指定文字边界的旋转角度。在确定文字边界旋转角度时，如果使用光标定点，则旋转角度通过 X 轴与由第一个角点和指定点定义的直线之间的角度来确定。

（6）样式（S）：指定当前文字样式。

（7）宽度（W）：设置矩形多行文本边界的宽度。如果用"宽度"选项，指定文本行宽度后，直接打开"文字编辑器"；如果设置的宽度值为 0，文字换行功能将关闭，只能按回车键换行，而段落文本的宽度与最长的文字行宽度一致。

（8）栏（C）：以指定的第一点为起点，按照定义的栏宽、栏高和栏间距分栏输入多行文字。可以指定每一栏的宽度、两栏之间的距离、每一栏的高度等。

4）利用多行文字"文字格式"对话框编辑文本

"文字编辑器"由"文字格式"对话框、带标尺的文本框等组成，如图 7-11 所示。利用"文字格式"对话框可以对多行文字的字符及段落进行各种编辑。

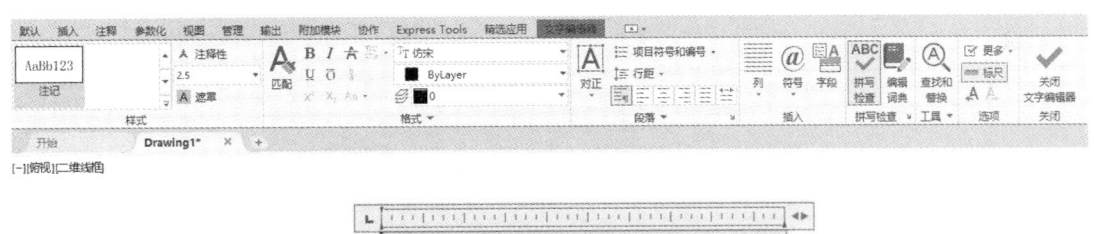

图 7-11 多行文字编辑器

文字格式主要包括：文字样式、文字字体、文字高度、文字的字符格式等。用户可以在如图 7-12 所示的"文字格式"工具栏内进行设置。利用"多行文字"命令，用户可以在"在位文字编辑器"中由"符号"选项选择所需要的字符。

图 7-12 "文字格式"对话框

① 文字的字符格式中粗体、斜体、下划线、上划线、大小写等可以通过单击相应的按钮进行设置

② 设置字符倾角，在"倾斜角度"文本框内输入字符相对于 Y 轴正方向的倾斜角度。

③ 设置字符间距，在"追踪"文本框内输入字符间距值，常规间距为 1.0。间距大于 1.0，则增大字符间距；间距小于 1.0，可减小字符间距。

④ 设置字符宽度比例，在"宽度比例"文本框内输入字符宽度与高度比例值。

⑤ 单击"行距"按钮，从菜单中选择合适的行距，或选择"其他"，打开"段落"对话框，为当前段落或选定段落设置行距。

⑥ "单击多行文字对应"按钮，在其下拉菜单的 9 个选项中，选择对齐方式。

单击各个段落对齐按钮，设置当前段落或选定段落的左右文字边界的对齐方式。

⑦单击"编号"按钮、弹出项目与编号菜单。可以为新输入或选定的文本创建带有字母、数字编号或项目符号标记的列表。选择"关闭"选项,则从选定的文本中删除标记列表格式,而不修改缩进。

⑧单击"栏数"按钮,可以选择分栏类型,默认为"动态栏"的"手动高度"选项。选择"分栏设置"选项,将弹出"分栏设置"的对话框,进行分栏格式设置,分栏类型为"动态栏"的"自动高度",栏宽50、栏间距5、栏高度40,文字高度为5的分栏文本。

5)多行文字的堆叠

在多行文字中,表示分数或公差的字符可以按照对应的标准设置格式,这样就形成了堆叠字符。所谓的堆叠文字是指应用于多行文字对象和多重引线中的字符的分数和公差格式。在AutoCAD中,可以使用如表7-2所示的特殊字符来指示如何堆叠选定的文字。

表7-2 使用特殊字符堆叠选定的文字

特殊字符	堆叠方式	举例
斜杠(/)	以垂直方式堆叠文字,由水平线分隔	$1/2 \rightarrow \frac{1}{2}$
井字符(#)	以对角形式堆叠文字,由对角线分隔	$3\#5 \rightarrow \frac{3}{5}$
插入符号(^)	创建公差堆叠(垂直堆叠,且不用直线分隔)	$30+0.6\^-0.3 \rightarrow 30^{+0.6}_{-0.3}$

输入要堆叠的文字,并包含有特定字符(如斜杠"/"、井字符"#"或插入符号"^")作为分隔符。如果输入由堆叠字符分隔的数字,接着按空格键或回车键,则AutoCAD系统会启用自动堆叠功能。例如输入"3/5",接着按空格键,则自动堆叠成如图7-13(a)所示的形式。

如果不希望自动堆叠,那么可以在输入框处单击出现的图标按钮" ",接着从中选择编辑选项,也可以设置堆叠特性。如果不想自动堆叠,那么单击图标按钮并选择 "非堆叠"选项,如图7-13(b)所示,非堆叠后选择真正要堆叠的文字字符,再在"文字编辑器"功能区上下文选项卡的"格式"面板中单击"堆叠"按钮" ",从而实现正确的堆叠效果。

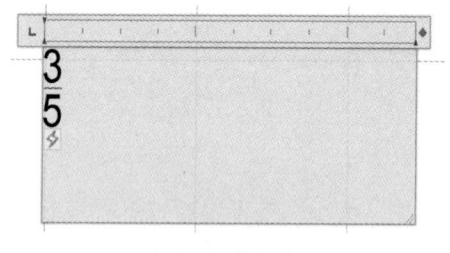
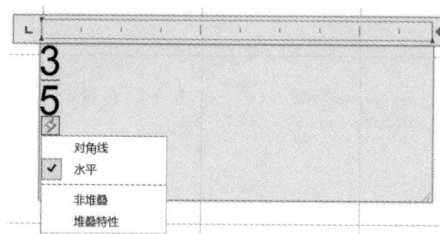

(a)自动堆叠　　　　　　　　(b)对自动堆叠进行编辑

图7-13 "自动堆叠特性"对话框

6)例题

用上一例题创建的"注记"文字样式,创建多行文字,文字高度为5,输入以下内容:
注记
1.治理区Ⅰ四周边坡稳定,边坡高度8~22 m,坡度约60°~75°;
2.治理区Ⅱ四周边坡稳定,边坡高度8~25 m,坡度约65°~75°。
具体方法如下:

(1)启动多行文字命令,打开"文字格式"对话框。

(2)在"文字编辑器"功能区上下文选项卡的"样式"面板中选择新样式名"注记",如图 7-14(a)所示;此时完成"注记"文字样式的设置,如图 7-14(b)所示,字体为仿宋,文字高度为"5"。

(3)在矩形输入框的光标处输入第一行文字为"注记",按回车键后再输入一段文字,然后按回车键继续输入一段文字,如图 7-10 所示。在带标尺的文本框中输入例题要求的文字,如图 7-15 所示。

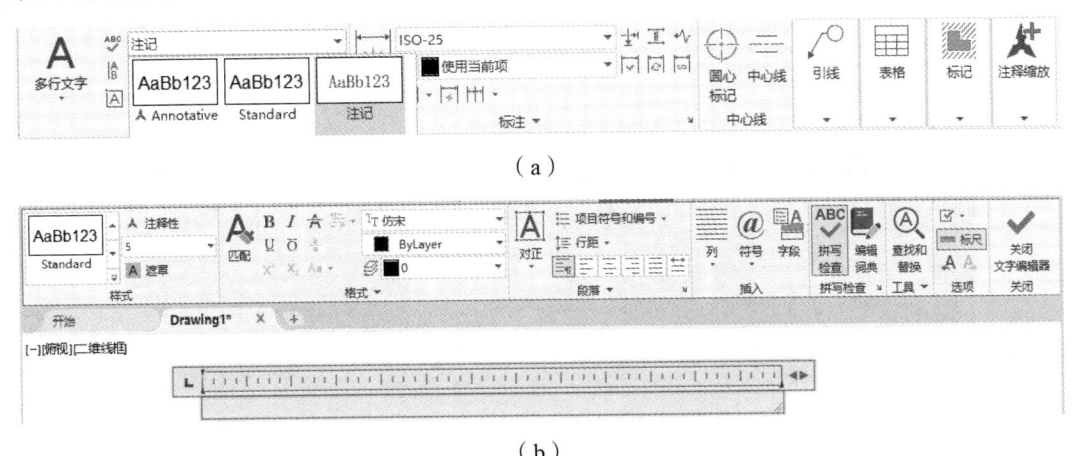

图 7-14 "文字格式"对话框设置

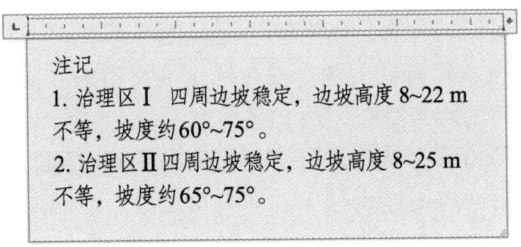

图 7-15 输入要求的文字

(4)在输入框中选择第一行(这里指第 1 段)文字"注记",接着在"文字编辑器"的"段落"面板中单击"居中"按钮"　",在输入框中选择"1. 治理区Ⅰ四周边坡稳定,边坡高度 8~22 m 不等,坡度约 60°~75°;2. 治理区Ⅱ四周边坡稳定,边坡高度 8~25 m 不等,坡度约 65°~75°。"一段文字,确保在"段落"面板中单击"左对齐"按钮"　",接着在输入框的标尺中拖动相应滑块调整首行缩进,完成输入的文字效果如图 7-16 所示。

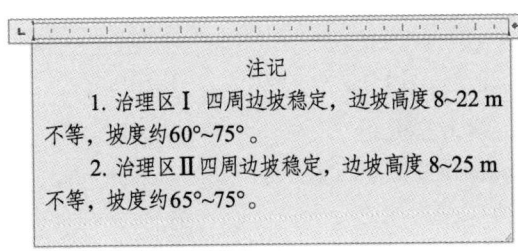

图 7-16 输入文字效果

7.1.3 文字对齐方式

AutoCAD 2022 为单行文字的水平文本行规定了 4 条定位线：顶线（Top Line）、中线（Middle Line）、基线（Base Line）、底线（Bottom Line），顶线为大写字母顶部所对齐的线，基线为大写字母底部所对齐的线，中线处于顶线与基线的正中间，底线为长尾小写字母底部所在的线，汉字在顶线和基线之间。

各对齐点分别对应的对齐方式如图 7-17 所示，包括左对齐（L）、居中对齐（C）、中间对齐（M）、右对齐（R）、左上对齐（TL）、中上对齐（TC）、右上对齐（TR）、左中对齐（ML）、正中对齐（MC）、右中对齐（MR）、左下对齐（BL）、中下对齐（BC）、右下对齐（BR）。各对齐点即为文本行的插入点。

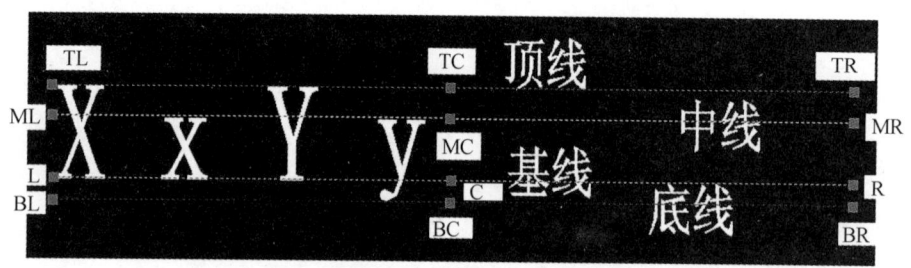

图 7-17 文字对齐方式

另外还有以下两种对齐方式：

（1）对齐（A）：指定文本行基线的两个端点确定文字的高度和方向，系统将自动调整字符高度使文字在两端点之间均匀分布，而字符的宽高比例不变。

（2）布满（F）：指定文本行基线的两个端点确定为文字的方向，系统将调整字符的宽高比例以使文字在两端点之间的均匀分布，而文字高度不变。

以上两种对齐方式中所有文字均匀地分布于指定的两点之间，如果水平连线不水平，则文本倾斜放置，倾斜角度由两点的连线与 X 轴的夹角确定。

7.1.4 文字的编辑

在文字注写之后，常常需要对文字内容和文字特性进行编辑和修改。AutoCAD 中提供了"编辑文字"命令、对象"特性"选项板等方式来对文字进行编辑。

7.1.4.1 "编辑文字"命令编辑文本

利用"编辑文字"命令可以编辑、修改文本内容，一次可以修改多个文本。

1. 命令执行的方式。

（1）菜单栏："修改"→"对象"→"文字"→"编辑"。

（2）鼠标：选中文字，双击左键。

（3）命令区：输入 ddedit 并按回车键确认。

2. 操作步骤

第 1 步：启动"编辑文字"命令。

第 2 步：命令提示为"选择注释对象或[放弃（U）]："时，选择需要编辑、修改的单行文字或多行文字，系统出现"文字编辑器"。

第 3 步："文字编辑器"内，选中需要修改的文字，使其亮显，输入新文字内容，回车（如修改的是多行文字，则单击"确定"按钮）。

第 4 步：命令再次提示为"选择注释对象或[放弃（U）]："时，选择另一个文字对象进行修改，或回车结束命令。

7.1.4.2 对象"特性"选项板编辑文本

用户可以利用对象"特性"选项板编辑文本的内容和特性。

1. 命令执行的方式

（1）菜单栏："修改"→"特性"。

（2）图标："标准"工具栏中的"图标"按钮" "。

（3）命令区：输入 properties（或 ddmodify、props）并按回车键确认。

（4）快捷菜单：在文字上单击右键弹出"右键快捷菜单"选择"特性"，如图 7-18 所示。

图 7-18　文字特性选项板

7.2　表格的绘制

表格使用行和列以一种简洁清晰的形式提供信息，常用于一些机械、工程等图形中。

表格使用行和列以一种简洁清晰的形式提供信息，在工程中大量使用表格，如标题栏和明细栏都属于表格的应用。表格的外观由表格样式控制，在 AutoCAD 中，用户可以创建合适的表格样式。

7.2.1 表格样式设置

表格样式用于保证标准的字体、颜色、文本、高度和行距。用户可以使用默认的表格样式 standard，也可以根据需要自定义表格样式。

1. 命令执行的方式

（1）菜单栏："格式"→"表格样式"。

（2）功能区：单击"注释"选项卡→"表格"面板→"表格样式"按钮"⇘"，或单击"默认"→"注释"面板中→"表格样式"按钮"▦"。

（3）命令区：输入 tablestyle（缩写 ts）并按回车键确认。

2. 创建表格样式

操作步骤如下：

第 1 步：用上述任意一种方法调用"表格样式"命令，打开如图 7-19 所示的"表格样式"对话框。

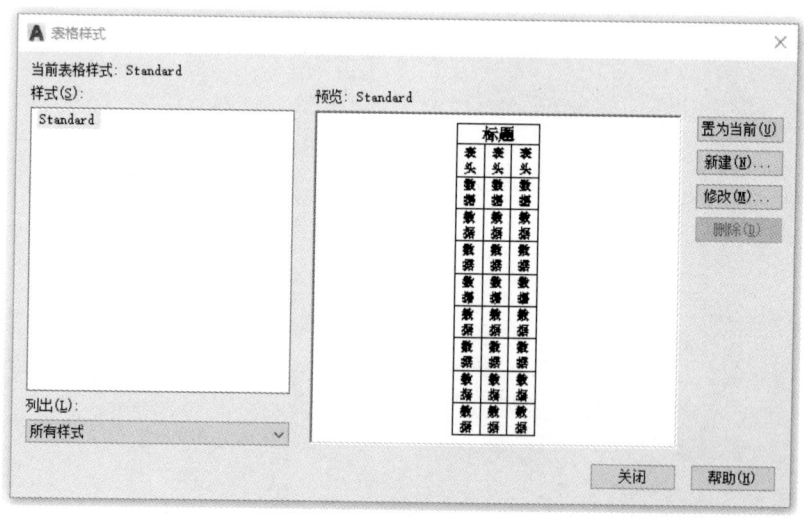

图 7-19　"表格样式"对话框

第 2 步：在"表格样式"对话框的"样式"列表框中有一个名为"Standard"的表格样式，不用改动它，单击"新建"按钮，弹出"创建新的表格样式"对话框，在"新样式名"文本框中输入"统计表"，表示专门为统计表新建一个名为"统计表"的表格样式。对话框如图 7-20 所示，单击"继续"按钮后，将弹出如图 7-21 所示的"新建表格样式"对话框。

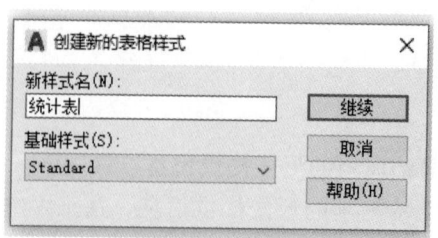

图 7-20　"创建新的表格样式"对话框

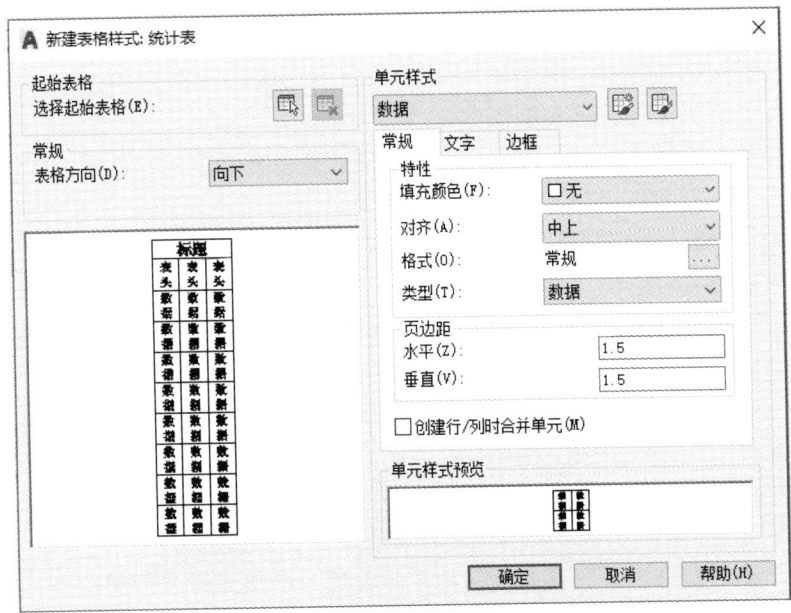

图 7-21 "新建表格样式"对话框

第 3 步：用户可以根据需要在单元样式下拉列表框中选择数据、列标题和标题任一种单元样式，对其进行常规特性、文字特性和边框特性等选项组的设置。

3. 操作及选项说明

（1）设置常规表格方向。

在"常规"选项组的"表格方向"下拉列表中选择"向上"选项，这是统计表的形式，数据向上延伸。表格里面有 3 个基本要素，分别是"标题""表头""数据"，在"单元样式"下拉列表中控制，在预览图形中可以看见这三个要素分别代表的部位，如图 7-22 所示。

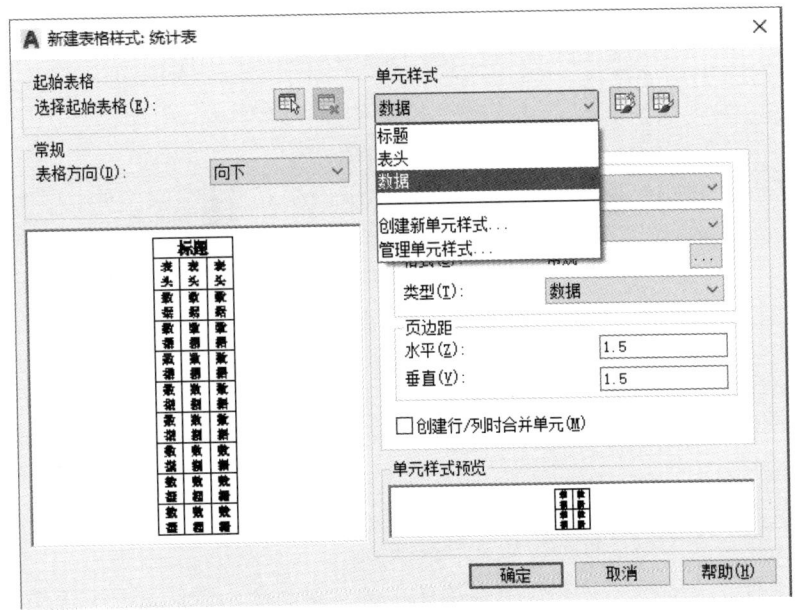

图 7-22 设置常规表格方向

（2）设置常规特性。

在"常规特性"选项组中（图7-23），主要进行填充颜色、对齐、格式、类型、页边距及表格方向等特性的设置，各选项功能如下：

①"填充颜色"下拉列表框：用于设置表格的背景填充颜色。默认值为"无"。

②"对齐"下拉列表框：用于设置表单元中的文字的对齐方式。即文字相对于单元的顶部边框和底部边框进行居中对齐、上对齐、下对齐或文字相对于单元的左边框和右边框进行居中对正、左对正或右对正。

③"格式"下拉列表框：用于设置文字的格式，如小数点的位数，角度的表示格式等，点击后面的"浏览"按钮，打开"表格单元格式"对话框，从中设置数据的显示格式。

④"类型"下拉列表框：用于设置表格的类型为数据还是标签。

⑤"单元边距"选项组：在"水平"和"垂直"文本框中，主要用于设置表单元内容距边线的水平和垂直距离。

⑥"表格方向"下拉列表框：用于用户根据需要设置表格的方向是向上还是向下。

⑦"创建行/列时合并单元"复选框：用于将使用当前单元样式创建的所有新行或新列合并为一个单元。

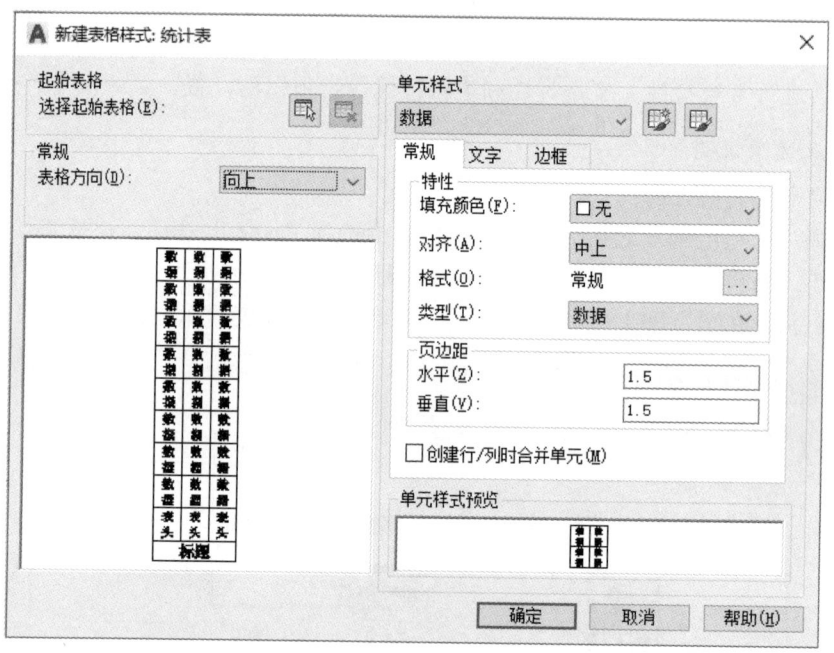

图7-23　设置常规特性

（3）设置文字特性。

在"文字特性"选项组中，主要进行文字样式、高度、颜色、角度等特性的设置，各选项功能如下：

①"文字样式"下拉列表框：用于选择需要的文字样式，用户也可以单击其后的"浏览"按钮，打开"文字样式"对话框，设置文字样式。

②"文字高度"文本框：用于设置表单元中的文字高度，默认情况下数据和列标题的文字高度为4.5，标题的文字高度为6。

③"文字颜色"下拉列表框：用于设置文字的颜色。

④"文字角度"文本框：用于设置文字的倾斜角度。默认的文字角度为0°，可以输入-359°~359°之间的任何角度。

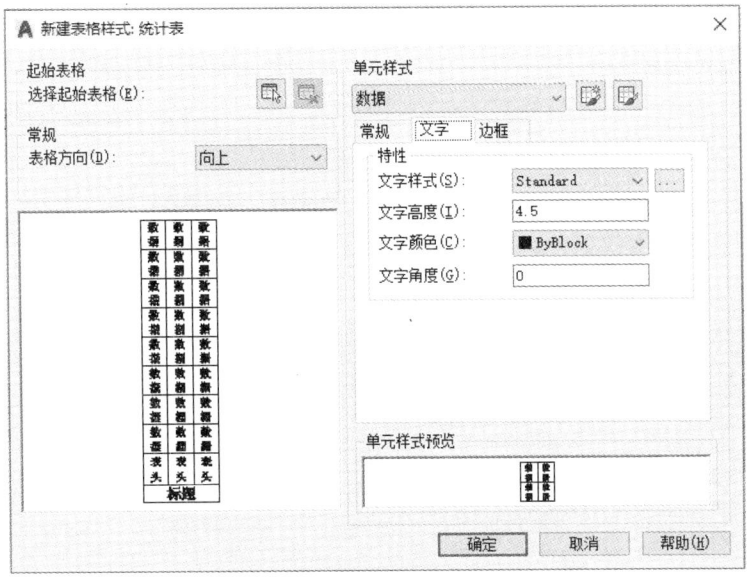

图 7-24　设置文字特性

（4）设置边框特性。

在"边框特性"选项组中（图 7-25），可以单击下面 8 个边框设置按钮，进行表格的边框有无的设置，当表具有边框时，还可以在"线宽"下拉列表框中选择表格的边线宽度，在"线型"下拉列表框中选择表格的边框线型，在"颜色"下拉列表框中设置表格的边框颜色。如果选中"双线"复选框，还可以设置双线的间距。

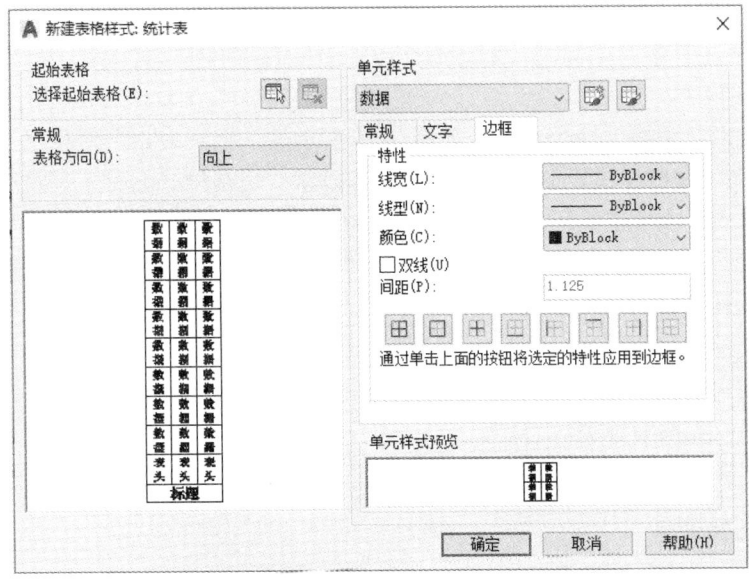

图 7-25　设置边框特性

7.2.2 创建表格

表格样式设置完成以后，就可以进行表格的创建。

1. 命令执行的方式

（1）菜单栏："绘图"→"表格"。

（2）功能区：单击"注释"选项卡→"表格"面板→"表格"按钮"⊞"，或单击"默认"→"注释"面板中→"表格样式"按钮"⊞"。

（3）命令区：输入 table（缩写 tb）并按回车键确认。

执行以上任意一种方法后，可打开"插入表格"对话框，如图 7-26 所示。

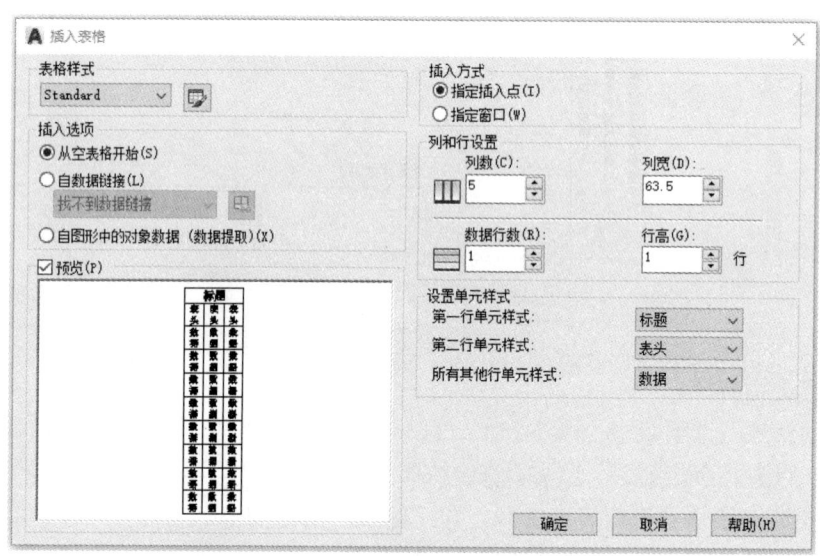

图 7-26 "插入表格"对话框

2. 创建表格

操作步骤如下：

第 1 步：启动"表格"命令，打开如图 7-26 所示的"插入表格"对话框。

第 2 步：在"表格样式设置"选项组中，可以从"表格样式名称"下拉列表框中选择已设置好的表格样式，或单击其后的按钮，打开"表格样式"对话框，创建新的表格样式。

第 3 步：在"插入选项"选项组中，指定表格的插入点或者指定表格的插入窗口。

第 4 步：设置列数和列宽。

第 5 步：设置行数和行高。

第 6 步：在"设置单元样式"选项组中，可以进行第一行、第二行和所有其他行单元样式为标题、表头或数据的设置。

第 7 步：点击"确定"按钮。

3. 操作及选项说明

（1）选择"从空表格开始"单选按钮，可以完成能够手动填充数据的空表格的创建。

（2）选择"自数据链接"按钮，从变亮的数据链接下拉列表框中选择数据链接，或单击后面的"启动数据链接管理器对话框"按钮,创建一个新的数据链接,从外部电子表格中的数据完成表格的创建。

(3)选择"自图形中对象数据(数据提取)"单选按钮,将启动"数据提取"向导,以完成表格的创建。

(4)选择"指定插入点"单选按钮,可以在绘图窗口中的某点插入固定大小的表格,表格大小通过改变"列""列宽""数据行"和"行高"文本框中的数值来调整表格的外观大小。

(5)选择"指定窗口"单选按钮,可以在绘图窗口中通过拖动表格边框来创建任意大小的表格,指定表格的大小和位置。也可以在命令提示下输入坐标值,选定此选项时,行数、列数、列宽和行高取决于窗口的大小,以及列和行设置。

4. 例题

绘制如表 7-3 所示的表格,其中标题文字字体为黑体,高 6;表头字体为宋体,高 4.5;数据字体为仿宋,高 3。

表 7-3　界址点坐标汇总

界址点坐标汇总		
点号	纵坐标 X/m	横坐标 Y/m
J1	3 749 375.409	38 395 235.468
J2	3 749 415.759	38 395 286.252
J3	3 749 403.746	38 395 293.995
J3	3 749 373.492	38 395 236.700
J1	3 749 375.409	38 395 235.468

具体方法如下:

(1)启动表格命令,打开"表格"对话框,然后点击"表格样式"按钮打开"创建新的表格样式"对话框,在新样式名中输入"汇总表",如图 7-27 所示。

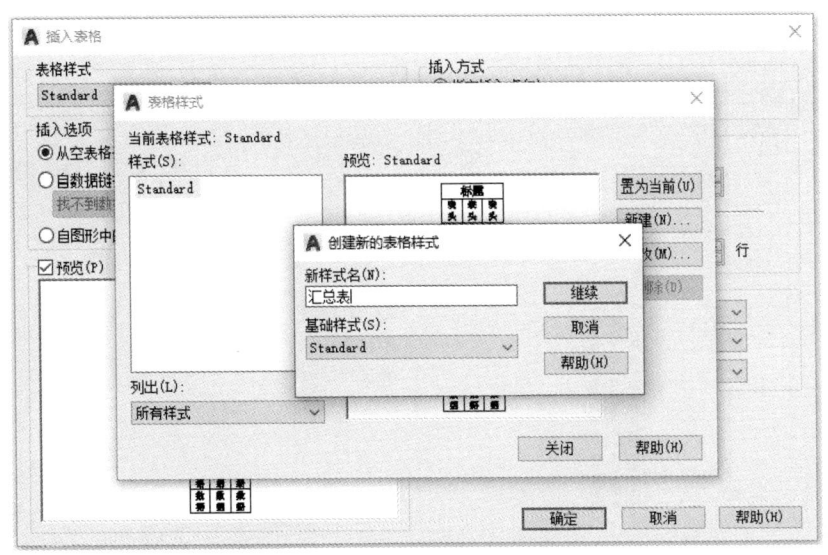

图 7-27　"创建新的表格样式"对话框(汇总表样式)

（2）点击"继续"按钮，打开"新建表格样式：汇总表"对话框，在此对话框的"文字"选项组，打开"文字样式"对话框，设置标题文字字体为黑体，高6，如图7-28所示；表头字体为宋体，高4.5；数据字体为仿宋，高3。

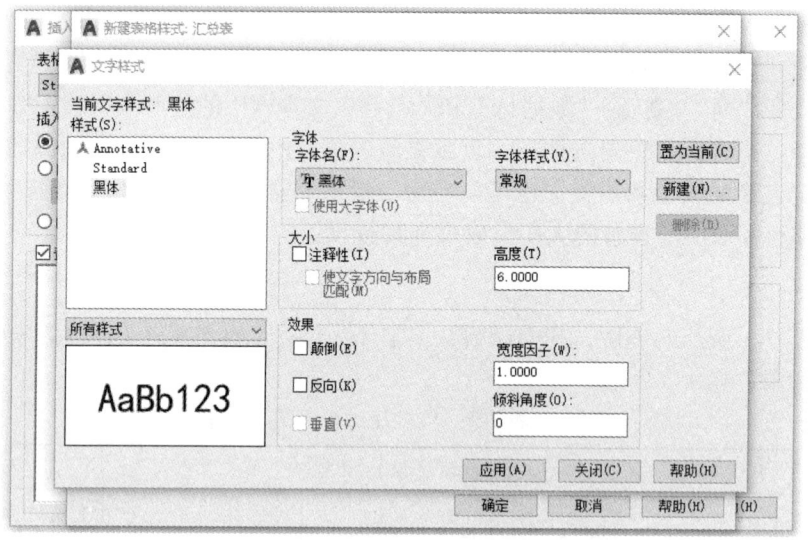

图7-28　新建"文字样式"

（3）点击"应用"和"关闭"按钮，退出"文字样式"对话框。

（4）此时，进入"新建表格样式：汇总表"对话框，点击"确定"按钮。

（5）此时进入"表格样式"对话框，将接图表选中，点击"置为当前"按钮，点击关闭，退出"表格样式"对话框。

（6）此时进入"插入表格"对话框。

（7）在"插入表格"对话框中在"列和行设置"选项组，行数输入5，列数输入3；在"设置单元格样式"选项组，将第一行单元样式设置为"标题"，第二行单元样式设置为"表头"，所有其他行单元格样式设置为"数据"，单击"确定"按钮。如图7-29所示。

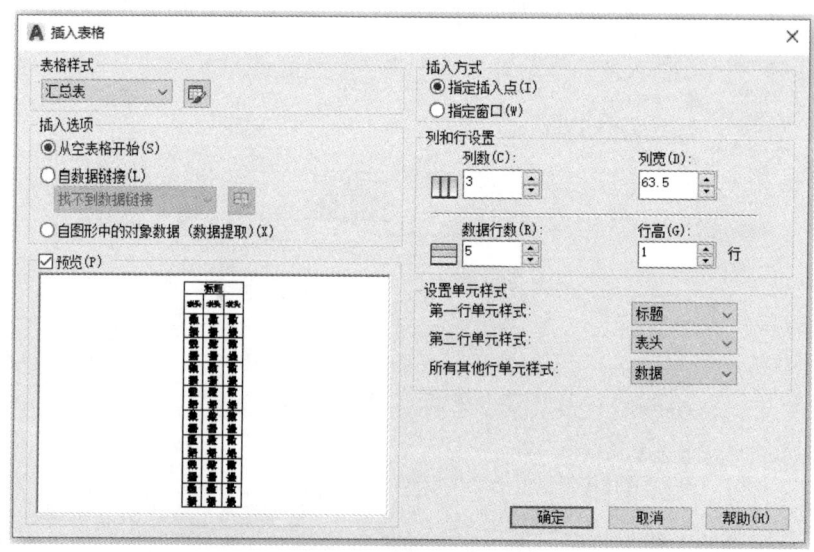

图7-29　插入表格对话框

(8)进入绘制表格命令,命令行要求插入点,可以在绘图窗口中的某点或者采用坐标输入的方式确定表格位置

(9)在单元格中输入文字,当完成一个单元格文字设置后,在相邻的单元格中双击,就可以继续进行文字的输入,如图7-30所示。

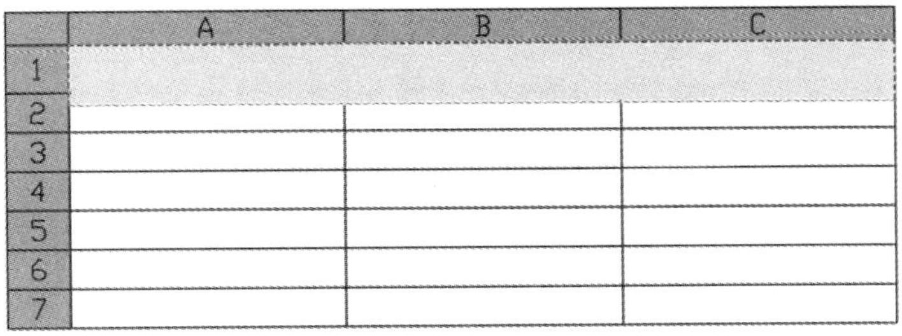

图 7-30 表格中输入文字

经过上述操作,即可得到如表7-3所示的表格。

7.2.3 表格的编辑

以上所创建的表格样式,无法直接确定表格中每一列的长度、每一行的高度,表格的每一个单元格的高度和宽度都需要设定,对于复杂的表格,也可以像在Excel软件中一样,合并和拆分单元格。

1. 选择编辑对象

(1)表格:单击表格网格线,可以选中整个表格。
(2)表格单元:在表格内单击,可选中该单元。
(3)使用Shift键可以选择多个相邻的单元,也可以按住鼠标左键并拖动,从而选择多个单元格。例如将"序号"一列全部选中,单击鼠标右键,弹出快捷菜单。在这个快捷菜单中包括"单元样式""边框""行""列""合并""数据链接"等命令,如果选择单个的单元格,快捷菜单中还会包括公式等命令。

2. 编辑表格

(1)用夹点编辑表格尺寸,如图7-31所示。

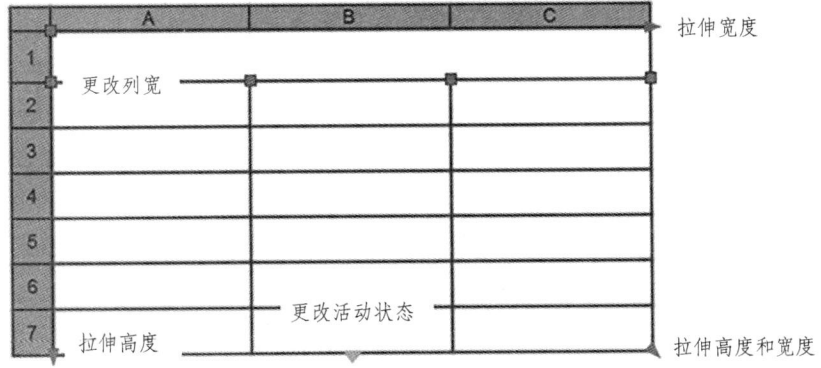

图 7-31 夹点编辑表格尺寸

(2)用"特性"选项板编辑表格。

选中表格后,按 CTRL 键+1 键,或者点击右键快捷菜单上的"特性",打开"特性"选项板,如图 7-32 所示,可以更改表格的一些特性。

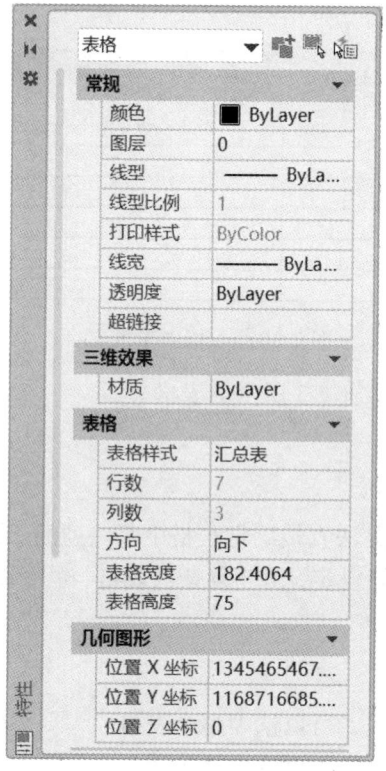

图 7-32　表格"特性"选项板

思考与练习题

1. 单行文字和多行文字的区别是什么？
2. 单行文字的输入过程中，在命令行不提示"指定高度"，是什么原因？
3. 什么是堆叠文字？如何在多行文字对象中创建堆叠文字？
4. 如何设置表格中的文字样式？
5. 定义一个名为"示例"的文字样式，字体为楷体，字体高度为5，倾斜角为15°，并输入下面一行文字："本次勘测定界测量仪器采用 GPS、全站仪，坐标系采用 2000 国家大地坐标系，高程系统采用 1985 国家高程基准。3°带，中央子午线 114°。"
6. 将表 7-4 所示内容输入到 AutoCAD 2022 的图形文件中。

表 7-4 练习题

石料厂临时用地土地复垦项目			
土地清查单位	自然资源和规划局		
项目单位	某某石料厂有限公司		
编制单位	规划技术服务有限公司	制图日期	2023/12/28

第 8 章　尺寸标注

> **导言**：尺寸标注是工程图样设计工作中的一项重要内容，它是建筑施工、机械制造和零部件装配的重要依据。AutoCAD 软件提供了一套完整的尺寸标注技术，同时 AutoCAD 还提供了强大的尺寸编辑功能。本章主要介绍 AutoCAD 2022 的尺寸标注样式的创建，以及常用尺寸标注命令和编辑命令的使用方法和技巧。

8.1　尺寸标注的基本知识

8.1.1　尺寸标注的基本规则

（1）物体的真实大小应以图样上所标注的尺寸数值为依据，与图形的大小及绘图的准确度无关。

（2）图样中的尺寸以毫米（mm）为单位时，不需要标注计量单位的代号或名称。如采用其他单位，则必须注明相应计量单位的代号或名称。

（3）图样中所标注的尺寸为该图样所表示的物体的最后完工尺寸，否则应另加说明。

（4）物体的每一个尺寸，一般只标注一次，并应标注在反映该结构最清晰的视图上。

8.1.2　尺寸标注的基本要求

（1）互相平行的尺寸线之间，应保持适当的距离。为避免尺寸线与尺寸界线相交，应按大尺寸标注在小尺寸外面的原则布置尺寸标注。

（2）圆及大于半圆的圆弧应标注直径尺寸，半圆或小于半圆的圆弧应标注半径尺寸。

（3）角度尺寸的标注，无论哪一种位置的角度，其尺寸文字的方向一律水平注写，文字的位置一般填写在尺寸线的中间断开处。

8.1.3　尺寸标注的组成

一个完整的尺寸标注应由标注文字、尺寸线、延伸线（尺寸界线）、箭头等组成，如图 8-1 所示。

尺寸标注各组成部分的含义如下：

（1）标注文字。标注文字是一个文本实体，用于指示测量值的文本字符串，表明两个尺寸界线之间的距离或角度，是尺寸标注的最主要的内容。文字还可以包含前缀、后缀和公差。

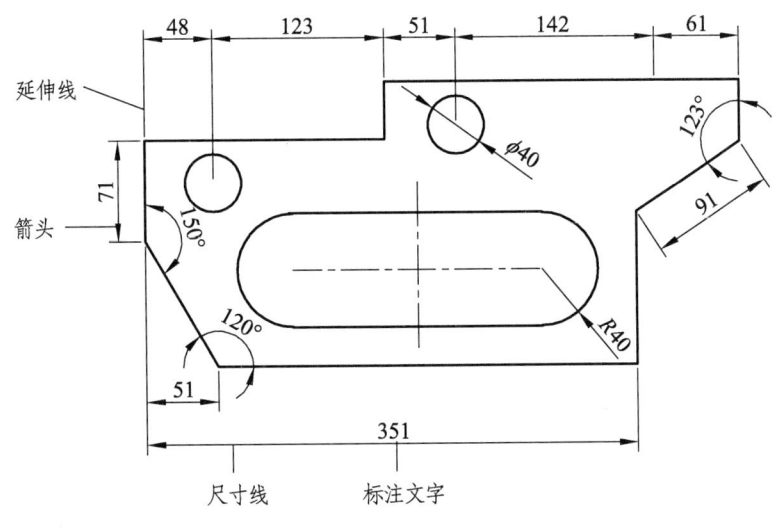

图 8-1 尺寸标注的组成

（2）尺寸线。尺寸线通常是由一条两端带双箭头的直线段组成，有时也由两条带单箭头的线段组成，用于指示标注的方向和范围，对于角度标注，尺寸线是一段圆弧。

（3）箭头。尺寸箭头也称为终止符号，通常显示在尺寸线的两端，标志着尺寸线的起止位置及尺寸线相对于图形实体的位置。AutoCAD 提供了多种箭头形式供用户选择，用户也可以根据需要，自定义一些箭头形式。

（4）延伸线。尺寸界线一般出现在要标注的图形实体的两端，表示尺寸线的开始和结束。通常的做法是，利用尺寸界线将尺寸线标注在图形实体之外，这样会使读图更加方便。

（5）引线。引线是一条用来指引注释性或参考性参数的实线。

（6）圆心标记。圆心标记是一个小的十字交叉线，用来表示圆或圆弧中心的位置。

（7）中心线。中心线是两条相互垂直但是又有部分断开的直线，也可以用来表示圆或圆弧的圆心位置。

圆心标记和中心线示例如图 8-2 所示。

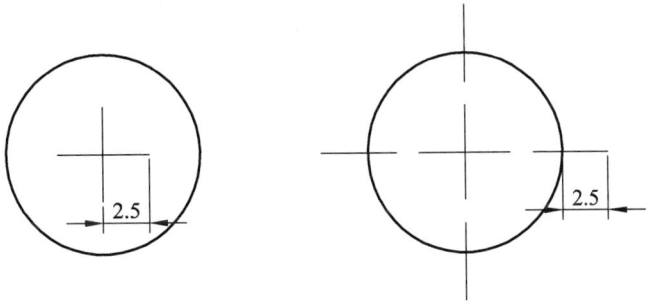

图 8-2 圆心标记、中心线示例

8.1.4 尺寸标注类型

AutoCAD 提供了 10 余种标注工具以标注图形对象，可以进行角度、直径、半径、线性、对齐、连续、圆心及基线等标注，如图 8-3 所示。

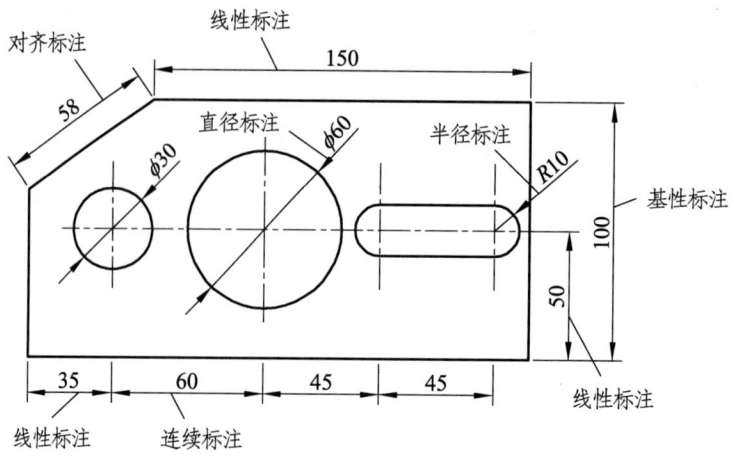

图 8-3　尺寸标注类型

8.1.5　尺寸标注步骤

一般来说，图形标注应遵循以下步骤：
（1）创建尺寸标注图层，使之与图形的其他信息分隔开。
（2）创建尺寸标注样式，设置尺寸线、尺寸界线、比例因子、尺寸格式、尺寸文本、尺寸单位、尺寸精度及公差等，并使所作的设置生效。
（3）选择要标注的图形实体，进行尺寸标注。

8.2　设置尺寸标注样式

尺寸标注是一个复合体，它以块的形式存储在图形中，它们的格式都由标注样式来控制，要想改变尺寸的某个要素，只要调整样式中的某些尺寸变量，就能灵活地变动标注外观。标注尺寸之前应先设定标注样式，以便使标注符合国家标准的规定。

8.2.1　标注样式

在给图形标注尺寸前，先要根据所画的图样来设置所需的尺寸标注样式。例如，图形的比例不同，标注的样式就不同，建筑制图和机械制图的标注样式不同。每个图形文件可以创建多组标注样式，但至少包含一组。AutoCAD 自带三种样式，就是说每个新建图形都包含 Standard、ISO-25 和 Annotative 样式，默认 ISO-25 为当前样式。

8.2.2　标注样式管理器

当用户要新建标注样式时，首先要打开"标注样式管理器"对话框，打开该对话框的方式有三种：
（1）下拉菜单：选择"格式（O）"→"标注样式（D）…"或"标注（N）"→"标注样

式（S）…"。

（2）工具栏：单击"标注"或"样式"工具栏上的"标注样式…"按钮"![]"。
（3）命令行：dimstyle。

执行 DIMSTYLE 命令后，系统将弹出如图 8-4 所示的"标注样式管理器"对话框，该对话框用于创建新样式、设置当前样式、修改样式、设置当前样式的替代，以及比较样式，各项含义如下：

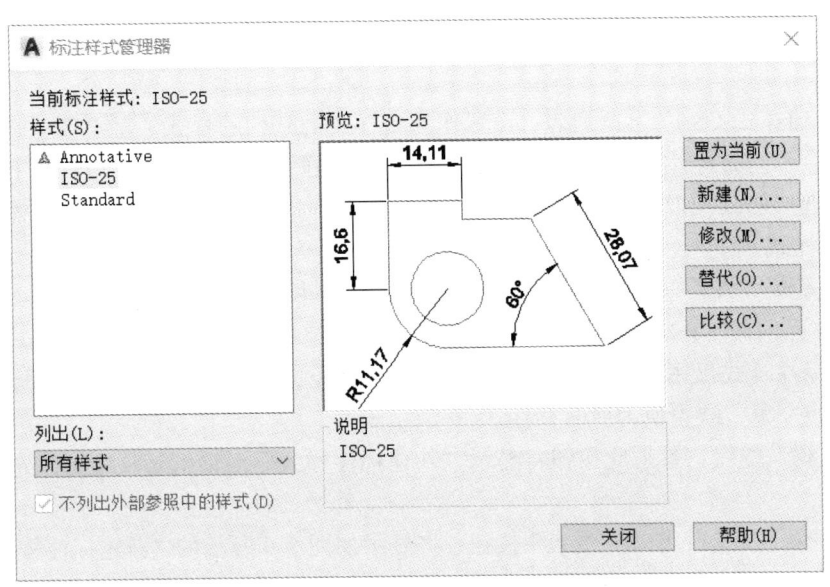

图 8-4 "标注样式管理器"对话框

（1）"当前标注样式"标签：在此说明哪个尺寸标注样式是当前尺寸标注样式，在 Acadiso.dwt 的图形模板中，AutoCAD 系统默认为 ISO-25 样式。

（2）"样式（S）"列表：显示图形中的所有标注样式。当前样式被亮显。列表中的选定项目将控制显示的标注样式，要将某样式置为当前，请选择该样式并单击"置为当前（U）"按钮。在"样式（S）"列表中单击右键显示快捷菜单，可用于设置当前标注样式、重命名样式和删除样式。但不能删除当前样式或当前图形使用的样式。

（3）"列出（L）"下拉列表：控制显示哪种标注样式的选项，即所有样式和正在使用的样式。

（4）"不列出外部参照中的样式（D）"复选框：在"样式（S）"列表中确定是否显示外部参照图形中的标注样式。

（5）"置为当前（U）"按钮：在"样式（S）"列表中将选定的标注样式设置为当前标注样式。

（6）"新建（N）…"按钮：用于创建新标注样式。单击"新建（N）…"按钮，系统将显示"创建新标注样式"对话框。

（7）"修改（M）…"按钮：用于修改标注样式。单击"修改（M）…"按钮，系统将显示"修改标注样式"对话框。

（8）"替代（O）…"按钮：设置标注样式的临时替代值。单击"替代（O）…"按钮，系统将显示"替代当前样式"对话框，AutoCAD 系统将替代值作为未保存的更改结果显示在"样式（S）"列表中。

（9）"比较（C）…"按钮：用于比较两种标注样式的特性或列出一种样式的所有特性。点击"比较（C）…"按钮，系统将显示"比较标注样式"对话框。

8.2.3 创建尺寸标注样式

在如图 8-4 所示的"标注样式管理器"对话框中，单击"新建（N）…"按钮，系统将显示如图 8-5 所示的"创建新标注样式"对话框。"创建新标注样式"对话框中各项含义如下：

（1）"新样式名（N）"编辑框：用于输入新创建的尺寸标注样式的名称，比如输入 MyDimstyle。

（2）"基础样式（S）"下拉列表：设置作为新样式的基础的样式。对于新样式，仅修改那些与基础特性不同的特性。这里选择 ISO-25 作为基础样式，这种样式比较符合我国的习惯，但仍需对其进行修改，以符合我国的制图标准。一般在进行尺寸标注前，应首先建立符合国标（GB）的样式。

（3）"注释性（A）"复选框：用于设置是否指定尺寸标注为注释性。

（4）"用于（U）"下拉列表：创建一种仅适用于特定标注类型的标注子样式。可以指定新创建的尺寸标注样式仅用于线性标注、角度标注、半径标注、直径标注、坐标标注、引线和公差标注中的一种，缺省值为所有标注。

（5）"继续"按钮：单击此按钮将显示"新建标注样式"对话框，从中可以定义新的标注样式特性。

在设置选择完成后，单击"继续"按钮，将显示如图 8-6 所示的"新建标注样式"对话框。该对话框中，共有 7 个不同的选项卡，即"线"选项卡、"符号和箭头"选项卡、"文字"选项卡、"调整"选项卡、"主单位"选项卡、"换算单位"选项卡、"公差"选项卡，它们控制尺寸组成部分的外观。

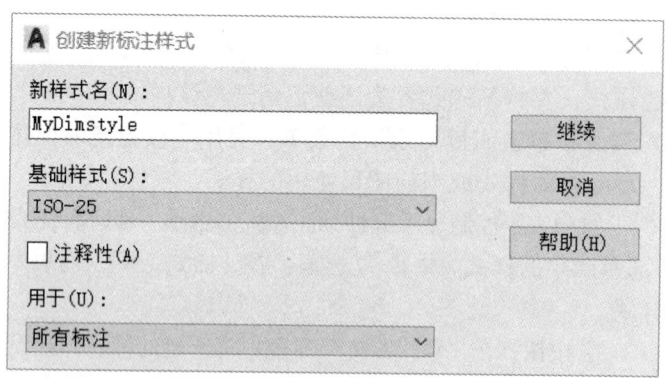

图 8-5 "创建新标注样式"对话框

8.2.4 设置线选项卡

"线"选项卡如图 8-6 所示，用于设置尺寸线、延伸线（尺寸界线）格式和特性。下面对该对话框做一些简要说明。

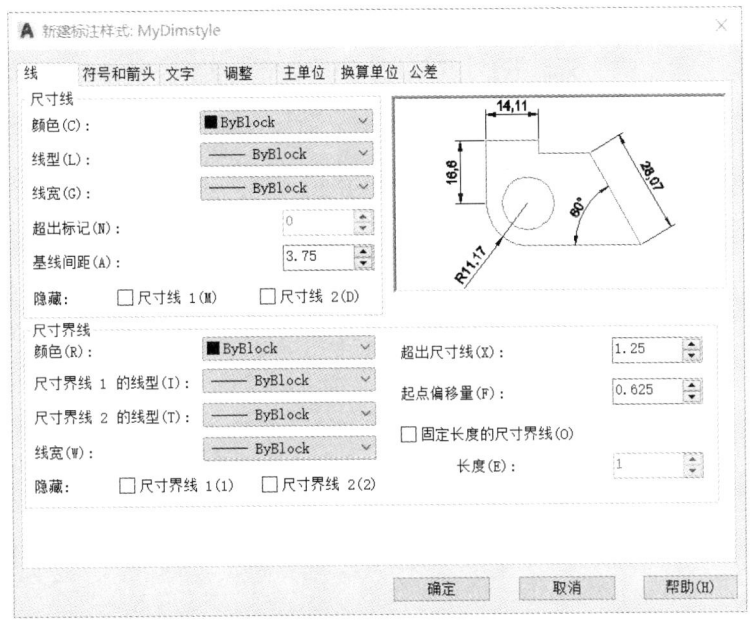

图 8-6 "新建标注样式"对话框的"线"选项卡

1. "尺寸线"选项组

"尺寸线"选项组用于设置尺寸线的特性。其中：

（1）"颜色（C）"下拉列表：显示并设置尺寸线的颜色。如果单击"选择颜色"（在"颜色"列表的底部），将显示"选择颜色"对话框，可以从 255 种 AutoCAD 颜色索引颜色、真彩色和配色系统颜色中选择颜色，也可以输入颜色名或颜色号，建议选择缺省值 ByBlock。

（2）"线型（L）"下拉列表：用于设置尺寸线的线型，建议选择缺省值 ByBlock。

（3）"线宽（G）"下拉列表：用于设置尺寸线的线宽，建议选择缺省值 ByBlock。

（4）"超出标记（N）"编辑框：用于设置尺寸线超出延伸线的长度。只有当箭头使用倾斜、建筑标记、积分或无时，才能为其指定数值；否则该框呈灰显状态。

（5）"基线间距（A）"编辑框：用于设置当使用基线标注时，各尺寸线之间的距离。按照我国国家制图标准，此值一般应设置为 7~10 mm。

（6）"尺寸线 1（M）"复选框：用于隐藏尺寸线 1 的显示。

（7）"尺寸线 2（D）"复选框：用于隐藏尺寸线 2 的显示。

2. "延伸线"选项组

"延伸线"选项组用于控制延伸线（尺寸界线）的外观。其中：

（1）"颜色（R）"下拉列表：用于设置延伸线的颜色，如果单击"选择颜色"（在"颜色"列表的底部），将显示"选择颜色"对话框，可以从 255 种 AutoCAD 颜色索引颜色、真彩色和配色系统颜色中选择颜色，也可以输入颜色名或颜色号，建议选择缺省值 ByBlock。

（2）"延伸线 1 的线型（I）"下拉列表：用于设置延伸线 1 的线型，建议选择缺省值 ByBlock。

（3）"延伸线 2 的线型（T）"下拉列表：用于设置延伸线 2 的线型，建议选择缺省值 ByBlock。

（4）"线宽（W）"下拉列表：用于设置延伸线的线宽，建议选择缺省值 ByBlock。

（5）"超出尺寸线（X）"编辑框：用于指定延伸线超出尺寸线的距离。按照我国国家制图标准，此值一般应设置为 2～3 mm。

（6）"起点偏移量（F）"编辑框：用于设置自图形中定义标注的点到延伸线的偏移距离。按照我国国家制图标准，一般设置为 0。

（7）"固定长度的尺寸界限（O）"复选框：用于控制是否使用固定长度的延伸线。

（8）"长度（E）"编辑框：用于设置固定延伸线的长度值。

（9）"延伸线 1（1）"复选框：用于隐藏延伸线 1 的显示。

（10）"延伸线 2（2）"复选框：用于隐藏延伸线 2 的显示。

对于各个设置选项的具体含义，可以在设置的过程中随时按 F1 键进入 AutoCAD 帮助文件查看，AutoCAD 帮助文件提供了详细的说明。

8.2.5 设置符号和箭头选项卡

单击"符号和箭头"选项卡，将显示如图 8-7 所示的"符号和箭头"对话框。"符号和箭头"选项卡用于设置箭头、圆心标记、折断标注、弧长符号、半径折弯标注和线性折弯标注的格式和位置。下面对该对话框作一些简要介绍。

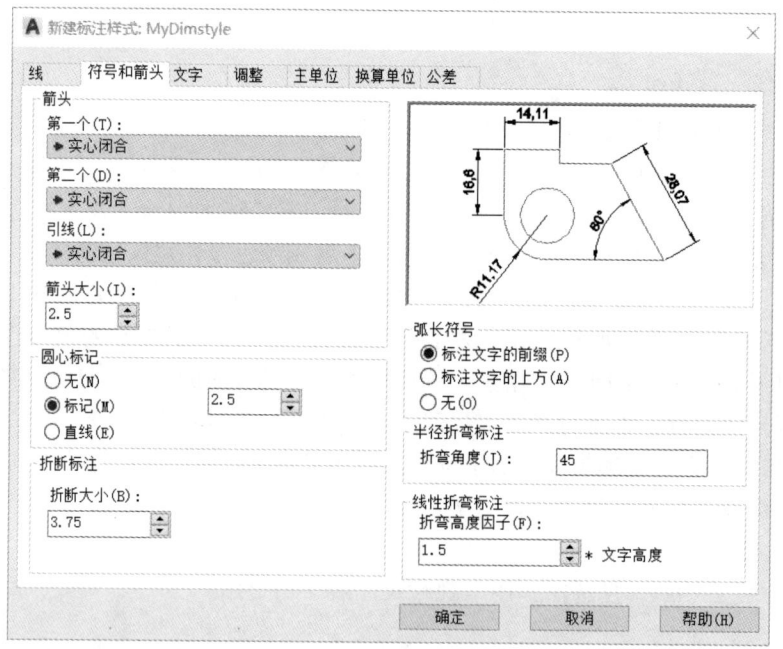

图 8-7 "符号和箭头"选项卡

1. "箭头"选项组

"箭头"选项组用于控制标注箭头的外观。其中：

（1）"第一个（T）"下拉列表：用于设置第一条尺寸线的箭头。当改变第一个箭头的类型时，第二个箭头将自动改变以同第一个箭头相匹配。要指定用户定义的箭头块，请选择"用户箭头"，显示"选择自定义箭头块"对话框，从图形块中选择用户定义的箭头块的名称。

机械图样中箭头选用"实心闭合"箭头；在建筑图样中对于线性尺寸箭头采用"建筑标记"，其他类型尺寸与机械图样相同。

(2)"第二个(D)"下拉列表:用于设置第二条尺寸线的箭头。

(3)"引线(L)"下拉列表:用于设置引线箭头。

(4)"箭头大小(I)"编辑框:用于设置和显示箭头的大小。工程图样中箭头长度一般取 3 mm。

2."圆心标记"选项组

"圆心标记"选项组用于控制直径标注和半径标注的圆心标记和中心线的外观。DIMCENTER、DIMDIAMETER 和 DIMRADIUS 命令使用圆心标记和中心线。对于 DIMDIAMETER 和 DIMRADIUS 命令,仅当将尺寸线放置到圆或圆弧外部时,才绘制圆心标记。其中:

(1)"无(N)"复选框:不创建圆心标记或中心线。

(2)"标记(M)"复选框:用于创建圆心标记,圆心标记的大小可在其右侧编辑框中设置。

(3)"直线(E)"复选框:用于创建中心线,中心线标记的大小可在其右侧编辑框中设置。

3."折断标注"选项组

"折断标注"选项组用于控制折断标注的间距宽度。

"折断大小(B)"编辑框:用于显示和设置折断标注的间距大小。

4."弧长符号"选项组

"弧长符号"选项组用于控制弧长标注中圆弧符号的显示。其中:

(1)"标注文字的前缀(P)"复选框:用于将弧长符号放在标注文字的前面。

(2)"标注文字的上方(A)"复选框:用于将弧长符号放在标注文字的上方。按照我国制图标准要求,弧长符号应标注在弧长数值的上方。

(3)"无(O)"复选框:不显示弧长符号。

5."半径折弯标注"选项组

"半径折弯标注"选项组用于控制折弯(Z字型)半径标注的显示。折弯半径标注通常用于半径较大,且圆心点位于页面外部。其中的"折弯角度(J)"数值框,用于设置连接半径标注的延伸线和尺寸线的横向直线的角度,一般可设置为45°角,如图8-8所示。

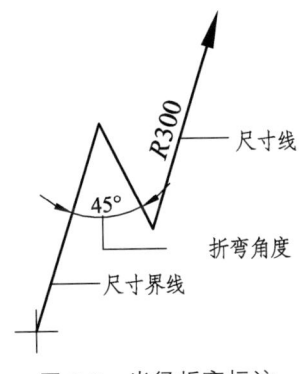

图 8-8 半径折弯标注

6."线性折弯标注"选项组

"线性折弯标注"选项组用于控制线性标注折弯的显示。当标注不能精确表示实际尺寸时,通常将折弯线添加到线性标注中,如图8-9所示。通常,实际尺寸比所需值小。其中的"折弯高度因子（F）"数值框，用于设置通过形成折弯的角度的两个顶点之间的距离确定折弯高度。例如，工程制图中的"折线"。

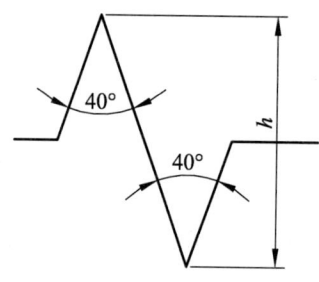

图8-9 线性折弯标注

8.2.6 设置文字选项卡

单击"文字"选项卡，将显示如图8-10所示的"文字选项卡"对话框，"文字"选项卡用于设置标注文字的格式、放置和对齐。此对话框中各选项的含义如下：

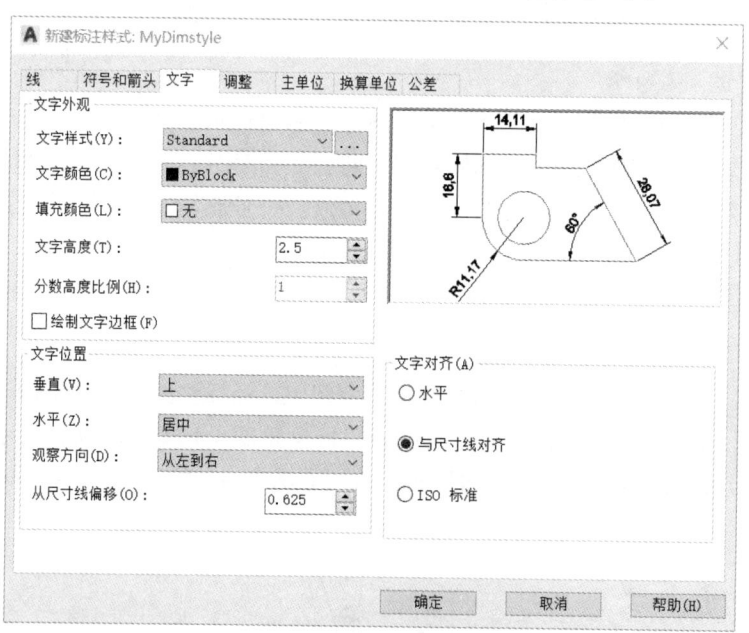

图8-10 "文字"选项卡

1． "文字外观"选项组

"文字外观"选项组用于设置标注文字的格式和大小。其中：

（1）"文字样式（Y）"下拉列表：用于设置和显示标注文字所用的样式。如要创建新的或修改标注文字样式，则可单击其右侧的"…"按钮，系统将弹出"文字样式"对话框，从中可以创建或修改文字样式。

（2）"文字颜色（C）"下拉列表：用于设置标注文字的颜色。

（3）"填充颜色（L）"下拉列表：用于设置标注中文字背景的颜色。

（4）"文字高度（T）"编辑框：用于设置当前标注文字样式的高度。在文本框中输入值。

如果在"文字样式"中将文字高度设置为固定值，则该高度将替代此处设置的文字高度。如果要使用在"文字"选项卡中设置的高度，请确保"文字样式"中的文字高度设置为0。

（5）"分数高度比例（H）"编辑框：用于设置相对于标注文字的分数比例。仅当在"主单位"选项卡上选择"分数"作为"单位格式"时，此选项才可用。在此处输入的值乘以文字高度，可确定标注分数相对于标注文字的高度。

（6）"绘制文字边框（F）"复选框：若选择此选项，则将在标注文字周围绘制一个边框。

2．"文字位置"选项组

"文字位置"选项组用于控制标注文字的位置。其中：

（1）"垂直（V）"下拉列表：用于设置标注文字相对于尺寸线的位置。

垂直位置选项包括：

① 居中：将标注文字放在尺寸线的两部分中间。

② 上方：将标注文字放在尺寸线上方。从尺寸线到文字的最低基线的距离就是当前的文字间距。请参见"从尺寸线偏移"选项。

③ 外部：将标注文字放在尺寸线上远离第一个定义点的一边。

④ JIS：按照日本工业标准（JIS）放置标注文字。

⑤ 下方：将标注文字放在尺寸线下方。从尺寸线到文字的最高基线的距离就是当前的文字间距。请参见"从尺寸线偏移"选项。

（2）"水平（Z）"下拉列表：用于控制标注文字在尺寸线上相对于延伸线的水平位置。

水平位置选项包括：

① 居中：将标注文字沿尺寸线放在两条延伸线的中间。

② 第一条延伸线：沿尺寸线与第一条延伸线左对正。延伸线与标注文字的距离是箭头大小加上文字间距之和的两倍。请参见"箭头"和"从尺寸线偏移"选项。

③ 第二条延伸线：沿尺寸线与第二条延伸线右对正。延伸线与标注文字的距离是箭头大小加上文字间距之和的两倍。请参见"箭头"和"从尺寸线偏移"选项。

④ 第一条延伸线上方：沿第一条延伸线放置标注文字或将标注文字放在第一条延伸线之上。

⑤ 第二条延伸线上方：沿第二条延伸线放置标注文字或将标注文字放在第二条延伸线之上。

（3）"观察方向（D）"下拉列表：用于控制标注文字的观察方向。

观察方向包括以下选项：

① 从左到右：按从左到右阅读的方式放置文字。

② 从右到左：按从右到左阅读的方式放置文字。

③ "从尺寸线偏移（O）"编辑框：用于设置当前文字与尺寸线之间的间距，字线间距是指当尺寸线断开以容纳标注文字时标注文字周围的距离。一般可采用缺省值 0.625 mm，此值也用作尺寸线段所需的最小长度。

仅当生成的线段至少与文字间距同样长时，才会将文字放置在延伸线内侧。仅当箭头、标注文字及页边距有足够的空间容纳文字间距时，才将尺寸线上方或下方的文字置于内侧。

3．"文字对齐（A）"选项组

"文字对齐（A）"选项组用于控制标注文字放在延伸线外边或里边时的方向是保持水平还是与尺寸线平行。其中：

（1）"水平"选项：文字水平放置。按照我国国家制图标准，角度尺寸的尺寸文本应水平放置。

（2）"与尺寸线对齐"选项：文字与尺寸线对齐。按照我国国家制图标准，线性尺寸、半径尺寸和直径尺寸的尺寸文本可以与尺寸线方向平行放置。

（3）"ISO 标准"选项：当文字在延伸线内时，文字与尺寸线对齐。当文字在延伸线外时，文字水平排列。按照我国国家制图标准，较小的半径尺寸和直径尺寸的尺寸文本通常也可以引出后水平放置。

由于对不同类型的尺寸标注设置不同，但是在设置时只能选择一个选项，所以将在完成"MyDimstyle"标注样式的创建后，再创建仅适用于特定标注类型的各种标注子样式。从而完成对不同标注类型的不同设置。

8.2.7 设置调整选项卡

单击"调整"选项卡，显示如图 8-11 所示的"调整选项卡"对话框，"调整"选项卡用于进一步控制标注文字、箭头、引线、尺寸线的放置，以及标注特征比例。此对话框中各选项的含义如下：

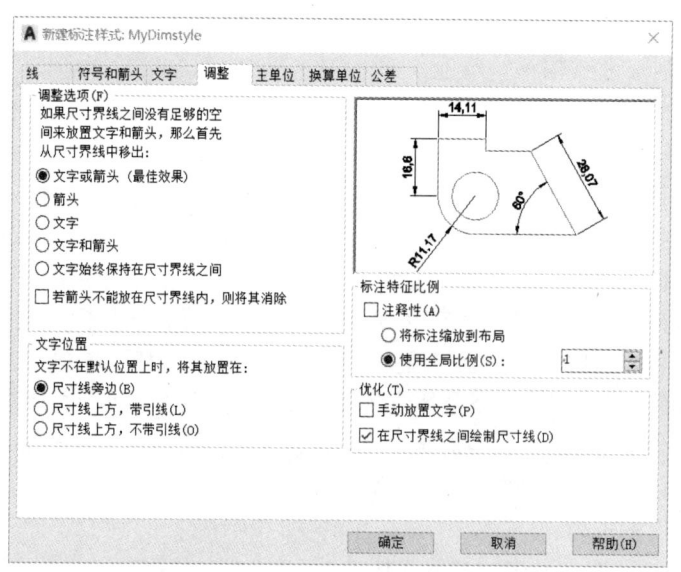

图 8-11　"调整"选项卡

1．"调整选项（F）"选项组

"调整选项（F）"选项组控制基于延伸线之间可用空间的文字和箭头的位置。如果有足够大的空间，文字和箭头都将放在延伸线内。否则，将按照"调整"选项放置文字和箭头。

（1）"文字或箭头（最佳效果）"选项：这是缺省选项。选择此项时，AutoCAD 系统将按照最佳效果将文字或箭头移动到延伸线外。

当延伸线间的距离足够放置文字和箭头时，文字和箭头都放在延伸线内。否则，将按照最佳效果移动文字或箭头。

当延伸线间的距离仅够容纳文字时，将文字放在延伸线内，而箭头放在延伸线外。

当延伸线间的距离仅够容纳箭头时，将箭头放在延伸线内，而文字放在延伸线外。

当延伸线间的距离既不够放文字又不够放箭头时，文字和箭头都放在延伸线外。

（2）"箭头"选项：先将箭头移动到延伸线外，然后移动文字。选择此项时：

当延伸线间的距离足够放置文字和箭头时，文字和箭头都放在延伸线内。

当延伸线间距离仅够放下箭头时，将箭头放在延伸线内，而文字放在延伸线外。

当延伸线间距离不足以放下箭头时，文字和箭头都放在延伸线外。

（3）"文字"选项：先将文字移动到延伸线外，然后移动箭头。选择此项时：

当延伸线间的距离足够放置文字和箭头时，文字和箭头都放在延伸线内。

当延伸线间的距离仅能容纳文字时，将文字放在延伸线内，而箭头放在延伸线外。

当延伸线间距离不足以放下文字时，文字和箭头都放在延伸线外。

（4）"文字和箭头"选项：选择此项时，当延伸线间距离不足以放下文字和箭头时，文字和箭头都移到延伸线外。

（5）"文字始终保持在延伸线之间"选项：选择此项时，始终将文字放在延伸线之间。

（6）"若箭头不能放在延伸线内，则将其消除"复选框：选择此项时，如果延伸线内没有足够的空间，则不显示箭头。

2．"文字位置"选项组

"文字位置"选项组用于设置标注文字从默认位置（由标注样式定义的位置）移动时标注文字的位置。

（1）"尺寸线旁边（B）"选项：如果选定，只要移动标注文字尺寸线就会随之移动。按照我国制图标准要求，设置时应选择该选项。

（2）"尺寸线上方，带引线（L）"选项：如果选定，移动文字时尺寸线将不会移动。如果将文字从尺寸线上移开，将创建一条连接文字和尺寸线的引线。当文字非常靠近尺寸线时，将省略引线。

（3）"尺寸线上方，不带引线（O）"选项：如果选定，移动文字时尺寸线不会移动。远离尺寸线的文字不与带引线的尺寸线相连。

3．"标注特性比例"选项组

"标注特性比例"选项组用于设置全局标注比例值或图纸空间比例。

（1）"注释性（A）"复选框：用于控制尺寸标注样式是否为注释性。使用注释性进行尺寸标注，可以减少由于图形输出比例的不同，而给尺寸标注带来的麻烦。若尺寸标注样式设为注释性，则"将标注缩放到布局"和"使用全局比例（S）"选项将灰显，不能进行选择。

（2）"将标注缩放到布局"选项：根据当前模型空间视口和图纸空间之间的比例确定比例因子。

（3）"使用全局比例（S）"选项：为所有标注样式设置一个比例，这些设置指定了大小、距离或间距，包括文字和箭头大小。该缩放比例并不更改标注的测量值。通常应按照图形打印输出比例的倒数值设置。

4．"优化（T）"选项组

"优化（T）"选项组用于设置其他调整选项。

（1）"手动放置文字（P）"复选框：忽略所有水平对正设置，并把文字放在"尺寸线位置"提示下所指定的位置。按照我国制图标准要求，对于直径型、半径型尺寸的创建，应选择该复选框。

（2）"在延伸线之间绘制尺寸线（D）"复选框：即使箭头放在测量点之外，也在测量点之间绘制尺寸线。

8.2.8 设置主单位选项卡

单击"主单位"选项卡，将显示如图 8-12 所示的"主单位选项卡"对话框。"主单位"选项卡用于设置主标注单位的格式和精度，并设置标注文字的前缀和后缀及测量单位比例。

此对话框中各选项的含义如下：

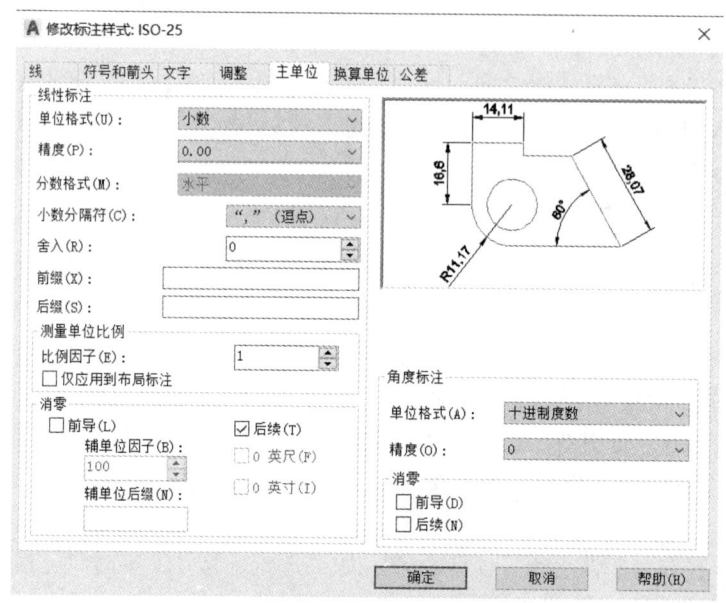

图 8-12 "主单位"选项卡

1．"线性标注"选项组

"线性标注"选项组用于设置线性标注的格式和精度。

（1）"单位格式（U）"下拉列表：设置除角度之外的所有标注类型的当前单位格式。

（2）"精度（P）"下拉列表：显示和设置标注文字中的小数位数。

（3）"分数格式（M）"下拉列表：设置分数的格式。只有当单位格式设置为"建筑"或"分数"格式时，才需要进行设置，否则此处灰显。

（4）"小数分隔符（C）"下拉列表：设置十进制格式分隔符。按照我国制图标准要求，设置为"．"（句点）。

（5）"舍入（R）"编辑框：为除"角度"之外的所有标注类型设置标注测量值的舍入规则。如果输入 0.25，则所有标注距离都以 0.25 为单位进行舍入。如果输入 1.0，则所有标注距离都将舍入为最接近的整数。小数点后显示的位数取决于"精度"设置。

（6）"前缀（X）"编辑框：在标注文字中包含前缀。可以输入文字或使用控制代码显示特殊符号。例如，输入控制代码%%C显示直径符号。当输入前缀时，将覆盖在直径和半径等标注中使用的任何默认前缀。如果指定了公差，前缀将添加到公差和主标注中。

（7）"后缀（S）"编辑框：在标注文字中包含后缀。可以输入文字或使用控制代码显示特殊符号。例如，在标注文字中输入 mm 的结果如图 8-13 所示。输入的后缀将替代所有默认后缀。如果指定了公差，后缀将添加到公差和主标注中。

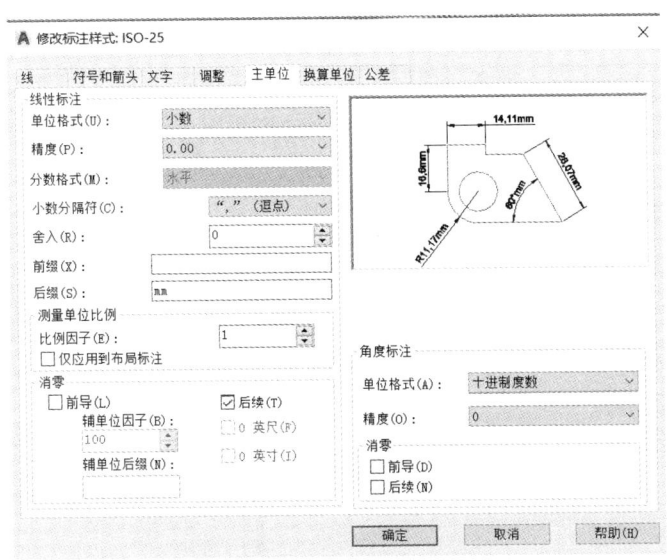

图 8-13 "主单位-后缀"选项卡

（8）"测量单位比例"选项组：定义线性比例选项。主要应用于传统图形。其中：

① "比例因子（E）"编辑框：用于设置线性标注测量值的比例因子。建议不要更改此值的默认值 1.00。例如，如果输入 2，则 1 mm 直线的尺寸将显示为 2 mm。该值不应用到角度标注，也不应用到舍入值或者正负公差值。

② "仅应用到布局标注"复选框：仅将测量单位比例因子应用于布局视口中创建的标注。除非使用非关联标注，否则，该设置应保持取消复选状态。

（9）"消零"选项组：控制是否禁止输出前导零和后续零，以及零英尺和零英寸部分。其中：

① "前导（L）"复选框：选择此项时，则不输出所有十进制标注中的前导零，例如，0.500 变成.500。

a. 辅单位因子：将辅单位的数量设置为一个单位。它用于在距离小于一个单位时以辅单位为单位计算标注距离。例如，如果后缀为 m 而辅单位后缀以 cm 显示，则输入 100。

b. 辅单位后缀：在标注值辅单位中包括一个后缀。可以输入文字或使用控制代码显示特殊符号。例如，输入 cm 可将".96 m"显示为"96 cm"。

② "后续（T）"复选框：选择此项时，则不输出所有十进制标注的后续零，例如，12.5000 变成 12.5。

a. "0 英尺（F）"复选框：选择此项时，则当距离小于 1 英尺时，不输出英尺-英寸型标注中的英尺部分，例如：0′-61/2″变成 61/2″。

b. "0 英寸（I）"复选框：选择此项时，则当距离是整数英尺时，不输出英尺-英寸型标注中的英寸部分。如：1′-0″变成 1′。

以上复选框根据"单位格式"设置的不同,有的将灰显,不能进行设置。

2. "角度标注"选项组

"角度标注"选项组用于设置显示和设置角度标注的当前角度格式。
(1)"单位格式(A)"下拉列表:设置角度单位格式。
(2)"精度(O)"下拉列表:设置角度标注的小数位数。
(3)"消零"选项组:控制是否禁止输出前导零和后续零。其中:
① "前导(D)"复选框:选择此项时,禁止输出角度十进制标注中的前导零。
② "后续(N)"复选框:选择此项时,禁止输出角度十进制标注中的后续零。

8.2.9 设置换算单位选项卡

单击"换算单位"选项卡,将显示如图8-14所示的"换算单位选项卡"对话框。

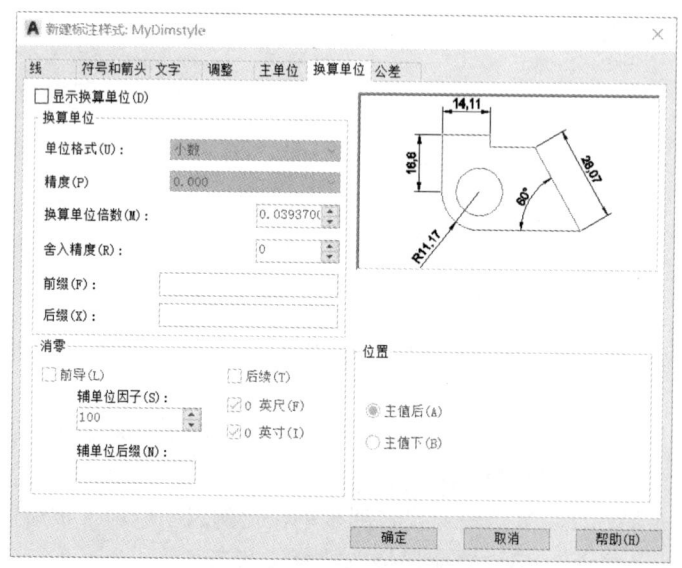

图8-14 "换算单位"选项卡

"换算单位"选项卡用于指定标注测量值中换算单位的显示,并设置其格式和精度。此对话框中各选项的含义如下:

1. "显示换算单位(D)"复选框

"显示换算单位(D)"复选框用于向标注文字添加换算测量单位。

2. "换算单位"选项组

"换算单位"选项组用于显示和设置除角度之外的所有标注类型的当前换算单位格式。
(1)"单位格式(U)"下拉列表:设置换算单位格式。
(2)"精度(P)"下拉列表:设置换算单位中的小数位数。
(3)"换算单位倍数(M)"编辑框:指定一个乘数,作为主单位和换算单位之间的换算因子使用。例如,要将英寸转换为毫米,请输入25.4。此值对角度标注没有影响,而且不会应用于舍入值或者正、负公差值。

(4)"舍入精度(R)"编辑框：设置除角度之外的所有标注类型的换算单位的舍入规则。如果输入 0.25，则所有标注距离都以 0.25 为单位进行舍入。类似地，如果输入 1.0，则所有标注测量值舍入为最接近的整数。小数点后显示位数取决于"精度"设置。

(5)"前缀(F)"编辑框：给换算标注文字指示一个前缀。可以输入文字或用控制代码显示特殊符号。例如，输入控制代码%%C 显示直径符号。

(6)"后缀(X)"编辑框：在换算标注文字中包含后缀。可以输入文字或用控制代码显示特殊符号。例如，在标注文字中输入 cm，输入的后缀将替代默认后缀。

3．"消零"选项组

"消零"选项组用于控制是否禁止输出前导零和后续零以及零英尺和零英寸部分。其中：各个复选框与"主单位"选项卡中"消零"选项组下复选框意义相同。

4．"位置"选项组

"位置"选项组用于控制标注文字中换算单位的位置。

(1)"主值后(A)"选项：选择此项时，将换算单位放在标注文字中的主单位之后，如图 8-15 所示。

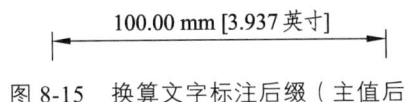

图 8-15　换算文字标注后缀（主值后）

(2)"主值下(B)"选项：选择此项时，将换算单位放在标注文字中的主单位下面。

8.2.10　设置公差选项卡

单击"公差"选项卡，将显示如图 8-16 所示的"公差选项卡"对话框。"公差"选项卡用于控制标注文字中公差的显示及格式。此对话框中各选项的含义如下：

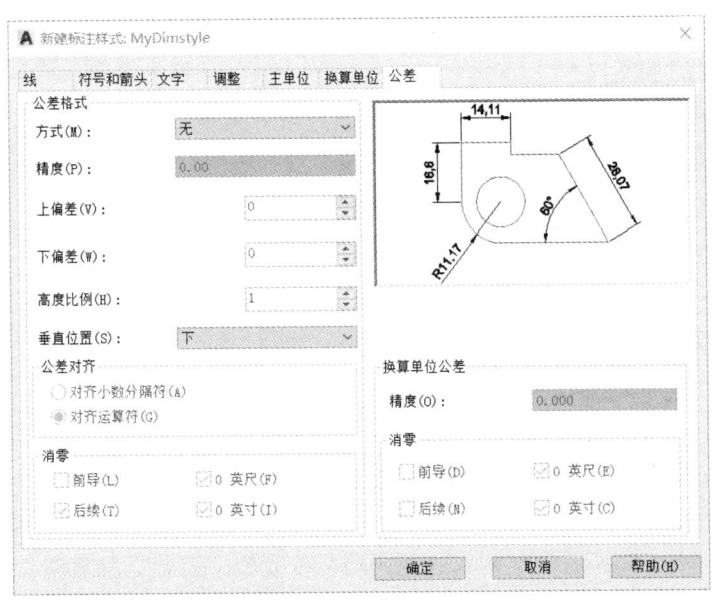

图 8-16　"公差"选项卡

1. "公差格式"选项组

"公差格式"选项组用于控制公差格式。

（1）"方式（M）"下拉列表：用于设置计算公差的方法。其中：

① "无"选项：不添加公差。

② "对称"选项：添加公差的正/负表达式，通过此表达式将单个变量值应用到标注测量值。在标注后显示"±"号。在"上偏差"中输入公差值，"下偏差"灰显。

③ "极限偏差"选项：添加正/负公差表达式。不同的正公差和负公差值将应用于标注测量值。将在"上偏差"中输入的公差值前面显示正号（+）；在"下偏差"中输入的公差值前面显示负号（-）。

④ "极限尺寸"选项：创建极限标注。在此类标注中，将显示一个最大值和一个最小值，一个在上，另一个在下。最大值等于标注值加上在"上偏差"中输入的值，最小值等于标注值减去在"下偏差"中输入的值。

⑤ "基本尺寸"选项：创建基本标注。在此类标注中，在整个标注范围周围绘制一个框。

（2）"精度（P）"下拉列表：用于设置小数位数。当"方式"选择"无"时，此下拉列表灰显。

（3）"上偏差（V）"编辑框：用于设置最大公差或上偏差。如果在"方式"中选择"对称"，则此值将用于公差。

（4）"下偏差（W）"编辑框：用于设置最小公差或下偏差。

（5）"高度比例（H）"编辑框：用于设置公差文字的当前高度。

（6）"垂直位置（S）"下拉列表：用于控制对称公差和极限公差的文字对正方式。

① 若选择"上"选项，则公差文字与主标注文字的顶部对齐。

② 若选择"中"选项，则公差文字与主标注文字的中间对齐。

③ 若选择"下"选项，则公差文字与主标注文字的底部对齐。

（7）"公差对齐"选项组：用于堆叠时，控制上偏差值和下偏差值的对齐。

① "对齐小数分隔符（A）"复选框：通过值的小数分割符堆叠值。

② "对齐运算符（G）"复选框：通过值的运算符堆叠值。

（8）"消零"选项组：控制是否禁止输出前导零和后续零以及零英尺和零英寸部分。其中：各个复选框与"主单位"选项卡中"消零"选项组下复选框意义相同。

2. "换算单位公差"选项组

"换算单位公差"选项组用于设置换算公差单位的精度和消零规则。当"换算单位"选项卡中设置为不显示换算单位时，此选项组将灰显。

（1）"精度（O）"下拉列表：设置和显示小数位数。

（2）"消零"选项组：控制是否禁止输出前导零和后续零以及零英尺和零英寸部分。其中：各个复选框与"主单位"选项卡中"消零"选项组下复选框意义相同。

这里设置公差的显示及格式仅应用于图纸上各处均具有相同的公差数值的标注。但是在实际工程图样中，不可能所有的结构具有相同的公差数值。因此，通常将公差格式的"方式"下拉列表框设置为"无"，即不添加公差。工程图样中尺寸公差标注将采用其他的方法进行标注。

8.3 尺寸标注

AutoCAD 提供了一套完整的尺寸标注命令，包括线性、对齐、快速、弧长等。用户可以通过在"标注"菜单中选择合适的命令，或单击如图 8-17 所示的"标注"工具栏中的相应按钮来进行相应的尺寸标注。本节将分别介绍多种标注方法。

图 8-17 "标注"工具栏

8.3.1 线性标注

线性型尺寸是工程制图中最常见的尺寸形式，包括水平尺寸、垂直尺寸、旋转尺寸、基线标注和连续标注等形式。

线性标注命令是 DIMLINEAR（或 DLI），启动 DIMLINEAR 命令有如下 5 种方法：

（1）单击下拉菜单"标注"→"线性"按钮。

（2）在"标注"工具栏上单击"线性"按钮""。

（3）在"命令"提示符下输入 dimlinear 并回车。

（4）在"功能区"选项板中选择"注释"选项卡，在"标注"面板中单击"线性"按钮""。

（5）在"功能区"选项板中选择"默认"选项卡，在"注释"面板单击"线性"按钮""。

启动 DIMLINEAR 命令后，在"指定第一个尺寸界线原点或<选择对象>:"提示符下，用户可选择一点作为第一条延伸线的起始点，或直接回车让 AutoCAD 自动确定两条延伸线的起始点，以下对两种操作情况分别进行介绍。

（1）操作一：确定第一个尺寸界线起始点，AutoCAD 命令行将继续给出操作提示。

①"指定第二条尺寸界线原点："要求用户选择一点作为第二条延伸线的起始点。

②"指定尺寸线位置或[多行文字（M）/文字（T）/角度（A）/水平（H）/垂直（V）/旋转（R）]:"要求用户选择一点以确定尺寸线的位置或选择某个选项。

现对各选项做如下的说明：

① 尺寸线位置：AutoCAD 使用指定点定位尺寸线并且确定绘制延伸线的方向。指定位置之后，将绘制标注。

② 多行文字（M）：通过对话框输入尺寸文本。

③ 文字（T）：通过命令行输入尺寸文本。

④ 角度（A）：确定尺寸文本的旋转角度。

⑤ 水平（H）：创建水平线性标注。

⑥ 垂直（V）：创建垂直线性标注。

⑦ 旋转（R）：创建旋转线性标注。

（2）操作二：直接回车以自动确定两条延伸线的起始点，AutoCAD 命令行将继续给出操作提示。

①"选择标注对象："要求用户可直接选择要进行标注尺寸的对象。AutoCAD 自动把所选

择实体的两个端点作为两条延伸线的起始点。

此时 AutoCAD 只让用户利用拾取框选取实体，不支持其他实体选择方式。

如果用户选择的线段是水平方向的，那么 AutoCAD 将自动标注水平尺寸；如果用户选择的线段是垂直方向的，那么 AutoCAD 将自动标注垂直尺寸；如果用户选择的线段是倾斜的，那么 AutoCAD 允许用户进行水平或垂直尺寸标注。

如果选择圆，将使用直径的端点作为延伸线的原点。如果用于选择圆上靠近南北象限的点，将绘制水平标注。如果用于选择圆上靠近东西象限的点，将绘制垂直标注。

② "指定尺寸线位置或[多行文字（M）/文字（T）/角度（A）/水平（H）/垂直（V）/旋转（R）]：" 要求用户选择一点以确定尺寸线的位置或选择某个选项。

对多段线和其他可分解对象，仅标注独立的直线段和圆弧段。不能选择非统一比例缩放块参照中的对象。

如果选择直线或圆弧，将使用其端点作为延伸线的原点。延伸线偏移端点的距离，在"新建标注样式"对话框的"线"选项卡上的"起点偏移量"中指定。

例：标注如图 8-18 所示的图形尺寸。

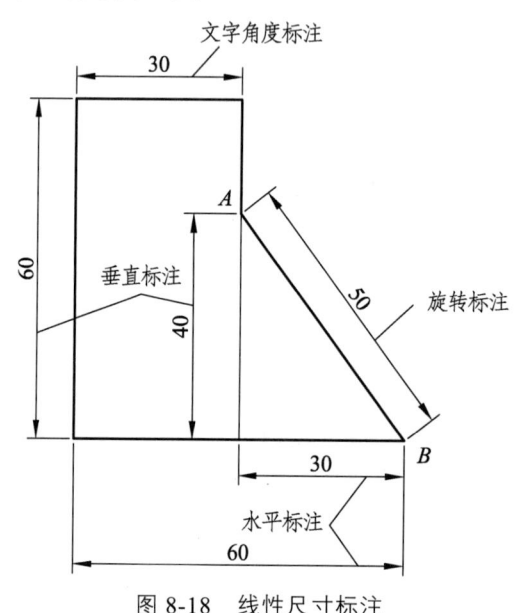

图 8-18　线性尺寸标注

操作步骤如下：

（1）第一步。

① 输入 dimlinear 命令并回车。

② 指定第一个尺寸界线原点或<选择对象>：（捕捉 A 点）。

③ 指定第二条尺寸界线原点：捕捉 B 点。

④ 指定尺寸线位置或[多行文字（M）/文字（T）/角度（A）/水平（H）/垂直（V）/旋转（R）]：

向下拖动鼠标确定尺寸线的位置，确定位置后单击鼠标左键，即可标注出水平尺寸 30。

（2）第二步。

① 输入 dimlinear 命令并回车。

② 指定第一个尺寸界线原点或<选择对象>：（捕捉 *A* 点）。
③ 指定第二条尺寸界线原点：捕捉 *B* 点。
④ 指定尺寸线位置或[多行文字（M）/文字（T）/角度（A）/水平（H）/垂直（V）/旋转（R）]：

向左拖动鼠标确定尺寸线的位置，确定位置后单击鼠标左键，即可标注出水平尺寸 40。

（3）第三步。
① 输入 dimlinear 命令并回车。
② 指定第一个尺寸界线原点或<选择对象>：（捕捉 *A* 点）。
③ 指定第二条尺寸界线原点：捕捉 *B* 点。
④ 指定尺寸线位置或[多行文字（M）/文字（T）/角度（A）/水平（H）/垂直（V）/旋转（R）]：输入 R。
⑤ 指定尺寸线的角度<O>：输入角度。
⑥ 指定尺寸线位置或[多行文字（M）/文字（T）/角度（A）/水平（H）/垂直（V）/旋转（R）]：向右上拖动鼠标确定尺寸线的位置，确定位置后单击鼠标左键，即可标注出尺寸 50。

其他尺寸的标注方法相同。

8.3.2 对齐标注

在绘图过程中，经常会对斜线、斜面等图形实体进行标注。利用对齐标注命令，可以方便地标注斜线、斜面的尺寸，标注的尺寸线与斜线、斜面相平行。

对齐标注命令是 DIMALIGNED（或 DAL），启动 DIMALIGNED 命令有如下 5 种方法：

（1）单击下拉菜单"标注"→"对齐"按钮。
（2）在"标注"工具栏上单击"对齐"按钮""。
（3）在"命令"提示符下输入 dimaligned 并回车。
（4）在"功能区"选项板中选择"默认"选项卡，在"注释"面板单击"对齐"按钮""。
（5）在"功能区"选项板中选择"注释"选项卡，在"标注"面板中单击"对齐"按钮""。

启动 DIMALIGNED 命令后，在"指定第一个尺寸界线原点或<选择对象>:"提示符下选择一点作为第一条延伸线的起始点，或直接回车让 AutoCAD 自动确定两条延伸线的起始点，以下对两种操作情况分别进行介绍。

（1）操作一：确定第一个尺寸界线起始点，AutoCAD 命令行将继续给出操作提示。
① 在"指定第二条尺寸界线原点:"提示符下选择一点作为第二条延伸线的起始点。
② "指定尺寸线位置或[多行文字（M）/文字（T）/角度（A）]:"提示符下要求用户选择一点以确定尺寸线的位置或选择某个选项。

现对各选项做如下的说明：
① 尺寸线位置：AutoCAD 使用指定点定位尺寸线并且确定绘制延伸线的方向。指定位置之后，将绘制标注。
② 多行文字（M）：通过对话框输入尺寸文本。
③ 文字（T）：通过命令行输入尺寸文本。

④ 角度（A）：确定尺寸文本的旋转角度。

（2）操作二：直接回车以自动确定两条延伸线的起始点，AutoCAD 命令行将继续给出操作提示。

① 在"选择标注对象："提示符下用户可直接选择要进行标注尺寸的对象。AutoCAD 自动把所选择实体的两个端点作为两条延伸线的起始点。

② "指定尺寸线位置或[多行文字（M）/文字（T）/角度（A）]："提示符下要求用户选择一点以确定尺寸线的位置或选择某个选项。

例：利用对齐标注命令对如图 8-19 所示线段进行对齐标注。

（1）单击下拉菜单"标注"→"对齐"命令，在"指定第一个尺寸界线原点或<选择对象>："提示符下直接回车。

（2）在"选择标注对象："提示符下选择直线 AB。

（3）在"指定尺寸线位置或[多行文字（M）/文字（T）/角度（A）]："提示符下在直线 AB 的右上方任取一点以确定尺寸线的位置。

（4）"标注文字=20"显示标注出的尺寸大小。

对于尺寸 30 和尺寸 28，可以用后面讲述的标注连续尺寸的方法分别捕捉 C 点和 D 点。

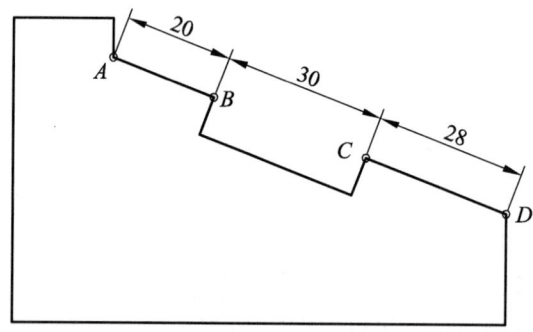

图 8-19　对齐尺寸标注

8.3.3　弧长标注

弧长标注用于测量圆弧或多段线圆弧段上的距离。弧长标注的延伸线可以正交或径向。在标注文字的上方或前面将显示圆弧符号。

弧长标注命令是 DIMARC（或 DAR），启动 DIMARC 命令有如下 5 种方法：

（1）单击下拉菜单"标注"→"弧长"命令。

（2）在"标注"工具栏上单击"弧长"按钮" "。

（3）在"命令"提示符下输入 dimarc 并回车。

（4）在"功能区"选项板中选择"默认"选项卡，在"注释"面板单击"弧长"按钮" "。

（5）在"功能区"选项板中选择"注释"选项卡，在"标注"面板中单击"弧长"按钮" "。

启动 DIMARC 命令后，命令行给出如下的操作提示，现将各选项说明如下：

（1）在"选择弧线段或多段线圆弧段："提示符下用户可直接选择要进行标注尺寸的圆弧。

（2）在"指定弧长标注位置或[多行文字（M）/文字（T）/角度（A）/部分（P）/引线（L）]："

提示符下要求用户选择一点以确定尺寸线的位置或选择某个选项。

① 弧长标注位置：指定尺寸线的位置并确定延伸线的方向。

② 引线（L）：提示添加引线对象。仅当圆弧（或圆弧段）大于90°时才会显示此选项。引线是按径向绘制的，指向所标注圆弧的圆心。

例：利用弧长标注命令对已绘制的一段圆弧（图 8-20）进行弧长标注。

（1）单击下拉菜单"标注"→"弧长"命令，在"选择弧线段或多段线圆弧段："提示符下选择圆弧，即//捕捉 A 点。

（2）在"指定弧长标注位置或[多行文字（M）/文字（T）/角度（A）/部分（P）/引线（L）]："提示符下在圆弧的旁边任取一点以确定尺寸线的位置。即向上拖动鼠标确定尺寸线的位置。

（3）确定位置后单击鼠标左键，"标注文字=43.205"显示标注出的尺寸大小。

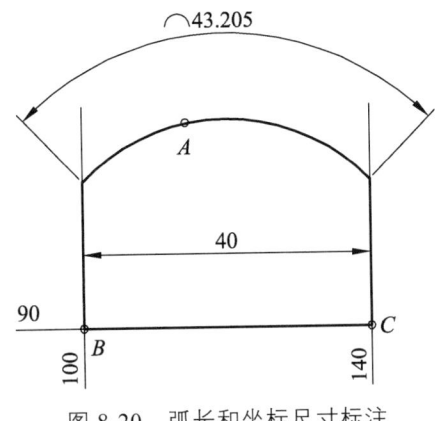

图 8-20　弧长和坐标尺寸标注

8.3.4　坐标标注

坐标标注用于测量从原点（称为基准）到要素（例如部件上的一个孔）的水平或垂直距离。这种标注保持特征点与基准点的精确偏移量，从而避免增大误差。

坐标标注命令是 DIMORDINATE（或 DOR），启动 DIMORDINATE 命令有如下 5 种方法：

（1）单击下拉菜单"标注"→"坐标"命令。

（2）在"标注"工具栏上单击"坐标"按钮" "。

（3）在"命令"提示符下输入 dimordinate 并回车。

（4）在"功能区"选项板中选择"默认"选项卡，在"注释"面板单击"坐标"按钮" "。

（5）在"功能区"选项板中选择"注释"选项卡，在"标注"面板中单击"坐标"按钮" "。

启动 DIMORDINATE 命令后，在"指定点坐标："提示符下确定要标注坐标尺寸的那一点，然后出现如下提示：

指定引线端点或[X 基准（X）/Y 基准（Y）/多行文字（M）/文字（T）/角度（A）]：

其中：

（1）"指定引线端点"选项：确定指引线的端点。AutoCAD 将根据用户所确定的标注点和指引线端点间的坐标差标注坐标尺寸，并将该尺寸文本标注在指引线终点处。

如果两点的 *X* 坐标之差大于 *Y* 坐标之差，AutoCAD 将标注 *X* 坐标，否则将标注 *Y* 坐标。

（2）"X 基准（X）"选项：标注 X 坐标。
（3）"Y 基准（Y）"选项：标注 Y 坐标。

例：标注如图 8-20 所示图形的坐标尺寸。

（1）第一步。

① 输入 dimordinate 命令并回车。

② 指定点坐标：捕捉 B 点，创建无关联的标注。

③ 指定引线端点或[X 基准（X）/Y 基准（Y）/多行文字（M）/文字（T）/度（A）]：向左拖动鼠标指定引线端点，确定位置后单击鼠标左键，即可标注出如图 8-20 所示的坐标尺寸 90。

（2）第二步。

① 输入 dimordinate 命令并回车。

② 指定点坐标：捕捉 B 点，创建无关联的标注。

③ 指定引线端点或[X 基准（X）/Y 基准（Y）/多行文字（M）/文字（T）/角度（A）]：向下拖动鼠标指定引线端点，确定位置后单击鼠标左键，即可标注出如图 8-20 所示的坐标尺寸 100。

（3）第三步。

① 输入 dimordinate 命令并回车。

② 指定点坐标：捕捉 C 点，创建无关联的标注。

③ 指定引线端点或[X 基准（X）/Y 基准（Y）/多行文字（M）/文字（T）/角度（A）]：向下拖动鼠标指定引线端点，确定位置后单击鼠标左键，即可标注出如图 8-20 所示的坐标尺寸 140。

8.3.5 半径标注

半径标注显示前面带有半径符号的标注文字，半径标注常用于盘类、轴类零件的尺寸标注。半径标注命令是 DIMRADIUS（或 DRA），启动 DIMRADIUS 命令有如下 5 种方法：

（1）单击下拉菜单"标注"→"半径"命令。

（2）在"标注"工具栏上单击"半径"按钮" "。

（3）在"命令"提示符下输入 dimradius 并回车。

（4）在"功能区"选项板中选择"默认"选项卡，在"注释"面板单击"半径"按钮" "。

（5）在"功能区"选项板中选择"注释"选项卡，在"标注"面板中单击"半径"按钮" "。

启动 DIMRADIUS 命令后，命令行给出如下的操作提示，现对各选项做如下说明：

（1）"选择圆弧或圆："提示符下要求选择要标注半径的圆或圆弧。

（2）在"标注文字=当前值指定尺寸线位置或[多行文字（M）/文字（T）/角度（A）]："提示符下要求确定尺寸线位置；或选择选项以设置尺寸文本或尺寸文本的倾斜角度。

例：利用 DIMRADIUS 命令标注如图 8-21 所示圆的半径。

① 单击"标注"→"半径"命令，在"选择圆弧或圆："提示符下选择要标注半径的圆。

② "标注文字=25"显示标注出的尺寸大小。

③ 在"指定尺寸线位置或[多行文字（M）/文字（T）/角度（A）]："提示符下在圆的内

部任取一点以确定尺寸线的位置。

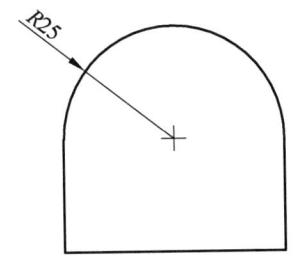 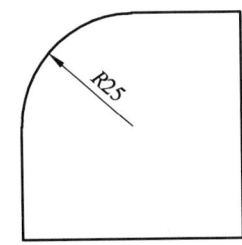

图 8-21 半径标注

8.3.6 直径标注

直径标注显示前面带有直径符号的标注文字，如图 8-22 所示。

直径标注命令是 DIMDIAMETER（或 DDI），启动 DIMDIAMETER 命令有如下 5 种方法：

（1）单击下拉菜单"标注"→"直径"命令。

（2）在"标注"工具栏上单击"直径"按钮" "。

（3）在"命令"提示符下输入 dimdiameter 并回车。

（4）在"功能区"选项板中选择"默认"选项卡，在"注释"面板单击"直径"按钮" "。

（5）在"功能区"选项板中选择"注释"选项卡，在"标注"面板中单击"直径"按钮" "。

启动 DIMDIAMETER 命令后，命令行给出如下的操作提示，现对各选项做如下说明：

（1）在"选择圆弧或圆："提示符下选择要标注直径的圆或圆弧。

（2）在"指定尺寸线位置或[多行文字（M）/文字（T）/角度（A）]："提示符下确定尺寸线位置；或选择选项以设置尺寸文本或尺寸文本的倾斜角度。

当通过"多行文字"和"文字"选项重新确定尺寸文字时，只有给输入的尺寸文字加前缀"%%C"，才能使标注出的直径尺寸前面显示直径符号。

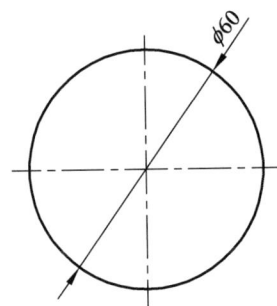 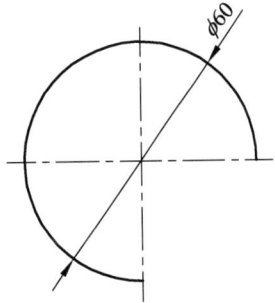

图 8.22 直径标注

8.3.7 折弯标注

折弯标注可以标注选定对象的半径，并显示前面带有半径符号的标注文字。折弯标注可以在任意合适的位置指定尺寸线的起始点。折弯半径标注也称为缩放半径标注。当圆弧或圆的中心位于布局之外并且无法在其实际位置显示时，将创建折弯半径标注。

折弯标注命令是 DIMJOGGED（或 DJO），启动 DIMJOGGED 命令有如下 5 种方法：
（1）单击下拉菜单"标注"→"折弯"命令。
（2）在"标注"工具栏上单击"折弯"按钮" "。
（3）在"命令"提示符下输入 dimjogged 并回车。
（4）在"功能区"选项板中选择"默认"选项卡，在"注释"面板单击"折弯"按钮" "。
（5）在"功能区"选项板中选择"注释"选项卡，在"标注"面板中单击"折弯"按钮" "。

启动 DIMJOGGED 命令后，命令行给出如下的操作提示，现将各选项说明如下：
（1）在"选择圆弧或圆："提示符下选择要标注的圆或圆弧。
（2）在"指定图示中心位置："提示符下选择折弯半径标注的新圆心，以用于替代圆弧或圆的实际圆心。
（3）在"标注文字：当前值指定尺寸线位置或[多行文字（M）/文字（T）/角度（A）]："提示符下确定尺寸线位置；或选择选项以设置尺寸文本或尺寸文本的倾斜角度。
（4）在"指定折弯位置："提示符下确定折弯标注的位置。
折弯标注结果如图 8-23 所示。

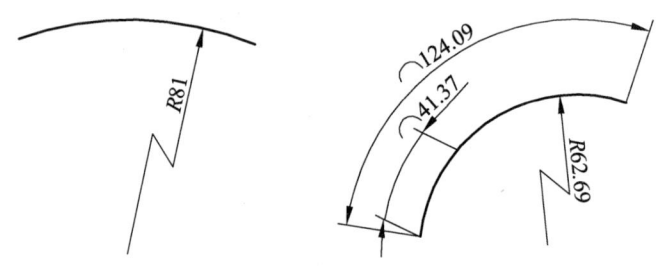

图 8-23　半径折弯标注

8.3.8　角度标注

角度标注用于标注选定的实体对象。可以选择的对象包括圆弧、圆和直线等。角度标注命令是 DIMANGULAR（或 DAN），启动 DIMANGULAR 命令有如下 5 种方法：
（1）单击下拉菜单"标注"→"角度"命令。
（2）在"标注"工具栏上单击"角度"按钮" "。
（3）在"命令"提示符下输入 dimangular 并回车。
（4）在"功能区"选项板中选择"默认"选项卡，在"注释"面板单击"角度"按钮" "。
（5）在"功能区"选项板中选择"注释"选项卡，在"标注"面板中单击"角度"按钮" "。

启动 DIMANGULAR 命令后，在"选择圆弧、圆、直线或<指定顶点>："提示符下要求用户选择要标注角度的弧、圆或直线，也可以直接回车后选择 3 点来标注角度。
（1）选择一：标注圆弧。
① 在"选择圆弧、圆、直线或<指定顶点>："提示符下选择一段圆弧，AutoCAD 自动将所选定圆弧的两端点设置为角度尺寸的两个延伸线的起始点。
② "指定标注弧线位置或[多行文字（M）/文字（T）/角度（A）/象限点（Q）:]"提示

用户确定标注弧型尺寸线的位置，或选择其他选项。

操作结果如图 8-24（a）所示。

（2）选择二：标注圆上的某段弧。

① 在"选择圆弧、圆、直线或<指定顶点>："提示符下选择一个圆，AutoCAD 自动将所选定圆的点设置为角度尺寸的第一条延伸线的起始点。

② "指定角的第二个端点："提示符要求用户确定一点作为角度尺寸的第二条延伸线的起始点。

③ "指定标注弧线位置或[多行文字（M）/文字（T）/角度（A）/象限点（Q）]："提示符要求用户确定标注弧型尺寸线的位置，或选择其他选项。

操作结果如图 8-24（b）所示。

（3）选择三：标注两条直线之间的角度。

① 在"选择圆弧、圆、直线或<指定顶点>："提示符下选择一条直线，AutoCAD 自动将所选定的直线设置为角度尺寸的第一条延伸线，并且在命令行给出如下的操作提示。

② "选择第二条直线"提示符要求用户确定第二条直线。AutoCAD 自动将所选定的直线设置为角度尺寸的第二条延伸线。

③ "指定标注弧线位置或[多行文字（M）/文字（T）/角度（A）/象限点（Q）]："提示符要求用户确定标注弧型尺寸线的位置，或选择其他选项。

AutoCAD 通过将每条直线作为角度的矢量，将直线的交点作为角度顶点来确定角度。尺寸线跨越这两条直线之间的角度。如果尺寸线与被标注的直线不相交，将根据需要添加延伸线，延长一条或两条直线。圆弧总是小于 180°。

操作结果如图 8-24（c）所示。

（4）选择四：直接回车确定 3 点标注角度。

① 在"选择圆弧、圆、直线或<指定顶点>："提示符后直接回车。

② 在"指定角的顶点："提示符下选择角顶点。

③ 在"指定角的第一个端点："提示符下选择第一边终点。

④ 在"指定角的第二个端点："提示符下选择第二边终点。

⑤ 在"指定标注弧线位置或[多行文字（M）/文字（T）/角度（A）/象限点（Q）]："提示符下确定标注弧型尺寸线的位置，或选择其他选项。

操作结果如图 8-24（d）所示。

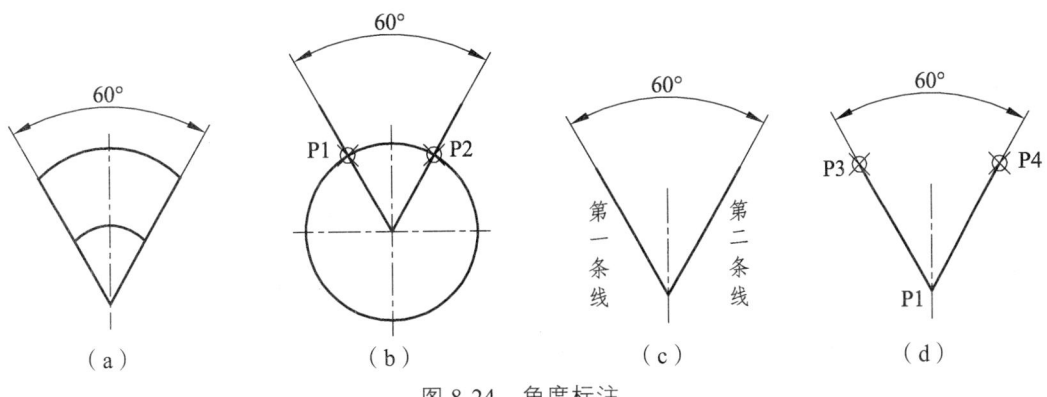

图 8-24 角度标注

8.3.9 基线标注

基线标注是指以某一线或面作为基准，其他尺寸都按该基准进行定位或画线，可以创建线性标注、角度标注或坐标标注。基线标注之间的默认间距可以通过"新建标注样式"对话框中的"线"→"基线间距"命令进行设置。

基线标注命令是 DIMBASELINE（或 DBA），启动 DIMBASELINE 命令有如下 5 种方法：

（1）单击下拉菜单"标注"→"基线"命令。

（2）在"标注"工具栏上单击"基线"按钮" "。

（3）在"命令"提示符下输入 dimbaseline 并回车。

（4）在"功能区"选项板中选择"默认"选项卡，在"注释"面板单击"标注"按钮" "，在绘图窗口下方的命令行中选择"基线（B）"命令。

（5）在"功能区"选项板中选择"注释"选项卡，在"标注"面板中单击"基线"按钮" "。

启动 DIMBASELINE 命令后，命令行给出如下的操作提示，现对各选项做如下说明：

"指定第二个尺寸界线原点或[放弃（U）/选择（S）]<选择>："提示符要求用户直接确定另一个尺寸的第二条延伸线起始点，即可标出尺寸。此后 AutoCAD 将反复出现此提示，直到用户标注完全部尺寸，按 Esc 键退出基线标注为止。

操作结果如图 8-25 所示。

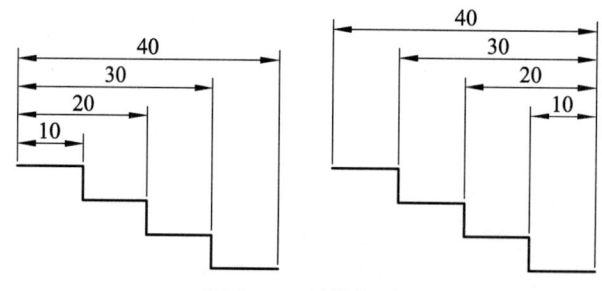

图 8-25　基线标注

如果用户在"指定第二个尺寸界线原点或[放弃（U）/选择（S）]<选择>："提示符下直接回车，命令行给出如下的操作提示：

（1）"选择基准标注："提示符要求用户选择基线标注的基线。

（2）"指定第二个尺寸界线原点或[放弃（U）/选择（S）]<选择>："提示符要求用户直接确定另一个要标注基线尺寸的第二条延伸线起始点。

标注基线尺寸要求用户事先要标出一个尺寸，而且该尺寸必须是线性尺寸、角度尺寸或坐标尺寸中的一种。

基线标注是以某一条延伸线（即基线）作为基准进行标注的。在 AutoCAD 中，基准可以理解为各基线尺寸公共的第一条延伸线。

确定基线之后，AutoCAD 允许用户在基线的两侧选择第二条延伸线的起始点。各相邻基线尺寸的尺寸线均相同。

例：利用基线标注命令对已绘制图形（图 8-26）进行基线标注。

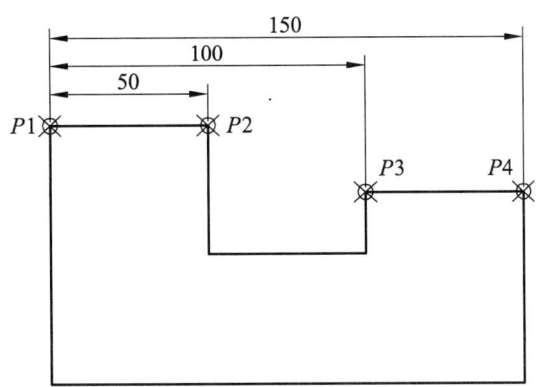

图 8-26 基线标注实例

（1）第一步：标注线性尺寸 50。

① 命令：单击"线性"按钮" "。

② 指定第一个尺寸界线原点或<选择对象>：点取 P1 点。

③ 指定第二条尺寸界线原点：点取 P2 点。

④ 指定尺寸线位置或[多行文字（M）/文字（T）/角度（A）/水平（H）/垂直（V）/旋转（R）]：点取适当的一点，确定尺寸线的位置。

（2）第二步：标注基线尺寸 100 和 150。

① 命令：单击"基线"按钮" "；

② 指定第二个尺寸界线原点或[放弃（U）/选择（S）]<选择>：点取 P3 点；

③ 指定第二个尺寸界线原点或[放弃（U）/选择（S）]<选择>：点取 P4 点；

④ 指定第二个尺寸界线原点或[放弃（U）/选择（S）]<选择>：回车结束该命令。

8.3.10 连续标注

与基线标注类似，连续标注也是按某一"基准"来标注尺寸的，但是该基准不是固定的，而是动态的。这些尺寸首尾相连（除第一个尺寸和最后一个尺寸之外），前一个尺寸的第二条延伸线就是后一个尺寸的第一条延伸线。AutoCAD 称这种类型的尺寸为连续标注。

连续标注命令是 DIMCONTINUE（或 DCO），启动 DIMCONTINUE 命令有如下 5 种方法：

（1）单击"标注"→"连续"命令。

（2）在"标注"工具栏上单击"连续"按钮" "。

（3）在"命令"提示符下输入 dimcontinue 并回车。

（4）在"功能区"选项板中选择"默认"选项卡，在"注释"面板单击"标注"按钮" "，在绘图窗口下方的命令行中选择"连续（C）"命令。

（5）在"功能区"选项板中选择"注释"选项卡，在"标注"面板中单击"连续"按钮" "。

启动 DIMCONTINUE 命令后，命令行给出如下的操作提示，现对各选项做如下说明：

"指定第二个尺寸界线原点或[放弃（U）/选择（S）]<选择>："提示符要求用户确定另一个连续尺寸的第二条延伸线起始点，或直接回车选择新的连续标注的起始点。

（1）选择一：直接确定下一个连续尺寸的第二条延伸线的起始点。

AutoCAD 命令行将反复出现如下操作提示：

"指定第二个尺寸界限原点或[放弃（U）/选择（S）]<选择>："，直到用户按 Esc 键退出连续标注命令为止。

（2）选择二：直接回车选择新的连续标注的起始点。

AutoCAD 命令行出现如下操作提示：

"选择连续标注："提示符要求用户选择线性、角度或坐标标注。

"指定第二个尺寸界限原点或[放弃（U）/选择（S）]<选择>："提示符要求用户确定一点。此时 AutoCAD 将以刚刚所选择的第一个尺寸的第二条延伸线作为下一个连续尺寸的第一条延伸线，以新选择的点作为第二条延伸线的起始点来标注第二个连续尺寸。

连续标注示例如图 8-27、图 8-28 所示。

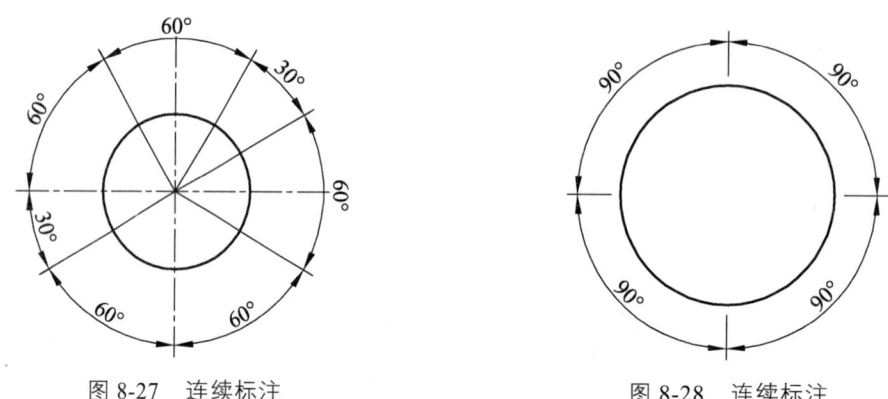

图 8-27　连续标注　　　　　　　图 8-28　连续标注

开始连续标注尺寸时，要求用户事先要标出一个尺寸，而且该尺寸必须是线性尺寸、角度尺寸或坐标尺寸中的一种。

在连续标注尺寸过程中，用户只能向同一方向标注下一个连续尺寸，不能向相反的方向标注下一个连续尺寸。因为若向相反方向标注连续尺寸，AutoCAD 可能将原来已标注的尺寸文本覆盖掉。

例：利用连续标注命令对已绘制图形（图 8-29）进行基线标注。

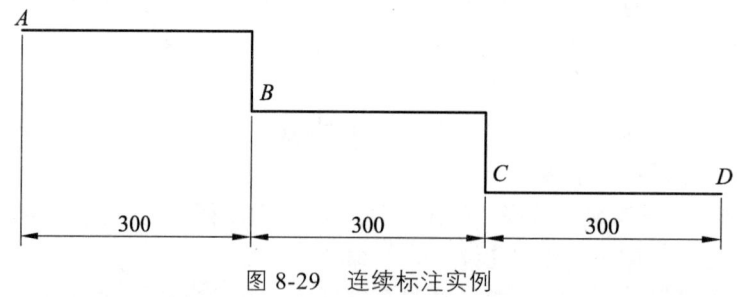

图 8-29　连续标注实例

（1）单击"标注"→"线性"命令，对 AB 段进行线性标注。

（2）单击"标注"→"连续"命令，在"指定第二个尺寸界线原点或[放弃（U）/选择（S）]<选择>："提示符下捕捉点 C。作为第二条尺寸标注的另一个端点，并按提示输入标注文字 300。

（3）在"指定第二个尺寸界线原点或[放弃（U）/选择（S）]<选择>："提示符下捕捉点 D，作为下一个尺寸标注的端点，并按提示输入标注文字 300。

（4）在"指定第二个尺寸界线原点或[放弃（U）/选择（S）]<选择>:"提示符下按回车键，结束命令。

8.3.11 多重引线标注

多重引线对象通常包括箭头、水平基线、引线、曲线、多行文字或块。多重引线可设置为箭头优先、引线基线优先或内容优先。多重引线样式可以控制引线的外观。用户可以使用默认多重引线样式"STANDARD"，也可以创建自己的多重引线样式。多重引线样式可以指定基线、引线、箭头和内容的格式。

1. 第一步

在进行多重引线标注之前要按照我国国家制图标准对多重引线样式创建和修改。创建和修改多重引线样式的命令是 MLEADERSTYLE，启动 MLEADERSTYLE 命令有如下 3 种方法：
① 下拉菜单选择"格式（O）"→"多重引线样式（I）"。
② 在工具栏上单击"多重引线"工具栏中的"多重引线样式"按钮" "。
③ 在"命令"行输入 mleaderstyle 并回车。

执行 MLEADERSTYLE 命令后，系统将显示如图 8-30 所示的"多重引线样式管理器"对话框。该命令用于设置当前多重引线样式，以及创建、修改和删除多重引线样式。这里以"修改多重引线样式对话框"为例来说明多重引线样式管理器的设置。点击"修改"按钮，显示"修改多重引线样式：Standard"对话框，用来控制多重引线的常规外观。

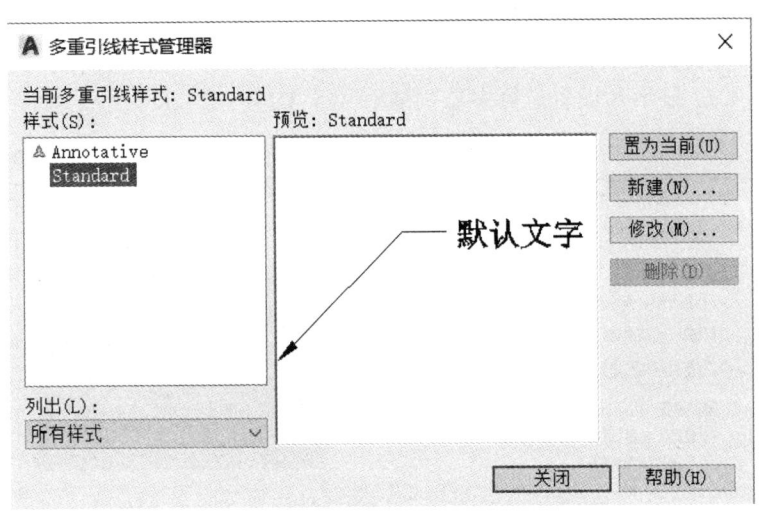

图 8-30 "多重引线样式管理器"对话框

（1）"修改多重引线样式：Standard"对话框中的"引线格式"选项卡如图 8-31 所示。各选项含义如下：
① 常规：对引线进行普通设置。
类型（T）：确定引线类型。可以选择直引线、样条曲线或无引线。
颜色（C）：确定引线的颜色。
线型（L）：确定引线的线型。

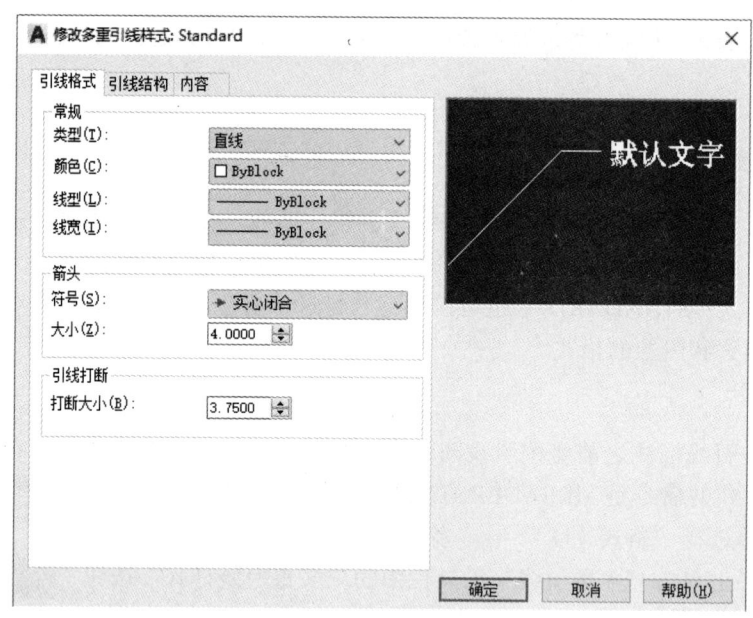

图 8-31 "引线格式"选项卡

线宽（I）：确定引线的线宽。
② 箭头：控制多重引线箭头的外观。
符号（S）：设置多重引线的箭头符号。
大小（Z）：显示和设置箭头的大小。
③ 引线打断：将折断标注添加到多重引线时使用的设置。
打断大小（B）：显示和设置选择多重引线后用于 DIMBREAK 命令的折断大小。
（2）"修改多重引线样式：Standard"对话框中的"引线结构"选项卡如图 8-32 所示。

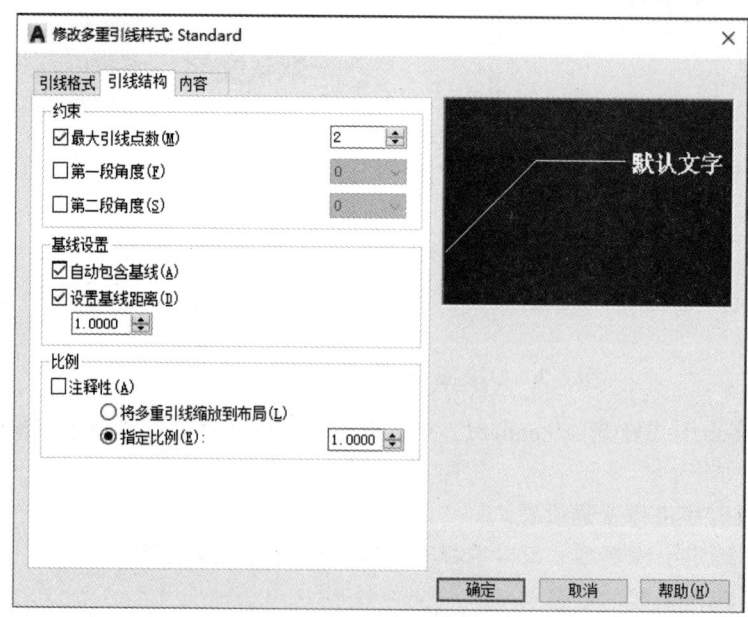

图 8-32 "引线结构"选项卡

各选项含义如下：

① 约束：控制多重引线的约束。

最大引线点数（M）：指定引线的最大点数。

第一段角度（F）：指定引线中的第一个点的角度。

第二段角度（S）：指定多重引线基线中的第二个点的角度。

② 基线设置：控制多重引线的基线设置。

自动包含基线（A）：将水平基线附着到多重引线内容。

设置基线距离（D）：为多重引线基线确定固定距离。

③ 比例：控制多重引线的缩放。

注释性（A）：指定多重引线为注释性。如果多重引线为注释性，则以下选项可用。

a. 将多重引线缩放到布局（L）：根据模型空间视口和图纸空间视口中的缩放比例确定多重引线的比例因子。

b. 指定比例（E）：指定多重引线的缩放比例。

（3）"修改多重引线样式：Standard"对话框中的"内容"选项卡如图 8-33 所示。

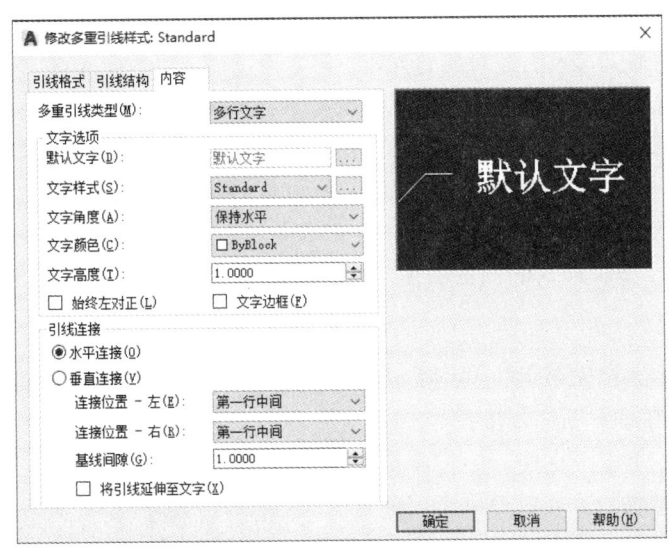

图 8-33 "内容"选项卡

各选项含义如下：

多重引线类型：确定多重引线是包含文字还是包含块。

① 如果多重引线包含多行文字，则下列选项可用：

a. 文字选项：控制多重引线文字的外观。

默认文字（D）：为多重引线内容设置默认文字。单击"…"按钮将启动多行文字在位编辑器。

文字样式（S）：列出可用的文本样式，从中可以创建或修改文字样式，详见"文字样式"对话框。

文字角度（A）：指定多重引线文字的旋转角度。

文字颜色（C）：指定多重引线文字的颜色。

文字高度（T）：指定多重引线文字的高度。

始终左对齐（L）：指定多重引线文字始终左对齐。

"文字边框"复选框（F）：使用文本框对多重引线文字内容加框。

b. 引线连接：控制多重引线的引线连接设置。

水平连接（O）：将引线插入到文字内容的左侧或右侧。附着包括文字和引线之间的基线。

垂直连接（V）：将引线插入到文字内容的顶部或底部。垂直连接不包括文字和引线之间的基线。

连接位置—上：将引线连接到文字内容的中上部。单击下拉菜单以在引线连接和文字内容之间插入上划线。

连接位置—下：将引线连接到文字内容的底部。单击下拉菜单在引线连接和文字内容之间插入下划线。

基线间隙（G）：指定基线和多重引线文字之间的距离。

② 如果多重引线包含块，则下列选项可用：

块选项：控制多重引线对象中块内容的特性。

源块：指定用于多重引线内容的块。

附着：指定块附着到多重引线对象的方式。可以通过指定块的插入点或块的圆心来附着块。

颜色：指定多重引线块内容的颜色。默认情况下，选择"ByBlock"。"MLEADERSTYLE 内容"选项卡中的块颜色控制仅当块中包含的对象颜色设置为"ByBlock"时才有效。

比例：指定插入时块的比例。例如，如果块为 1 立方英寸，指定的比例为 0.5000，则将块插入为 1/2 立方英寸。

③ 预览：显示已修改样式的预览图像。

2. 第二步

多重引线样式设置完成后，可用"MLEADER"命令来创建多重引线标注。启动"MLEADER"命令有如下 5 种方法：

（1）下拉菜单：单击"标注"→"多重引线"命令。

（2）在"多重引线"工具栏上单击"多重引线"按钮" "。

（3）在"命令"提示符下输入 mleader 并回车。

（4）在"菜单栏"中，单击"工具"→"工具栏"→"AutoCAD"→选中"多重引线"项，在绘图窗口上弹出"多重引线"快捷工具栏后，点击"多重引线"按钮" "。

（5）在"功能区"选项板中选择"默认"选项卡，在"注释"面板中单击"引线"按钮" "。

启动 MLEADER 命令后，命令行给出如下的操作提示：

（1）"指定引线箭头的位置或[引线基线优先（L）/内容优先（C）/选项（O）]<选项>："提示符要求确定引线箭头的位置或选择其他选项。

现对各选项作如下说明：

① "指定引线箭头的位置"：指定多重引线对象箭头的位置。

② "引线基线优先（L）"：指定多重引线对象的基线的位置。如果先前绘制的多重引线对象是基线优先，则后续的多重引线也将先创建基线（除非另外指定）。

③ "内容优先（C）"：指定与多重引线对象相关联的文字或块的位置。如果先前绘制的多重引线对象是内容优先，则后续的多重引线对象也将先创建内容（除非另外指定）。

④ "选项（O）"：指定用于放置多重引线对象的选项。

输入O后，命令行给出如下的操作提示：

输入选项[引线类型（L）/引线基线（A）/内容类型（C）/最大节点数（M）/第一个角度（F）/第二个角度（S）退出选项（X）]<退出选项>：

现对各选项做如下说明：

引线类型（L）：指定要使用的引线类型。指定直线、样条曲线或无引线。

引线基线（A）：更改水平基线的距离

内容类型（C）：指定要使用的内容类型。

最大节点数（M）：指定新引线的最大点数。

第一个角度（F）：约束新引线中的第一个点的角度。

第二个角度（S）：约束新引线中的第二个角度。

退出选项（X）：返回到第一个MLEADER命令提示。

（2）"指定引线基线的位置："提示符要求确定引线基线的位置。

（3）在"指定引线基线的位置"后，系统将弹出"在位编辑器"。通过"在位编辑器"输入注释说明文字，如图8-34所示。

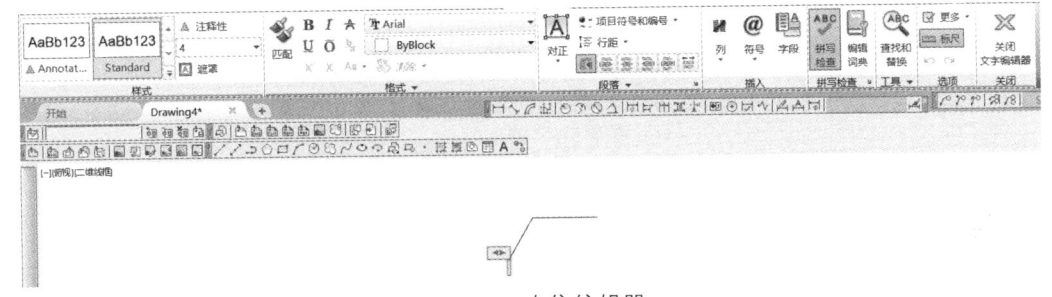

图8-34　在位编辑器

例：如图8-35所示，A点是地形测量中的特征点，要用多重引线将它标注出来。

具体操作步骤如下：

① 输入mleader命令并执行。

② 根据提示"指定引线箭头的位置或[引线基线优先（L）/内容优先（C）/选项（O）]<选项>："，在屏幕上指定引线箭头的位置A点。

③ 根据提示"指定引线基线的位置："，在屏幕上指定一点，作为引线基线的位置。

④ 接着弹出一个多行文字写入框"在位编辑器"，要求写入文字信息"特征点"，回车结束命令，完成多重引线标注。

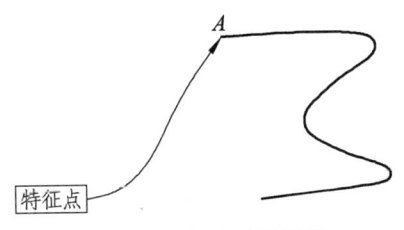

图8-35　多重引线标注

8.3.12 圆心标记

创建圆和圆弧的圆心标记或中心线。

圆心标记命令是 DIMCENTER（或 DCE），启动 DIMCENTER 命令有如下 4 种方法：

（1）单击"标注"→"圆心标记"命令。

（2）在"标注"工具栏上单击"圆心标记"工具按钮"⊕"。

（3）在"命令"提示符下输入 dimcenter 并回车。

（4）在"功能区"选项板中选择"注释"选项卡，在"中心线"面板中单击"圆心标记"按钮"⊕"。

启动 DIMCENTER 命令后，在"选择圆弧或圆"提示符下确定要进行圆心标记的圆弧或圆。

可以通过"新建标注样式"对话框的"符号和箭头"选项卡下的"圆心标记"来设置圆心标记的大小。

不同形式的圆心标记如图 8-36 所示。

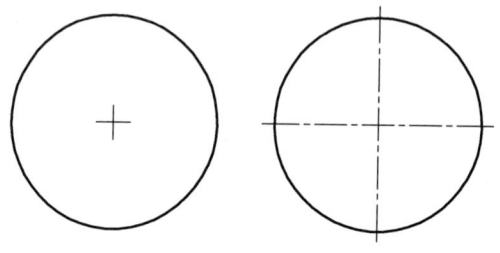

图 8-36　圆心标记

8.3.13 倾斜标注

编辑标注文字和延伸线。旋转、修改或恢复标注文字，更改延伸线的倾斜角。倾斜标注命令是 DIMEDIT（或 DED），启动 DIMEDIT 命令有如下 3 种方法：

（1）单击"标注"→"倾斜"命令。

（2）在"功能区"选项板中选择"注释"选项卡，在其中的"标注"下拉菜单上单击"倾斜"按钮"H"。

（3）在"命令"提示符下输入 dimedit 并回车。

启动 DIMEDIT 命令后，命令行给出如下的操作提示，现对各选项做如下说明：

①"输入标注编辑类型[默认（H）/新建（N）/旋转（R）/倾斜（O）]<默认>:"提示符要求输入标注编辑类型或选择其他选项。

默认（H）：将旋转标注文字移回默认位置。选定的标注文字移回到由标注样式指定的默认位置和旋转角。

新建（N）：使用文字编辑器更改标注文字。

旋转（R）：旋转标注文字。

倾斜（O）：调整线性标注延伸线的倾斜角度。

②在"选择对象:"提示符下可使用对象选择方法选择标注对象。

倾斜标注如图 8-37 所示。

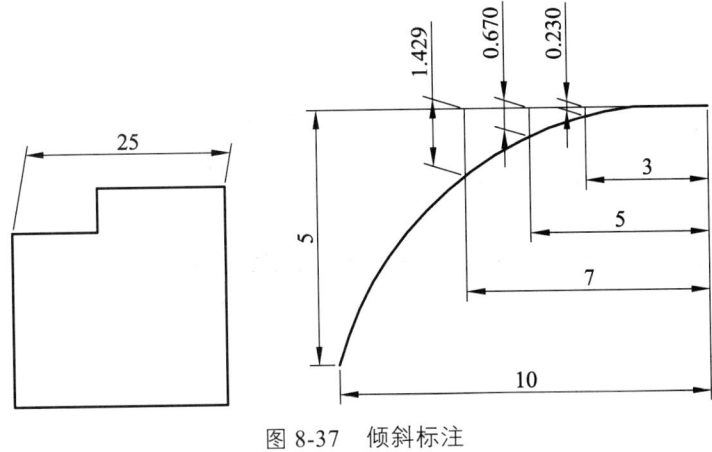

图 8-37 倾斜标注

8.3.14 快速标注

在工程制图中，经常要标注一系列相邻或相近实体目标的同一类尺寸。快速标注允许用户使用一次标注命令就可以标注一系列尺寸，这样就加快了标注的速度，提高了工作效率。

快速标注命令是 QDIM，启动 QDIM 命令有如下 4 种方法：

（1）单击"标注"→"快速标注"命令。

（2）在"标注"工具栏上单击"快速标注"按钮" "。

（3）在"命令"提示符下输入 qdim 并回车。

（4）在"功能区"选项板中选择"注释"选项卡，在"标注"面板中单击"快速"按钮" "。

启动 QDIM 命令后，命令行给出如下的操作提示，现对各选项做如下说明：

① "选择要标注的几何图形："提示符要求用户确定要进行快速标注的一系列图形实体，按回车键结束实体选择。

② "指定尺寸线位置或[连续（C）/并列（S）/基线（B）/坐标（O）/半径（R）/直径（D）/基准点（P）/编辑（E）设置（T）]<连续>："提示符要求确定尺寸线位置或选择其他选项。

连续（C）：标注一系列连续尺寸。

并列（S）：标注一系列并列尺寸。

基线（B）：标注一系列基线标注尺寸。

坐标（O）：标注一系列坐标尺寸。

半径（R）：标注一系列半径尺寸。

直径（D）：标注一系列直径尺寸。

基准点（P）：为基线和坐标标注设置新的基准点。

编辑（E）：通过增加或减少尺寸标注点来编辑一系列标注。

设置（T）：为指定延伸线起始点设置默认对象捕捉。

快速标注命令适合于标注基线尺寸、连续尺寸以及一系列圆的半径、直径。

8.4 形位公差标注

8.4.1 形位公差概述

形位公差包括形状公差和位置公差，是质量控制、产品检验等方面的重要的技术依据。形位公差的标注样式一般包括指引线、形位公差代号、直径代号、形位公差值、基准代号等。形位公差代码含义如图 8-38 所示。

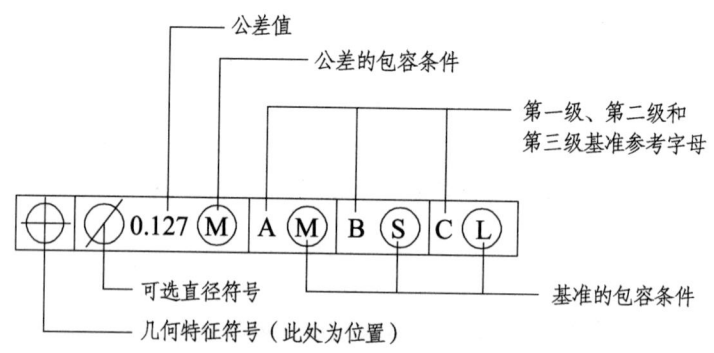

图 8-38　形位公差代码含义

形位公差的符号及包容条件的含义见图 8-39 和图 8-40。

在 AutoCAD 中，可以使用大多数编辑命令修改特性控制框，还可以使用对象捕捉模式对其进行捕捉。

符号	特征	类型
⊕	位置度	定位公差
◎	同轴度	定位公差
=	对称度	定位公差
//	平行度	定向公差
⊥	垂直度	定向公差
∠	倾斜度	定向公差
⌭	圆柱度	形状公差
▱	平面度	形状公差
○	圆度	形状公差
—	直线度	形状公差
⌒	面轮廓度	形状公差
⌒	线轮廓度	形状公差
↗	圆跳动	位置公差
↗↗	全跳动	位置公差

图 8-39　形位公差的符号

符号	定　义
Ⓜ	在最大材料条件（MMC）中，一个特性包含在规定限度里最大的材料值
Ⓛ	在最小材料条件（LMC）中，一个特性包含在规定限度里最小的材料值
Ⓢ	特性大小无关（RFS），表明在规定限度里特性可以变为任何大小

图 8-40　包容条件符号的含义

8.4.2　标注形位公差

1. 不带引线的形位公差标注

形位公差标注命令是 TOLERANCE（或 TOL），启动 TOLERANCE 命令有如下 3 种办法：
（1）下拉菜单：单击"标注"→"公差"命令。
（2）在"标注"工具栏上单击"公差"按钮"⊞"。
（3）在"命令"提示符下输入 tolerance 并回车。

启动 TOLERANCE 命令后，AutoCAD 弹出"形位公差"对话框，如图 8-41 所示。

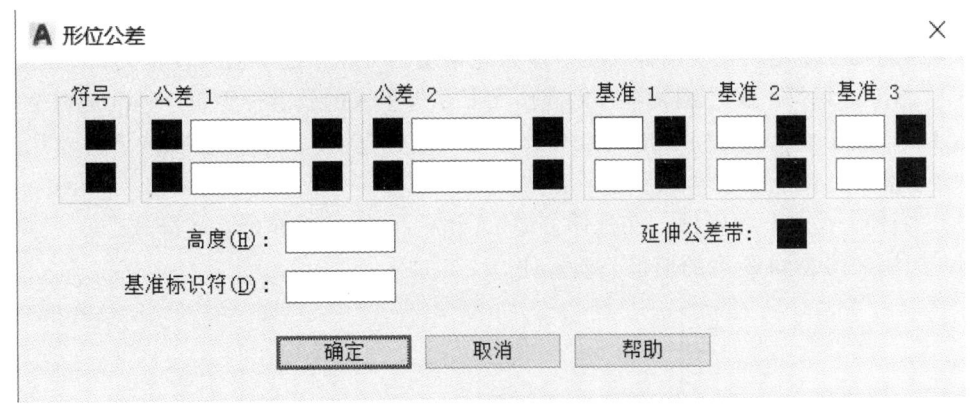

图 8-41　"形位公差"对话框

该对话框为形位公差特征控制框指定符号和值。主要内容如下：
（1）"符号"区：用于显示形位公差特性符号。单击"符号"下方的小黑方块，将弹出如图 8-42 所示的"特征符号"对话框。对话框中显示所有的形位公差特性符号。可用鼠标左键单击选择一个符号或单击其中的白底框关闭此对话框。选择一个符号后，该符号会显示在"符号"下方的小黑方块中。

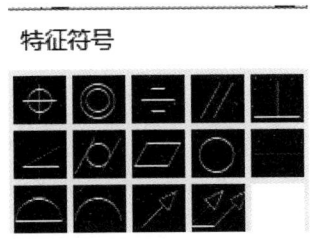

图 8-42　"特征符号"对话框

（2）"公差 1"区：在特征控制框中创建第一个公差值。公差值指明了几何特征相对于精确尺寸的允许偏差量。可在公差值前插入直径符号，在其后插入包容条件符号。单击中间白框，可在框中输入值。单击左侧的小黑方块，将插入一个直径符号。单击右侧的小黑方块，将弹出如图 8-43 所示的"附加符号"对话框。用户可从中选择包容条件符号。

图 8-43 "附加符号"对话框

（3）"公差 2"区：在特征控制框中创建第二个公差值。方法与第一个公差值相同。

（4）"基准 1"区：在特征控制框中创建第一级基准参照。基准参照由值和修饰符号组成。基准是理论上精确的几何参照，用于建立特征的公差带。左侧白框用于输入数值，单击右侧的小黑方块，将弹出"附加符号"对话框。用户可从中选择包容条件符号。

（5）"基准 2"区：在特征控制框中创建第二级基准参照，方法与第一级基准参照相同。

（6）"基准 3"区：在特征控制框中创建第三级基准参照，方式与第一级基准参照相同。

（7）"高度（H）"编辑框：创建特征控制框中的投影公差零值。投影公差带控制固定垂直部分延伸区的高度变化，并以位置公差控制公差精度。可在该框中输入具体值。

（8）"基准标识符（D）"编辑框：创建由参照字母组成的基准标识符。基准是理论上精确的几何参照，用于建立其他特征的位置和公差带。点、直线、平面、圆柱或者其他几何图形都能作为基准。可在该框中输入字母。

（9）"延伸公差带"编辑框：在延伸公差带值的后面插入延伸公差带符号。

例：标注如图 8-44 所示的形位公差标注。

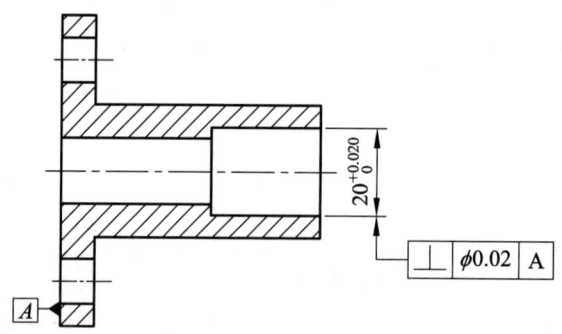

图 8-44 形位公差标注

（1）执行 TDLERANCE 命令后，系统弹出"形位公差"对话框，对话框各选项如图 8-45 所示，单击"确定"按钮，系统提示如下：

输入公差位置：拖动鼠标指定特征控制框的位置，确定位置后单击鼠标左键。

特征控制框左侧的引线既可以利用有箭头的多段线，也可以用多重引线绘制。此时要对前面设置的多重引线样式进行修改，将"引线格式"选项卡中"箭头"的"符号（S）"选项设置成"实心闭合"；将"内容"选项卡中"多重引线类型（M）"选项设置成"无"。

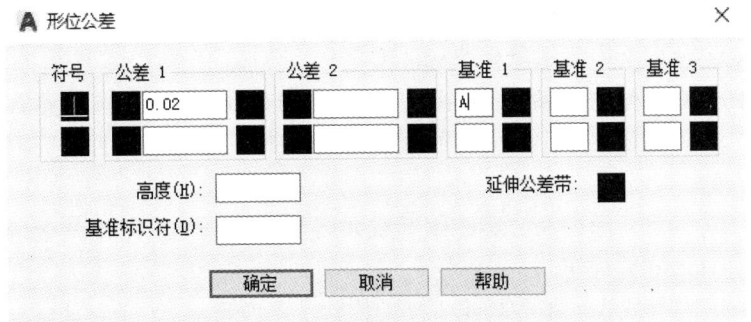

图 8-45 "形位公差"对话框

2. 带引线的形位公差标注

使用 QLEADER 命令可以快速创建引线和引线注释。启动该命令后，直接按下回车键，可以使用"引线设置"对话框自定义该命令，以便提示用户创建适合绘图需要的引线点数和注释类型。可以使用 QLEADER 命令指定引线注释和注释格式、设置引线添加到多行文字注释的位置、限制引线点的数目、限定第一段和第二段引线的角度。

启动 QLEADER 命令后，命令行给出如下的操作提示，现对各选项做如下说明：

（1）"指定第一个引线点或[设置（s）]<设置>："。

① 指定第一个引线点：确定引线的起始点。

② 设置（S）：显示"引线设置"对话框。

（2）在"指定下一点："提示符下确定引线的下一个点。此提示重复出现，直到确定引线的所有的点。

（3）在"指定文字宽度<O>："提示符下可通过创建文字边界或输入值来指定多行文字宽度。

（4）在"输入注释文字的第一行<多行文字（M）>："提示符下输入第一行文字。按回车键输入另一行文字，或者再次按回车键完成该命令。

8.5 编辑尺寸标注

当用户要修改已有的尺寸标注内容时，可以通过相应的命令来实现，而不需要将尺寸标注删除后再标注。

8.5.1 尺寸标注的编辑

尺寸标注的编辑命令是 DIMEDIT，启动 DIMEDIT 命令有如下 2 种方法：

（1）在"标注"工具栏上单击"编辑标注"按钮" "。

（2）在"命令"提示符下输入 dimedit 并回车。

启动 DIMEDIT 命令后，命令行给出如下的操作提示：

输入标注编辑类型[默认（H）/新建（N）/旋转（R）/倾斜（O）]<默认>：

现对各选项做如下说明：

① 默认（H）：将旋转标注文字移回默认位置。使用对象选择方法选择标注对象，选定的

标注文字移回到由标注样式指定的默认位置和旋转角。

②新建（N）：使用文字编辑器更改标注文字。

③旋转（R）：旋转标注文字。此选项与DIMTEDIT的"角度"选项类似。

④倾斜（O）：调整线性标注延伸线的倾斜角度，使用对象选择方法选择标注对象，输入角度值或按回车键。

例：将图8-46（a）所示的尺寸标注编辑成如图8-46（b）所示的尺寸标注。

命令：输入dimedit并回车。

输入标注编辑类型[默认（H）/新建（N）/旋转（R）/倾斜（O）]<默认>：R。

指定标注文字的角度：15。

选择对象：找到1个，选择尺寸25。

选择对象：按回车键。

命令：输入dimedit并回车。

输入标注编辑类型[默认（H）/新建（N）/旋转（R）倾斜（O）]<默认>：O。

选择对象：找到1个，选择尺寸ϕ22。

选择对象：按回车键。

输入倾斜角度（按回车键表示无）：20。

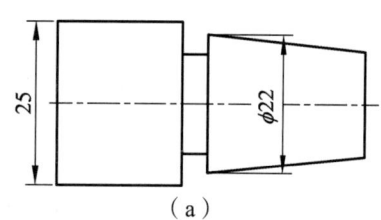
（a）

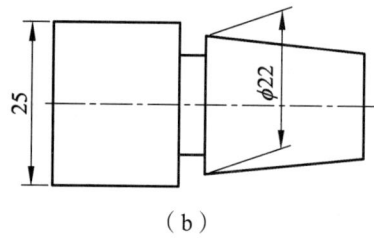
（b）

图8-46　编辑标注

8.5.2　修改尺寸标注文字的位置

修改尺寸标注文字的位置可以重新定位标注文字。修改尺寸标注文字的位置命令是DIMTEDIT，启动DIMTEDIT命令有如下3种方法：

（1）单击"标注"→"对齐文字"→"默认""角度""左""居中""右"命令。

（2）在"标注"工具栏上单击"编辑标注文字"按钮"[A]"。

（3）在"命令"提示符下输入dimtedit并回车。

启动DIMTEDIT命令后，在"选择标注"提示符下选择要编辑的标注，出现如下提示："为标注文字指定新位置或[左对齐（L）/右对齐（R）/居中（C）/默认（H）/角度（A）]:"。现对各选项做如下说明：

①标注文字的位置：拖曳时动态更新标注文字的位置。要确定文字显示在尺寸线的上方、下方还是中间，请使用"新建/修改/替代标注样式"对话框中的"文字"选项卡。

②左对齐(L)：沿尺寸线左对正标注文字。此选项只适用于线性、半径和直径标注。

③右对齐（R）：沿尺寸线右对正标注文字。此选项只适用于线性、半径和直径标注。

④居中（C）：将标注文字放在尺寸线的中间。

⑤ 默认（H）：将标注文字移回默认位置。
⑥ 角度（A）：修改标注文字的角度。

在下拉菜单"标注（N）/对齐文字（X）"子菜单中也有 5 个相同的菜单项。可以通过选择下拉菜单来执行上述 5 个选项的操作。

图 8-47 为分别进行了"居中""左对齐""右对齐"和"角度"操作后的尺寸标注。

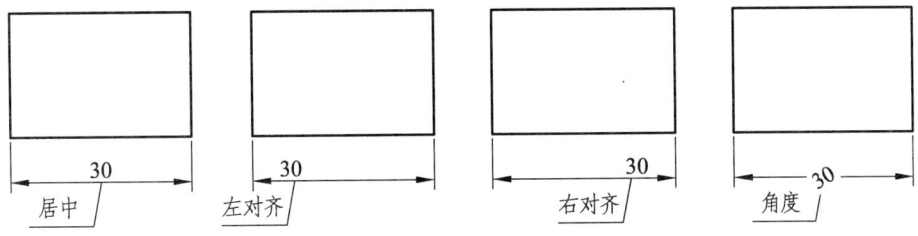

图 8-47　编辑标注文字

8.5.3　调整标注尺寸线的间距

DIMSPACE 命令用于调整线性标注或角度标注之间的间距。启动 DIMSPACE 命令有如下 3 种方法：

（1）下拉菜单：选择"标注（N）"→"标注间距（P）"。
（2）工具栏：单击"标注"工具栏中的"标注间距"按钮" "。
（3）命令行：dimspace。

具体步骤如下：

命令：输入 dimspace 并回车。

选择基准标注：选择平行线性标注或角度标注。

选择要产生间距的标注：选择平行线性标注或角度标注以从基准标注均匀隔开，并按 回车键。

选择要产生间距的标注：按回车键。

输入值或[自动（A）]<自动>：若"输入值"为 0，则使一系列线性标注或角度标注的尺寸线齐平。若选择"自动（A）"，则系统将依据尺寸文本高度的两倍来设置两尺寸线之间的距离。

例：进行如图 8-48 所示的尺寸间距调整。

（1）命令：输入 dimspace 并回车。

选择基准标注：选择尺寸 30。

选择要产生间距的标注：找到 1 个，选择尺寸 15。

选择要产生间距的标注：按回车键。

输入值或[自动（A）]<自动>：0。

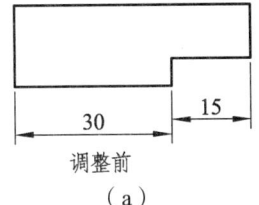

（a）调整前

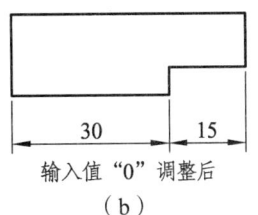

（b）输入值"0"调整后

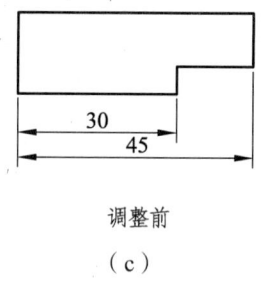 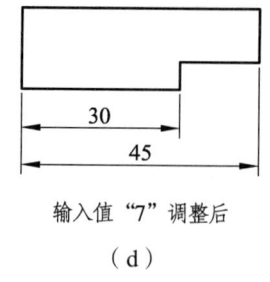 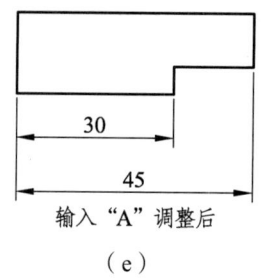

|调整前|输入值"7"调整后|输入"A"调整后|
|(c)|(d)|(e)|

图 8-48　调整尺寸线的间距

（2）命令：输入 dimspace 并回车。

选择基准标注：选择尺寸 30。

选择要产生间距的标注：找到 1 个，选择尺寸 45。

选择要产生间距的标注：按回车键。

输入值或[自动（A）]<自动>：7。

（3）命令：输入 dimspace 并回车。

选择基准标注：选择尺寸 30。

选择要产生间距的标注：找到 1 个。选择尺寸 45。

选择要产生间距的标注：按回车键。

输入值或[自动（A）]<自动>：按回车键。

8.5.4　尺寸标注折断

DIMBREAK 命令用于在标注和延伸线与其他对象的相交处打断或恢复标注和延伸线。启动 DIMBREAK 命令有如下 3 种方法：

（1）下拉菜单：选择"标注（N）/标注打断（K）"。

（2）工具栏：单击"标注"工具栏中的"标注打断"按钮" "。

（3）命令行：dimbreak。

具体步骤如下：

命令：输入 dimbreak 并回车。

选择要添加/删除折断的标注或[多个（M）]：选择标注。

选择要折断标注的对象或[自动（A）/手动（M）/删除（R）]<自动>：选择与标注相交或与选定标注的延伸线相交的对象，输入选项，或按回车键。

选择要折断标注的对象：按回车键。

DIMBREAK 命令中各选项含义如下：

① 多个（M）：指定要向其中添加折断或要从中删除折断的多个标注。

② 自动（A）：自动将折断标注放置在与选定标注相交的对象的所有交点处。修改标注或相交对象时，会自动更新使用此选项创建的所有折断标注。在具有任何折断标注的标注上方绘制新对象后，在交点处不会沿标注对象自动应用任何新的折断标注。要添加新的折断标注，必须再次运行此命令。

③ 手动（M）：手动放置折断标注。为折断位置指定标注或延伸线上的两点。如果修改标

注或相交对象,则不会更新使用此选项创建的任何折断标注。使用此选项,一次仅可以放置一个手动折断标注。

④ 删除(R):从选定的标注中删除所有折断标注。

例:对如图8-49所示的尺寸标注进行打断。

具体步骤如下:

命令:输入dimbreak并回车。

选择要添加/删除折断的标注或[多个(M)]:选择角度尺寸标注。

选择要折断标注的对象或[自动(A)/手动(M)/删除(R)]<自动>:选择线A。

选择要折断标注的对象:按回车键。

此时提示"1个对象已修改"。

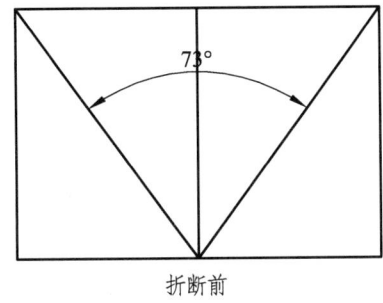 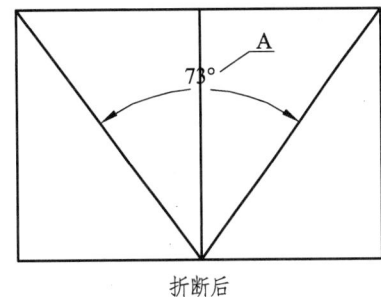

折断前　　　　　　　　　　　　折断后

图 8-49 . 折断尺寸标注

8.5.5 线性标注或对齐标注折弯

DIMJOGLINE命令用于在线性标注或对齐标注中添加或删除折弯线。标注中的折弯线表示所标注的对象中的折断。标注值表示实际距离,而不是图形中测量的距离。启动DIMJOGLINE命令有如下3种方法:

(1)下拉菜单:选择"标注(N)"→"折弯线性(J)";

(2)工具栏:单击"标注"工具栏中的"折弯线性"按钮" "。

(3)在"功能区"选项板中选择"注释"选项卡,在"标注"面板中单击"折弯标注"按钮" "。

(4)命令行:DIMJOGLINE。

具体步骤如下:

命令:输入dimjogline并回车。

选择要添加折弯的标注或[删除(R)]:选择线性标注或对齐标注。

指定折弯位置(或按回车键):拖动鼠标指定尺寸线上的折弯位置点,或按回车键将折弯放在标注文字和第一条延伸线之间的中点处,或基于标注文字位置的尺寸线的中点处。

在系统提示"选择要添加折弯的标注或[删除(R)]:"时输入"R"选项,系统将提示"选择要删除的折弯:",此时选择要从中删除折弯的线性标注或对齐标注。

【注】给尺寸添加折弯,仅用于线性标注或对齐标注线性尺寸。

图8-50为线性尺寸80进行折弯前后的图形。

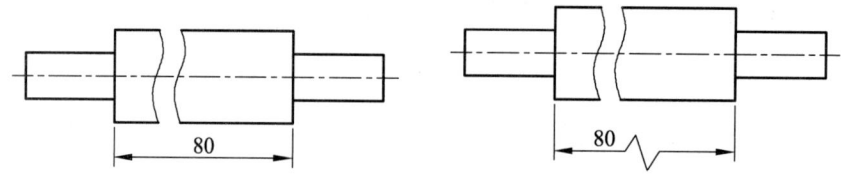

图 8-50 折弯线性尺寸标注

8.5.6 尺寸的替代

替代选定标注的指定标注系统变量,或清除选定标注对象的替代,将其返回到由其标注样式定义的设置。

尺寸替代命令是 DIMOVERRIDE,启动 DIMOVERRIDE 命令有如下 2 种方法:

(1)单击"标注(N)"→"替代(V)"命令。

(2)在"命令"提示符下输入 dimoverride 并回车。

启动 DIMOVERRIDE 命令后,命令行给出操作提示:"输入要替代的标注变量名或[清除替代(C)]:",现对各选项做如下说明:

(1)要替代的标注变量名:替代指定尺寸标注系统变量的值。输入值或按回车键。如果输入新值,将再次显示[要替代的标注变量名]提示。如果按回车键,将提示选择标注。使用对象选择方法选择标注,将应用选定标注的替代。

(2)清除替代(C):清除选定标注对象的所有替代值。使用对象选择方法选择标注。将清除替代,并将标注对象返回到其标注样式所定义的设置。当选择尺寸对象时,尺寸对象上也会显示出若干个夹点(显示为蓝色小方框)。也可以通过夹点修改标注文字时,单击尺寸文字上的夹点,使它成为操作点,然后把尺寸文字拖移到新的位置并单击。同样,选取尺寸线两端的夹点或尺寸界线起点处的夹点,可以对尺寸线或尺寸界线进行移动。

8.5.7 尺寸标注更新

标注更新(Dimstyle)命令可以根据需要设置标注样式中的各个选项。启动该命令的方法如下:

(1)在"菜单栏"中,选择"标注"→"更新"命令。

(2)在"标注"快捷工具栏上,点击"标注更新"按钮" "。

(3)在命令行提示符下键入"dimstyle"后,按回车键。

(4)在"功能区"选项板中选择"注释"选项卡,在"标注"面板中单击"更新"按钮" "。

命令启动后提示行将出现如下提示信息:

输入标注样式选项

[注释性(AN)保存(S)恢复(R)状态(ST)变量(V)应用(A)/?]<恢复>:apply;

-DIMSTYLE 选择对象:

该命令行中常用选项的含义如下:

① 注释性(AN):用于创建注释性标注样式。

② 状态（ST）：显示标注系统变量的当前值，列出变量值后自动结束命令。

③ 变量（V）：列出某个标注样式或选定标注的标注系统变量的设置，但不修改当前设置。

④ 应用（A）：将当前尺寸标注系统变量设置应用到选定的标注对象。永久代替应用于这些对象的任何现有的标注样式。

思考与练习题

1. 尺寸标注数值的精度取决于什么命令的设置?
2. 通常一个完整的尺寸标注由标注文字、尺寸线、_____、箭头等组成。
3. 标注角度 45°25′30″,应该如何设置?
4. 形位公差包括_____公差和_____公差。
5. 标注样式的"替代"有什么作用?
6. 若要使尺寸线与尺寸界线不垂直,用什么方法实现?
7. 画出如图 8-51 所示图形并进行尺寸标注。

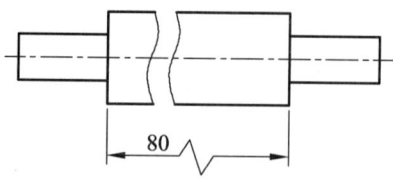

图 8-51　练习题一

第 9 章 块和外部参照

> **导言**：在使用 AutoCAD 绘制图形时，如果图形中有大量相同或相似的内容，或者所绘制的图形与现有的图形文件相同，则可以把要重复绘制的图形创建成块（也称为图块），并根据需要为块创建属性，指定块的名称、用途及设计者等信息，在需要时直接插入它们，从而提高绘图效率。当然，用户也可以把已有的图形文件以参照的形式插入到当前图形中（即外部参照），或是通过 AutoCAD 设计中心浏览、查找、预览、使用和管理 AutoCAD 图形、块、外部参照等不同的资源文件。

9.1 块的特点

在 AutoCAD 中，使用块可以加快绘图速度、节省存储空间、便于图形修改和方便添加属性。具体来讲，AutoCAD 中的块具有以下特点。

9.1.1 加快绘图速度

在 AutoCAD 中绘图时，经常要绘制一些重复出现的图形。如果把这些图形做成块保存起来，绘制它们时就可以用插入块的方法实现，从而避免了大量的重复工作，可大大提高绘图效率。

9.1.2 节省存储空间

AutoCAD 要存储图中每一个实体的相关信息，如实体的类型、图层、坐标、线型及颜色等，这些信息需占用大量的存储空间。如果一幅图中包含有大量相同的图形，就会占用较大的磁盘空间。但如果把相同的图形定义成一个块，绘制它们时就可以直接把块插入到图中的各个相应位置。这样不但满足了绘图要求，还可以节省磁盘空间。因为在块的定义中包含了图形的全部对象，所以系统只需要一次这样的定义。对于块的每次插入，AutoCAD 仅需要记住这个对象的有关信息（如块名、插入点坐标及插入比例等）。特别是绘制相对复杂的图形时，利用图块就会节省大量的磁盘空间。

9.1.3 便于图形修改

在图样的绘制和使用过程中，经常需要对已有的图形进行反复地修改和编辑。如果在当前的图形中修改或更新一个已定义好的图块，AutoCAD 会自动地更新图中的所有该图块。

9.1.4 便于添加属性

很多块要求有文字信息以进一步解释其功能。AutoCAD 允许用户为块创建这些文字属性，并可在插入的块中指定是否显示这些属性。此外，还可以从图中提取这些信息并将它们传送到数据库中。

9.2 创建和编辑块

用 AutoCAD 绘图的最大优点就是 AutoCAD 具有库的功能且能重复使用图形的部件。利用 AutoCAD 提供的块、写入块和插入块等操作就可以把用 AutoCAD 绘制的图形作为一种资源存储起来，在一个图形文件或者不同的图形文件中重复使用。

9.2.1 创建内部块

所谓的内部块即数据保存在当前文件中，只能被当前图形所访问的块。创建内部块可用以下几种方法实现：

（1）命令：输入 Block 或 Bmake 并回车。
（2）在"菜单栏"中，选择"绘图"→"块"→"创建（M）"。
（3）绘制"工具栏"：在绘制工具栏上单击创建块图标，如图 9-1 所示。

图 9-1 "绘制"工具栏

（4）在"功能区"选项板中选择"默认"选项卡，在"块"面板单击"创建"按钮" 创建"。
（5）在"功能区"选项板中选择"插入"选项卡，在"块定义"面板单击"创建"按钮" 创建块"；执行命令后，AutoCAD 弹出"块定义"对话框，如下图 9-2 所示。

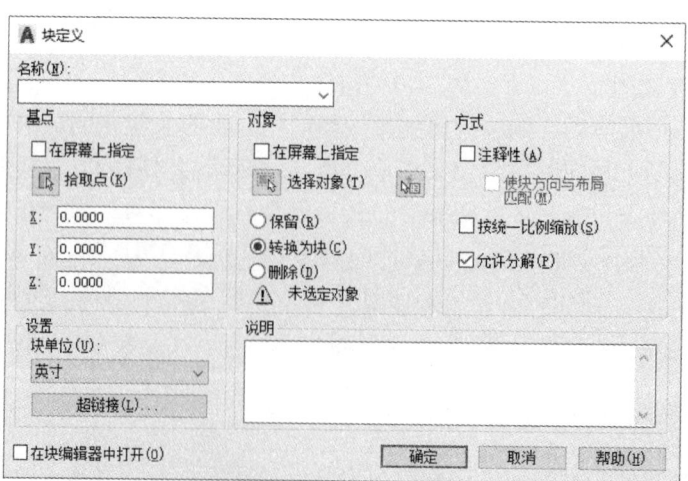

图 9-2 "块定义"对话框

"块定义"对话框中各选项的含义如下：

（1）名称（N）：定义创建块的名称。可以直接在其输入框中输入。

（2）基点：设置块的插入基点。可以在 X、Y、Z 的输入框中直接输入基点的坐标值；也可以单击"拾取点"按钮，用十字光标直接在作图区点取。

（3）对象：选取要定义块的实体。在该设置区中有多个单选项，其含义如下：

① "在屏幕上指定"复选框：用于关闭对话框时，由用户根据提示指定对象。

② 选择对象（I）：提示用户在图形屏幕中选取组成块的对象，可以使用构成选择集的所有方式，选择完毕后在对话框中显示选中对象的总和。

③ 保留（R）：创建块后，保留图形中构成块的对象。

④ 转换为块（C）：创建块后，同时将图形中被选择的对象转化为块。

⑤ 删除（D）：删除所选取的实体图形。

（4）"方式"选项组：该选项组用于指定块行为方式，各选项含义具体如下：

① "注释性（A）"复选框：用于指定块是否为注释性。

② "使块方向与布局匹配（S）"复选框：如果勾选此复选框，则指定在图纸空间视口中的块参照的方向与布局的方向匹配。如果未勾选"注释性"复选框，则"使块方向与布局匹配"复选框不可用。

③ "按统一比例缩放"复选框：指定是否阻止块参考不按统一比例缩放。

④ "允许分解（P）"复选框：指定块参照是否可以被分解。默认勾选此复选框。

（5）"设置"选项组：在该选项组中指定块的相关设置，如块单位、超链接。

（6）"在块编辑器中打开"复选框：如果勾选"在块编辑器中打开复选框（O）"，那么单击"确定"按钮后，将在块编辑器中打开当前的块定义。

9.2.2 创建外部块

外部块，即块的数据可以是以前定义的内部块，或是整个图形，或是选择的对象，它保存在独立的图形文件中，可以被所有图形文件所访问。创建外部块可用以下几种方法实现：

（1）命令：输入 wblock 或 w，并回车。

（2）在"功能区"选项板中选择"插入"选项卡，在"块定义"面板单击"写块"按钮" "，出现如图 9-3 所示的"写块"对话框。

该对话框中各选项的含义如下：

(1) 源：在该设置区中可以通过以下选项设置块的来源。

① 块（B）：来源于块。

② 整个图形（E）：来源于当前正在绘制的整张图形。

③ 对象（O）：指定块中要包含的对象，以及创建块之后如何处理这些对象，是保留还是删除选定的对象或者是将它们转换成块实例。

④ 基点：插入的基点。

⑤ 对象：选取对象。

（2）目标：目标参数描述。在该设置区中可以设置块的以下信息：

① 文件名：设置输出文件名。

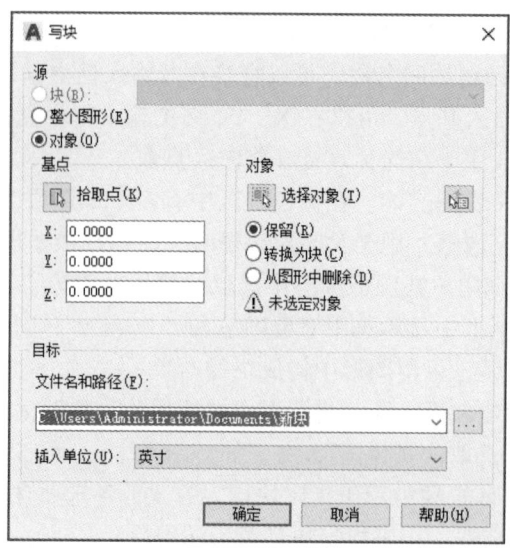

图 9-3 "写块"对话框

② 路径：设置文件的位置。单击输入框右边的图标按钮"…"，将出现"浏览文件夹"对话框，可以从中选取块文件的位置。用户也可以直接在输入框中输入块文件的位置。

③ 插入单位（U）：插入块的单位。

在"写入块"中设置的以上信息将作为下次调用该块时的描述信息。

9.2.3 插入块

在当前图形中可以插入外部块和当前图形中已经定义的内部块，并可以根据需要调整其比例和转角。启动命令的方法有以下几种：

（1）命令：输入 ddinsert 或 insert 并回车。

（2）"插入"菜单：在"插入"菜单中单击"块选项板（B）…"按钮"块选项板(B)…"。

（3）在"功能区"选项板中选择"默认"选项卡，在"块"面板单击"插入块"按钮""。

（4）在"功能区"选项板中选择"插入"选项卡，在"块"面板单击"插入块"按钮""。

（5）"绘制"工具栏：在绘图工具栏上单击插入块图标，如图 9-1 所示。

执行命令后，AutoCAD 弹出"块选项板"对话框，如图 9-4 所示。该对话框包含"当前图形""最近使用""收藏夹"和"库"4 个选项卡。

利用该对话框就可以插入图形文件。具体操作如下：

（1）"当前图形"选项卡：将当前图形中存在的所有块定义以图标或列表的形式显示出来，从中选取所需的块定义即可插入当前绘图窗口。

（2）"最近使用"选项卡：显示最近在当前和以前任务中插入的块定义，从中选取所需的块定义即可插入当前绘图窗口，如想删除该选项卡中的块定义，先选中该块，再单击鼠标右键，在弹出的快捷菜单中选择"从最近使用列表中删除"选项即可。

（3）"收藏夹"选项卡：该选项卡会显示已复制到此选项卡中的块。要将块复制到"收藏夹"选项卡，则需选中其他选项卡上的块，然后单击鼠标右键，在弹出的快捷菜单中选择"复制到收藏夹"选项即可。注意，此操作须在块定义已被保存的前提下进行，不然"复制到收藏夹"选项为灰色。

（4）"库"选项卡：单击此选项会显示指定路径下块库中的块定义图形，单击块库中的图形后，会将其复制到当前绘图窗口中。在"库"选项卡中，点击"![]"图标后可显示文件导航对话框，从中可以指定要作为块插入到当前图形中的图形，点击"![]"图标后可显示文件导航对话框，从中可以指定文件夹、图形文件或其块定义之一作为块插入当前图形。

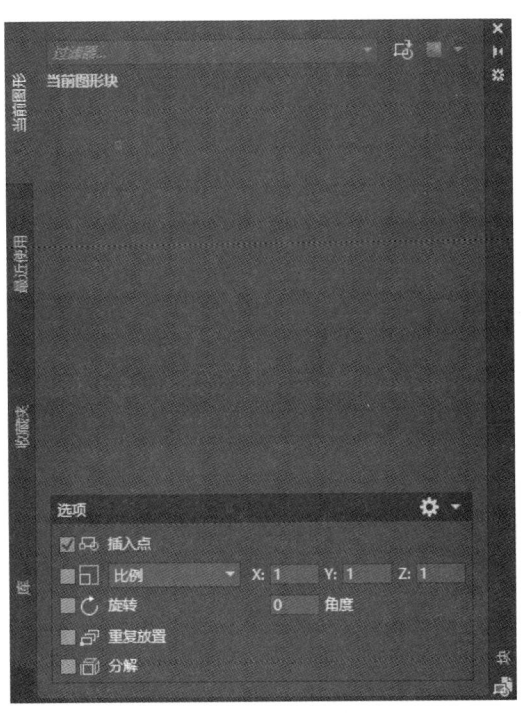

图 9-4　"块选项板"对话框

在"块选项板"的下端，有"插入点""比例""旋转""重复放置"和"分解"五个选项组。选择"插入点""比例""旋转"复选框可以在图形屏幕插入块时分别设置插入点、比例、旋转角度参数，也可以在该对话框内直接设置以上参数。"重复放置"复选框可以在点选一次块定义后在绘图窗口中多次重复放置块定义，"分解"复选框决定是否将插入的块分解为独立的实体，默认为不分解。如果设置为分解，则 X、Y、Z 比例因子必须相同。插入块时，块中的所有实体保持块定义时的层、颜色和线型特性，在当前图形中增加相应层、颜色、线型信息。如果构成块的实体位于 0 层，其颜色和线型为 Bylayer，块插入时，这些实体继承当前层的颜色和线型。

9.3　编辑与管理块属性

块属性是附属于块的非图形信息，是块的组成部分，是特定的可包含在块定义中的文字对象。在定义一个块时，属性必须预先定义而后选定。通常属性用于在块的插入过程中进行自动注释。

9.3.1 块属性的特点

在 AutoCAD 中，用户可以在图形绘制完成后（甚至在绘制完成前），使用 ATTEXT 命令将块属性数据从图形中提取出来，并将这些数据写入到一个文件中，这样就可以从图形数据库文件中获取块数据信息了。

块属性由属性标记名和属性值两部分组成。例如，可以把 Name 定义为属性标记名，而具体的姓名 Mat 就是属性值，即属性。定义块前，应先定义该块的每个属性，即规定每个属性的标记名、属性提示、属性默认值、属性的显示格式（可见或不可见）及属性在图中的位置等。一旦定义了属性，该属性以其标记名将在图中显示出来，并保存有关的信息。定义块时，应将图形对象和表示属性定义的属性标记名一起用来定义块对象。插入有属性的块时，系统将提示用户输入需要的属性值。插入块后，属性用它的值表示。因此，同一个块在不同点插入时，可以有不同的属性值。如果属性值在属性定义时规定为常量，系统将不再询问它的属性值。插入块后，用户可以改变属性的显示可见性，对属性作修改，把属性单独提取出来写入文件，以供统计、制表使用，还可以与其他高级语言或数据库进行数据通信。

9.3.2 创建并使用带有属性的块

在快速访问工具栏选择"显示菜单栏"命令，在弹出的菜单中选择"绘图"→"块"→"定义属性"命令（ATTDEF），或在"功能区"选项板中选择"默认"选项卡，在"块"面板中单击"定义属性"按钮" "，即可使用打开的"属性定义"对话框创建块属性。

1. 命令的启动方法

（1）在"菜单栏"中，选择"绘图"→"块"→"定义属性"命令。

（2）在"功能区"选项板中选择"默认"选项卡，在"块"面板单击"定义属性"按钮" "。

（3）在"功能区"选项板中选择"插入"选项卡，在"块定义"面板单击"定义属性"按钮" "。

（4）在命令行提示符下键入 attdef 后，按回车键。

"属性定义"对话框如图 9-5 所示。各选项的含义如下：

（1）模式：在图形中插入块时，设置与块关联的属性值选项。

① 不可见（I）：用于设置插入图块后是否显示或打印属性值。ATTDISP 命令将替代"不可见"模式。

② 固定（C）：在插入块时赋予属性固定值，此设置用于永远不会更改的信息。

③ 验证（V）：用于插入图块时，提示验证属性值是否正确。

④ 预设（P）：插入块时，将属性设置为其默认值而无需显示提示。仅在提示将属性值设置为在"命令"提示下显示（ATTDIA 设置为 0）时，应用"预设"选项。

⑤ 锁定位置（K）：锁定块参照中属性的位置。解锁后，属性可以相对于使用夹点编辑的块的其他部分移动，并且可以调整多行文字属性的大小。

⑥ 多行（U）：指定属性值可以包含多行文字，并且允许用户指定属性的边界宽度。

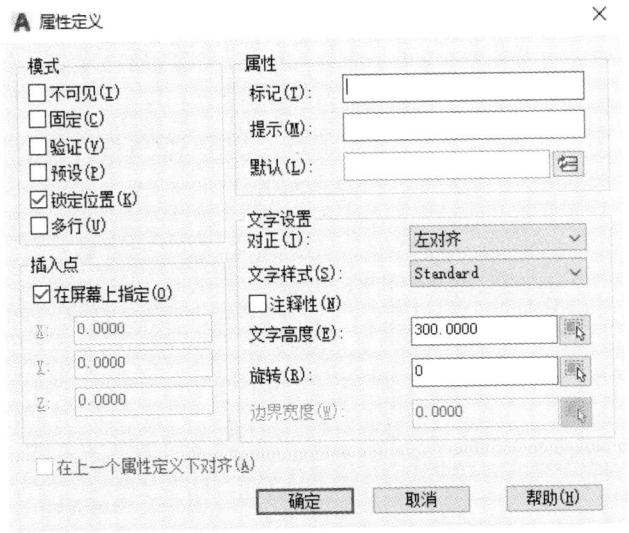

图 9-5 "属性定义"对话框

（2）属性：用于设定属性数据。

① 标记（T）：指定用来标识属性的名称。使用任何字符组合（空格除外）输入属性标记。小写字母会自动转换为大写字母。

② 提示（M）：指定在插入包含该属性定义的图块时显示的提示。如果不输入提示，属性标记将用作提示。如果在"模式"区域选定了"固定"模式，"属性提示"选项将不可用。

③ 默认（L）：指定默认属性值。

（3）插入点：指定属性的插入点，即属性文字的起点。可直接输入坐标值或者选择"在屏幕上指定（O）"，关闭对话框后将显示"起点"提示。使用定点设备来指定属性相对于其他对象的位置。

（4）文字设置：设定属性文字的对正、样式、高度和旋转等。

① 对正（J）：指定属性文字的对正样式。

② 文字样式（S）：指定属性文字的预定义样式。显示当前加载的文字样式。

③ 文字高度（E）：指定属性文字的高度。输入值，或选择"文字高度"用定点设备指定高度。此高度为从原点到指定的位置的测量值。如果选择有固定高度的文字样式，或者在"对正"列表中选择了"对齐"，则"高度"选项不可用。

④ 旋转（R）：指定属性文字的旋转角度。输入值，或选择"旋转"用定点设备指定旋转角度。此旋转角度为从原点到指定的位置的测量值。如果在"对正"列表中选择了"对齐"或"调整"，"旋转"选项不可用。

⑤ 边界宽度（W）：换行至下一行前，指定多行文字属性中一行文字的最大长度。值 0.000 表示对文字行的长度没有限制。此选项不适用于单行属性。

（5）在上一个属性定义下对齐（A）：将属性标记直接置于之前定义的属性的下面。如果之前没有创建属性定义，则此选项不可用。

2. 属性块的创建

创建一个"房间门"属性块。具体操作如下：

（1）启动属性定义（ATTDEF）命令后，在"属性定义"对话框中进行相关的设置。

（2）单击"属性定义"对话框中的"确定"按钮，完成属性定义。在绘图区中显示相应的属性标记，如图9-6（a）所示。

（3）启动创建块（BLOCK）命令，将创建的"房间门值属性"与绘制的房间门图形一起定义为房间门图块"MyDoor"，如图9-6（b）所示。

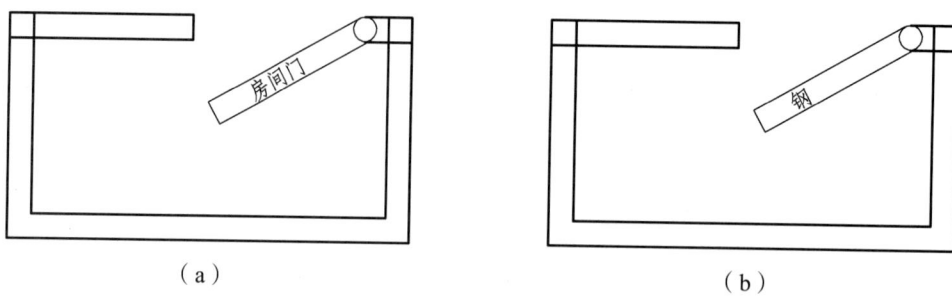

图 9-6 创建的属性块

9.3.3 在图形中插入带属性定义的块

在创建带有附加属性的块时，需要同时选择块属性作为块的成员对象。带有属性的块创建完成后，就可以使用"插入"对话框在文档中插入该块。

9.3.4 修改属性定义

在快速访问工具栏选择"显示菜单栏"命令，在弹出的菜单中选择"修改"→"对象"→"文字"→"编辑"命令（DDEDIT），单击块属性，或直接双击块属性，打开"增强属性编辑器"对话框。在"属性"选项卡的列表中选择文字属性，然后在下面的"值"文本框中可以编辑块中定义的"值"属性，如图9-7所示。

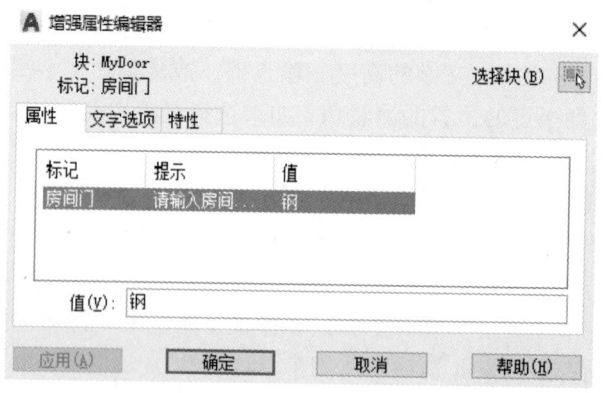

图 9-7 "值"文本框

9.3.5 块属性管理器

在快速访问工具栏选择"显示菜单栏"命令，在弹出的菜单中选择"修改"→"对象"→"属性"→"块属性管理器"命令(BATTMAN),或在"功能区"选项板中选择"默认"选项卡,在"块"面板中单击"属性,块属性管理器"按钮" ",或在"功能区"选项板中选择"插入"选项卡,在"块定义"面板中单击"管理属性"按钮" ",都可打开"块属性管理器"对话框,可在其中管理块中的属性,如图9-8所示。

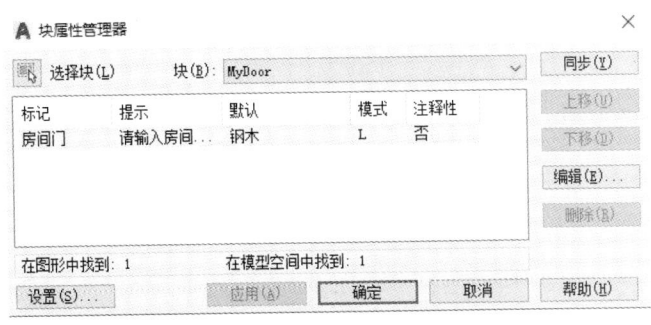

图 9-8 "块属性管理器"对话框

(1)选择块(L):可以从绘图区域选择块。如果选择"选择块",对话框将关闭,直到从图形中选择块或按 ESC 键取消。如果修改了块的属性,并且未保存所做的更改就选择一个新块,系统将提示在选择其他块之前先保存更改。

(2)块(B):列出具有属性的当前图形中的所有块定义。选择要修改属性的块。

(3)属性列表:显示所选块中每个属性的特性。

(4)同步(Y):更新具有当前定义的属性特性的选定块的全部实例。此操作不会影响每个块中赋给属性的值。

(5)上移(U):在提示序列的早期阶段移动选定的属性标签。选定固定属性时,"上移"按钮不可用。

(6)下移(D):在提示序列的后期阶段移动选定的属性标签。选定常量属性时,"下移"按钮不可使用。

(7)编辑(E):打开"编辑属性"对话框(图9-9),从中可以修改属性特性。

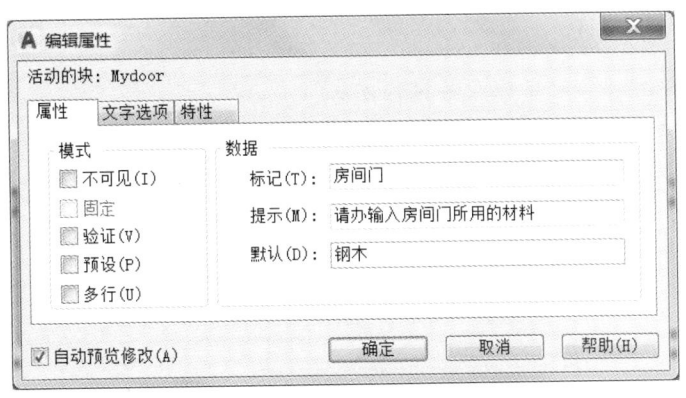

图 9-9 "编辑属性"对话框

(8)删除(R):从块定义中删除选定的属性。如果在选择"删除"之前已选择了"设置"对话框中的"将修改应用到现有参照",将删除当前图形中全部块实例的属性。对于仅具有一个属性的块,"删除"按钮不可使用。

(9)设置(S):打开"块属性设置"对话框(图9-10),从中可以自定义"块属性管理器"中属性信息的列出方式。

(10)应用(A):应用所做的更改而不关闭对话框。

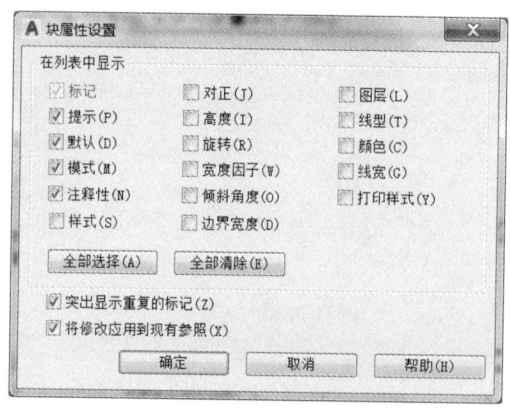

图9-10 "块属性设置"对话框

9.3.6 编辑块属性

在快速访问工具栏选择"显示菜单栏"命令,在弹出的菜单中选择"修改"→"对象"→"属性"→"单个"命令(EATTEDIT),或在"功能区"选项板中选择"插入"选项卡,在"块"面板中单击"单个"按钮" ",都可以编辑块对象的属性。在绘图窗口中选择需要编辑的块对象后,系统将打开"增强属性编辑器"对话框。

当属性已定义到图块或图块已插入到当前图形中之后,用户不仅可对图块的属性进行修改,还可以对属性的位置、文本等进行编辑。

1. 命令的启动方法

(1)在"菜单栏"中选择"修改"→"对象"→"文字"→"编辑"命令。

(2)在命令行提示符下键入 ddedit 或 eattedit 后,按回车键。

(3)直接双击块或属性。

2. "增强属性编辑器"对话框及其操作方法

命令启动后,在选择已定义属性的图块后,将弹出"增强属性编辑器"对话框(图9-11)。在该对话框中可编辑图块属性值。

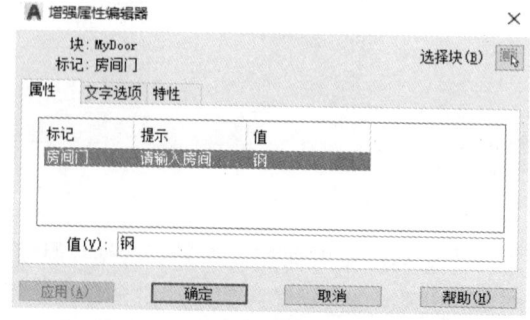

图9-11 "增强属性编辑器"对话框

在该对话框的文本框中直接输入数值，即可对属性定义的属性默认值进行修改，单击"确定"按钮完成修改。

9.3.7 使用 ATTEXT 命令提取属性

AutoCAD 的块及其属性中含有大量的数据。例如，块的名字、块的插入点坐标、插入比例、各个属性的值等。可以根据需要将这些数据提取出来，并将它们写入到文件中作为数据文件保存起来，以供其他高级语言程序分析使用，也可以传送给数据库。在命令行输入 ATTEXT 命令，即可提取块属性的数据。此时将打开"属性提取"对话框，如图 9-12 所示。

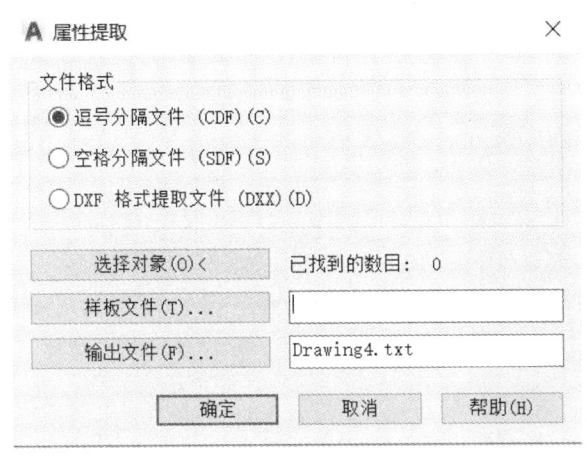

图 9-12 "属性提取"对话框

9.4 使用外部参照

前面讲述了如何以块的形式将一个图形插入到另外一个图形中之中。如果把图形作为块插入时，块定义和所有相关联的几何图形都将存储在当前的图形数据库中，并且修改原图形后，块不会随之更新。

外部参照与块有相似的地方，但它们也存在区别，主要区别为：一旦插入了块，该块就永久性地插入到当前图形中，成为当前图形的一部分。而以外部参照方式将图形插入到某一图形（称之为主图形）后，被插入图形文件的信息并不直接加入到主图形中，主图形只是记录参照的关系，例如，参照图形文件的路径等信息。另外，对主图形的操作不会改变外部参照图形文件的内容。当打开具有外部参照的图形时，系统会自动把各外部参照图形文件重新调入内存并在当前图形中显示出来。

9.4.1 附着外部参照

在快速访问工具栏选择"显示菜单栏"命令，在弹出的菜单中选择"插入"→"外部参照"命令（EXTERNALREFERENCES），或在"功能区"选项板中选择"插入"选项卡，在

"参照"面板中单击"附着"按钮" "，将打开"外部参照"选项板。在选项板上方单击"附着 DWG"按钮，可以打开"选择参照文件"对话框。选择参照文件后，将打开"附着外部参照"对话框，利用该对话框可以将图形文件以外部参照的形式插入到当前图形中。

1. 命令的启动方法

（1）在"菜单栏"中，选择"插入"→"参照"命令。

（2）在"功能区"选项板中选择"插入"选项卡，在"参照"面板单击"附着"按钮" "。

（3）在"菜单栏"中，单击"工具"→"工具栏"→"AutoCAD"→选中"参照"项，在绘图窗口内出现"参照"快捷工具栏，点击"附着外部参照"按钮。

（4）在命令行提示符下键入 xattach 或 xa 后，按回车键。

"外部参照"选项板如图 9-13 所示，"附着外部参照"对话框如图 9-14 所示。

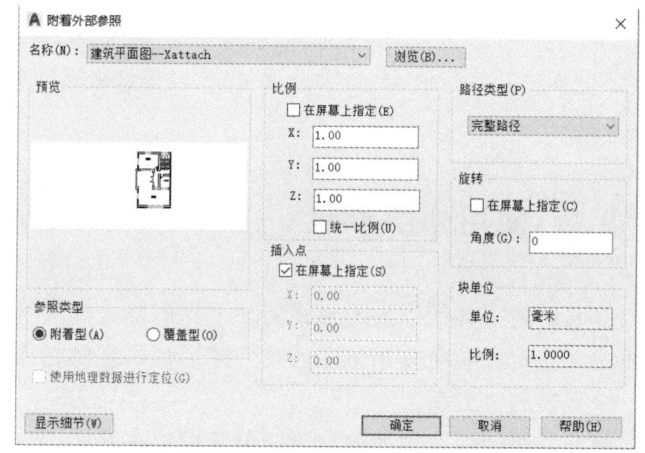

图 9-13 "外部参照"选项板　　　　图 9-14 "附着外部参照"对话框

9.4.2 插入 DWG、DWF、DGN 和 PDF 参考底图

AutoCAD 2022 提供了插入 DWG、DWF、DGN、PDF、Autodesk 点云和 Navisworks 文件参考底图的功能，该类功能和附着外部参照功能相同，用户可以在快速访问工具栏选择"显示菜单栏"命令，在弹出的菜单中选择"插入"菜单中的相关命令。图 9-15 为在文档中插入 DWF 格式的外部参照文件。

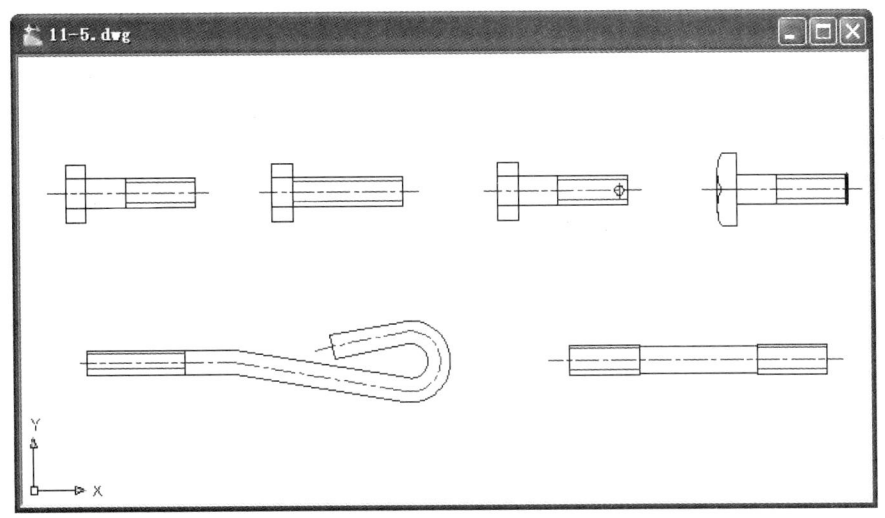

图 9-15 插入 DWF 格式的外部参照文件

9.4.3 管理外部参照

在 AutoCAD 2022 中，用户可以在"外部参照"选项板中对外部参照进行编辑和管理。单击选项板上方的"附着"按钮可以添加不同格式的外部参照文件；在选项板下方的"文件参照"列表框中显示当前图形中各个外部参照文件名称；选择任意一个外部参照文件后，在下方"详细信息"选项区域中显示该外部参照的名称、加载状态、文件大小、参照类型、参照日期及参照文件的存储路径等内容。

9.4.4 参照管理器

AutoCAD 图形可以参照多种外部文件，包括图形、文字字体、图像和打印配置。这些参照文件的路径保存在每个 AutoCAD 图形中。有时可能需要将图形文件或它们参照的文件移动到其他文件夹或其他磁盘驱动器中，这时就需要更新保存相应的参照路径。

思考与练习题

1. 块有何好处？如何定义块？
2. 如何进行外部参照？
3. 插入块的大小（　　）。
    A. 与块建立时的大小一致
    B. 比例因子大于或等于 1
    C. X 和 Y 方向的缩放比例相同
    D. 可以只对 X 方向进行缩放
4. 定义图块属性时，以下说法错误的是（　　）。
    A. 定义属性时，用户必须确定属性标记，不允许空缺
    B. 属性标记可以包含任何字符
    C. 属性标记区分大小写字母
    D. 输入属性值的时候，可以不输属性提示
5. 插入带属性的块并用 EXPLODE 命令将其炸开一次以后（　　）。
    A. 属性值显示为属性标记
    B. 有宽度的线变为了 0 宽度
    C. 此命令不能用于图标块上
    D. 全部变成看简单实体
6. 关于外部参照的说法正确的是（　　）。
    A. 外部参照与插入块的功能是一样的
    B. 外部参照与插入块相比占用的存储空间更大
    C. 一个图形可以作为外部参照同时附着到多个图形中
    D. 使用了外部参照后，该图形已存储在当前文件中
7. 分解对象时，可能会出现（　　）情况。
    A. 多段线在分解后，其线宽会变为 0
    B. 块在分解后，其颜色将会变成图层 0 的颜色
    C. 包括属性的块在分解后，其属性值将不会发生变化
    D. A 与 B 的情况都可能发生

第 10 章 SouthMap 地形图的绘制

> **导言**：南方地理信息数据成图软件（SouthMap）是基于 AutoCAD 平台开发的一套集地形、地籍、空间数据建库、工程应用、土石方算量等功能为一体的软件系统，在测绘地理信息领域应用广泛。本章主要讲解基于此软件的地形图的绘制，SouthMap 提供了"草图法""简码法"等多种成图作业方式，并可实时地将地物定位点和邻近地物（形）点显示在当前图形编辑窗口中，操作十分方便。通过本章的学习，可掌握 SouthMap 绘制地形图的常用方法。

10.1 南方地理信息数据成图软件 SouthMap

SouthMap 软件操作界面如图 10-1 所示，软件主界面主要包括有：菜单栏、工具栏、图层属性面板、绘图区、地物绘制面板、命令窗、状态栏等。

图 10-1 SouthMap 软件操作界面

10.1.1 菜单栏

菜单栏包含了软件所有的功能选项，具体有文件、工具、编辑、显示、数据、绘图处理、地物编辑、等高线、工程应用等。

10.1.1.1 文 件

"文件"菜单主要用于控制文件的输入、输出,对整个系统的运行环境进行修改设定,如图 10-2 所示。

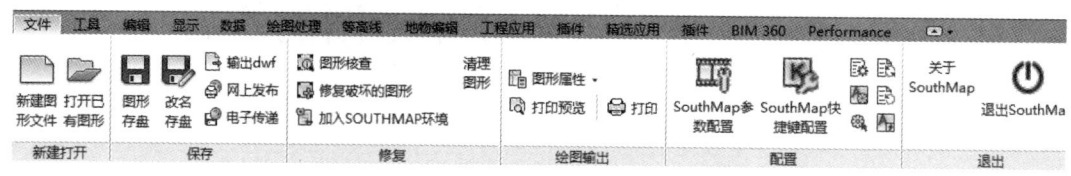

图 10-2 "文件"菜单

10.1.1.2 工 具

"工具"菜单为用户在编辑图形时提供绘图工具,如图 10-3 所示。

图 10-3 "工具"菜单

10.1.1.3 编 辑

"编辑"菜单主要通过调用 AutoCAD 命令,利用其强大丰富、灵活方便的编辑功能来编辑图形,如图 10-4 所示。

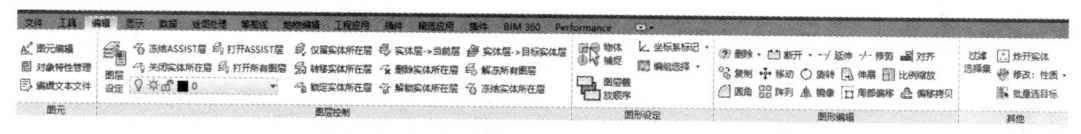

图 10-4 "编辑"菜单

10.1.1.4 显 示

在 SouthMap 中观察一个图形可以有许多方法。掌握好这些方法,将提高绘图的效率。SouthMap 可利用 AutoCAD 的新功能,为用户提供对象的三维动态显示,使视觉效果更加丰富多彩。"显示"菜单如图 10-5 所示。

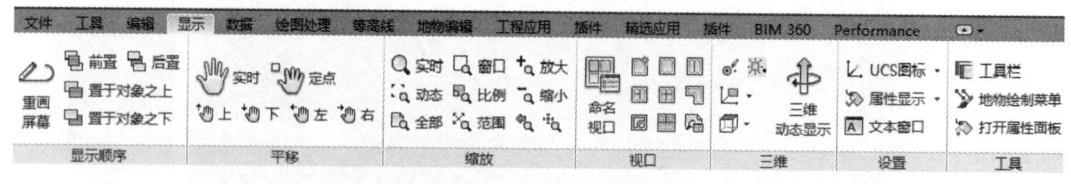

图 10-5 "显示"菜单

10.1.1.5 数 据

"数据"菜单包括了大部分 SouthMap 面向数据的重要功能,如图 10-6 所示。

10.1.1.6 绘图处理

通过"绘图处理"菜单可以完成绘图过程中的定显示区、改变当前图形比例尺、展高程点、高程点建模设置、高程点过滤、高程点处理、野外测点点号、图幅等功能,如图 10-7 所示。

图 10-6 "数据"菜单

图 10-7 "数据处理"菜单

10.1.1.7 等高线

"等高线"菜单可建立数字地面模型,计算并绘制等高线或等深线,自动切除穿建筑物、陡坎、高程注记的等高线,如图 10-8 所示。

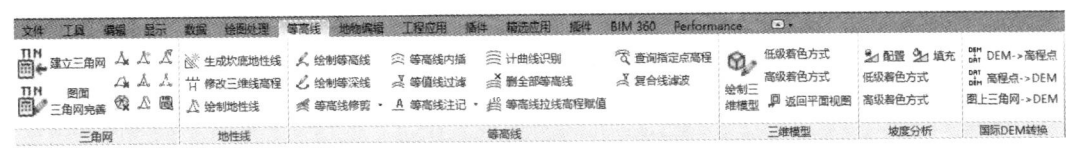

图 10-8 "等高线"菜单

10.1.1.8 地物编辑

"地物编辑"菜单主要对地物进行加工编辑,内容丰富,手段多样,如果灵活应用,将大大提高制图效率,如图 10-9 所示。

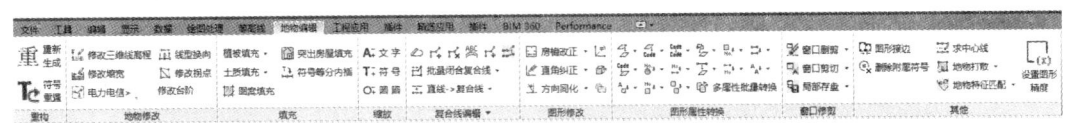

图 10-9 "地物编辑"菜单

10.1.1.9 工程应用

"工程应用"菜单总体功能:坐标查询、面积计算、断面图绘制和土方量计算等,如图 10-10 所示。

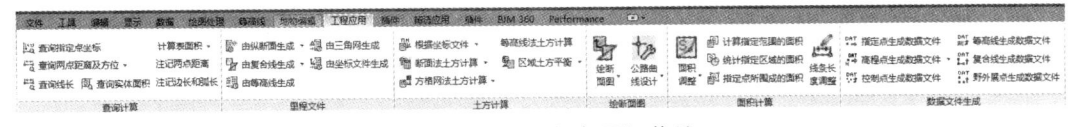

图 10-10 "工程应用"菜单

10.1.2 左侧图层属性面板

SouthMap 屏幕左侧设计了"图层属性"面板(图 10-11),其中图层面板可以以 CAD 和 GIS 两种方式显示实体图层,供用户查看和定位;属性面板可以显示实体的各个属性,供用户查看和编辑。

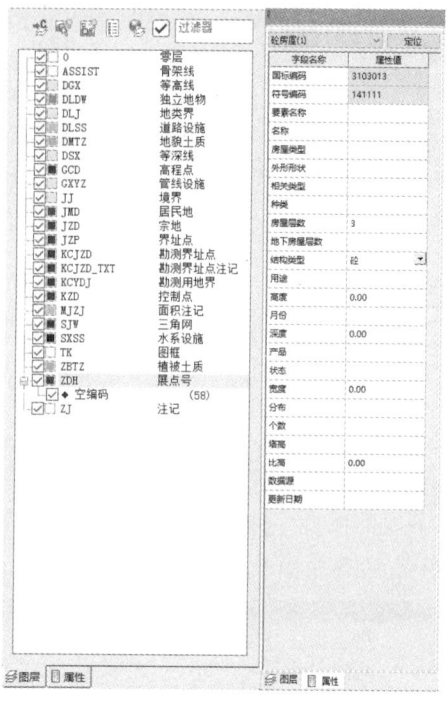

图 10-11 "图层属性"面板

10.1.3 右侧地物绘制面板

SouthMap 屏幕右侧设置了"屏幕菜单",这是一个测绘专用交互绘图菜单(图 10-12)。进入该菜单的交互编辑功能时,必须先选定定点方式。SouthMap 右侧屏幕菜单中定点方式包括"坐标定位""点号定位""地物匹配"等方式,具体内容将在下节介绍。

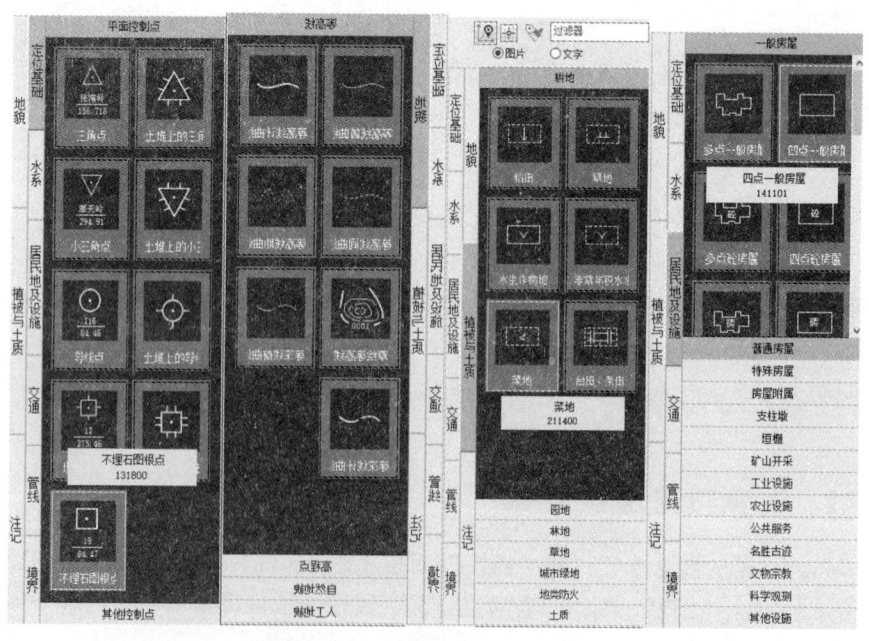

图 10-12 "地物绘制"面板

10.2 绘制平面图

本节主要介绍"草图法"的作业流程及采集的数据在 SouthMap 中成图的主要方法。"草图法"工作方式要求外业工作时，除了测量员和跑尺员外，还要安排一名绘草图的人员，在跑尺员跑尺时，绘图员要标注出所测的是什么地物（属性信息）并记下所测点的点号（位置信息），在测量过程中要和测量员及时联系，使草图上标注的某点点号与全站仪里记录的点号一致，而在测量每一个碎部点时不用在电子手簿或全站仪里输入地物编码，故又称为"无码方式"。"草图法"在内业工作时，根据作业方式的不同，分为"点号定位""坐标定位""编码引导"几种方法。

10.2.1 "点号定位"法作业流程

SouthMap 成图模式有多种，这里主要介绍"点号定位"的成图模式。例图的路径为 C:\Users\25098\Desktop\STUDY.DAT。例图 study.dwg 如图 10-13 所示。

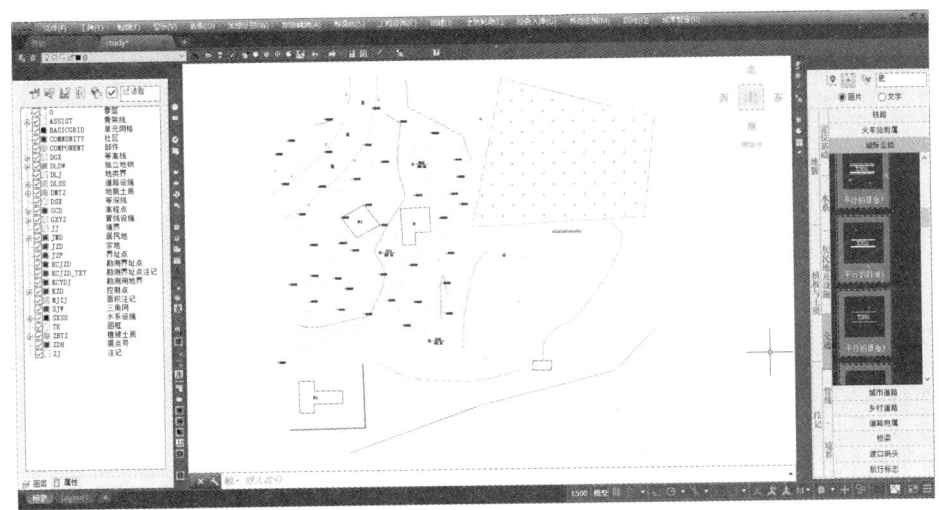

图 10-13　例图 study.dwg

10.2.1.1　定显示区

定显示区的作用是根据输入坐标数据文件的数据大小定义屏幕显示区域的大小，以保证所有点可见。

进入 SouthMap 主界面，鼠标单击"绘图处理"项，即出现如图 10-14 所示的下拉菜单。然后移至"定显示区"项，使之以高亮显示，单击鼠标左键，即出现如图 10-15 所示的对话窗。

这时，需要输入坐标数据文件名。可参考 Windows 选择打开文件的方法操作，也可直接通过键盘输入，在"文件名（N）:"（即光标闪烁处）输入"C:\Users\25098\Desktop\STUDY.DAT"，再移动鼠标至"打开（O）"处，按左键。这时，命令区显示：

最小坐标（米）: X=31 056.221, Y=53 097.691

最大坐标（米）: X=31 237.455, Y=53 286.090

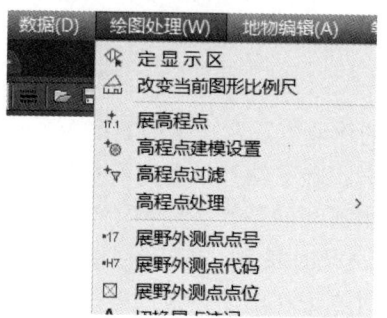

图 10-14 "定显示区"菜单

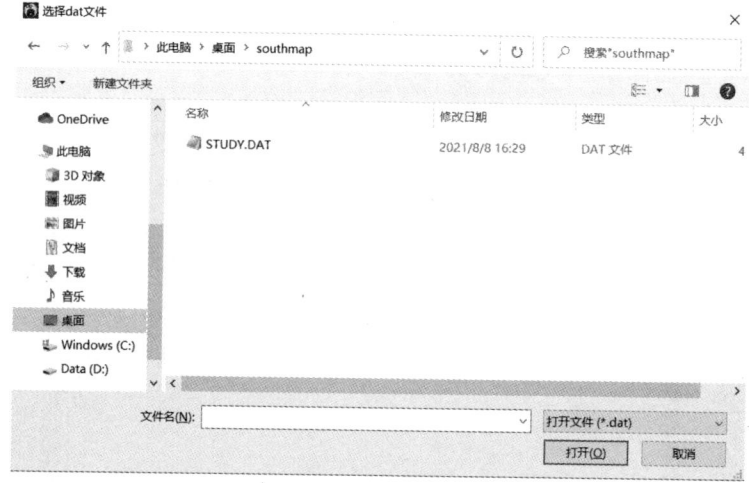

图 10-15 选择"定显示区"数据文件

10.2.1.2 选择测点点号定位成图法

移动鼠标至屏幕右侧菜单区之"测点点号"项"⊞"，按左键，即出现如图 10-16 所示的对话框。输入点号坐标数据文件名"STUDY.DAT"后，命令区提示：

读点完成！共读入 106 个点

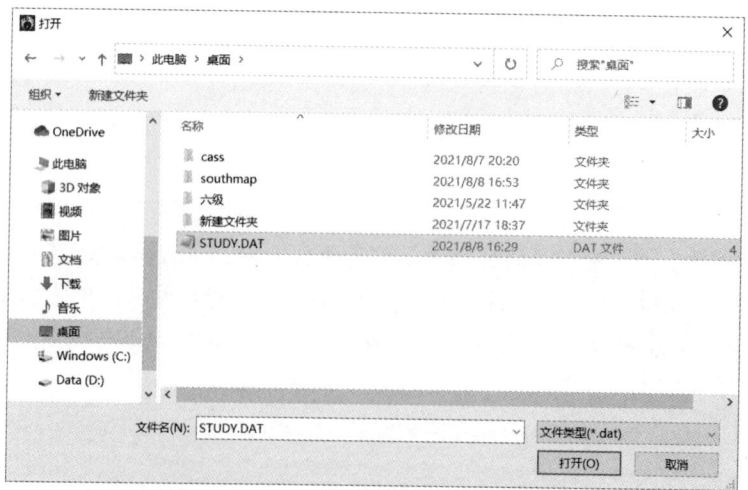

图 10-16 选择"点号定位"数据文件

10.2.1.3 展野外测点点号

为了更加直观地在图形编辑区内看到各测点之间的关系,可以先将野外测点点号在屏幕中展出来。其操作方法是:先移动鼠标至屏幕的顶部菜单"绘图处理"项,按左键,这时系统弹出一个下拉菜单。再移动鼠标选择"绘图处理"下的"展野外测点点号"项,如图 10-17 所示,按左键后,便出现选择文件对话框,输入对应的坐标数据文件名"C:\Users\25098\Desktop\STUDY.DAT"后,便可在屏幕上展出野外测点的点号,如图 10-18 所示。

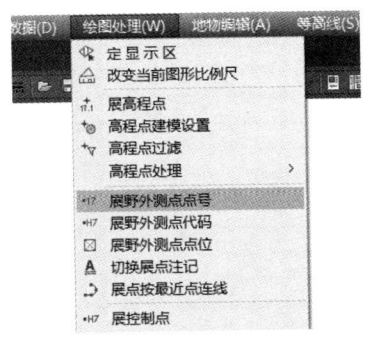

图 10-17 选择"展野外测点点号"

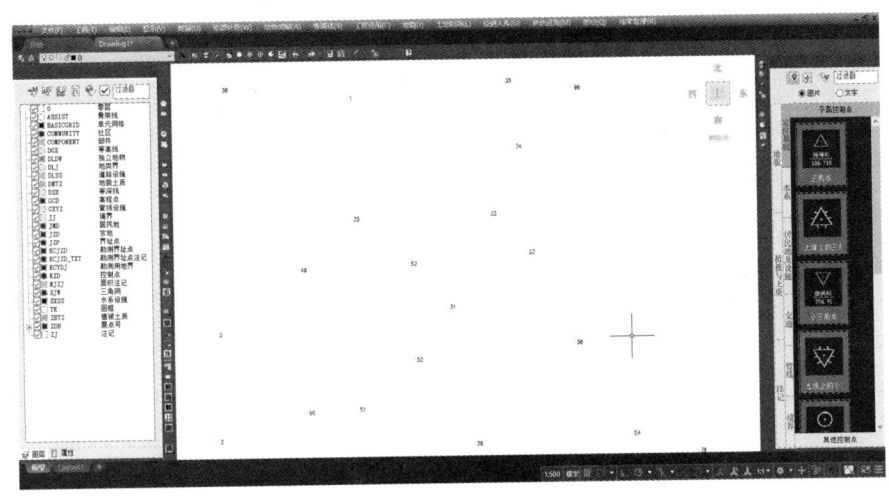

图 10-18 STUDY.DAT 展点图

10.2.1.4 绘平面图

根据外业草图,选择相应的地图图式符号在屏幕上将平面图绘出来。选择右侧屏幕菜单的"交通设施/公路"按钮,弹出如图 10-19 所示的界面。

找到"平行的县道乡道村道细边线"并选中,命令区提示:

绘图比例尺 1:输入 500,回车。

点 P/<点号>:输入 92,回车。

点 P/<点号>:输入 45,回车。

点 P/<点号>:输入 46,回车。

点 P/<点号>:输入 13,回车。

点 P/<点号>:输入 47,回车。

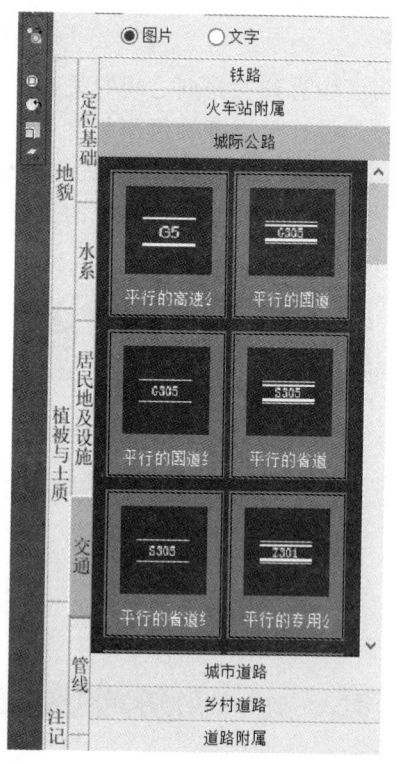

图 10-19 选择屏幕菜单"交通设施/公路"

点 P/<点号>：输入 48，回车。

点 P/<点号>：回车。

（1）无拟合/（2）曲线拟合/（3）样条拟合：输入 3，回车。

说明：输入 Y，将该边拟合成光滑曲线；输入 N（缺省为 N），则不拟合该线。

1.边点式/2.边宽式<1>：回车（默认 1）。

说明：选 1（缺省为 1），将要求输入公路对边上的一个测点；选 2，要求输入公路宽度。

对面一点：

点 P/<点号>：输入 19，回车。

这时平行的县道乡道村道细边线就绘制完成了，如图 10-20 所示。

图 10-20 一条平行的县道乡道村道细边线

下面绘制一个多点房屋。选择右侧屏幕菜单的"居民地/一般房屋"选项，弹出如图 10-21 所示界面。

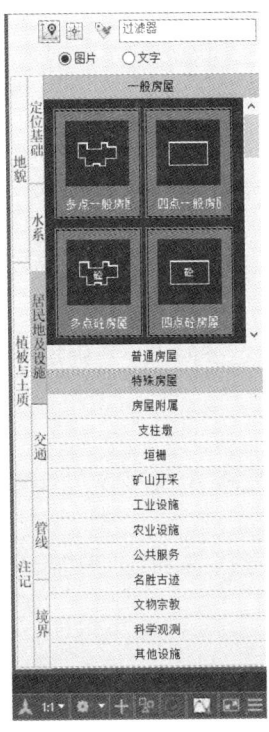

图 10-21　选择屏幕菜单"居民地/一般房屋"

先用鼠标左键选择"多点砼房屋"，再点击"OK"按钮。命令区提示：

第一点：

点 P/<点号>：输入 49，回车。

指定点：

点 P/<点号>：输入 50，回车。

闭合 C/隔一闭合 G/隔一点 J/微导线 A/曲线 Q/边长交会 B/回退 U/点 P/<点号>：输入 51，回车。

闭合 C/隔一闭合 G/隔一点 J/微导线 A/曲线 Q/边长交会 B/回退 U/点 P/<点号>：输入 J，回车。

点 P/<点号>：输入 52，回车。

闭合 C/隔一闭合 G/隔一点 J/微导线 A/曲线 Q/边长交会 B/回退 U/点 P/<点号>：输入 53，回车。

闭合 C/隔一闭合 G/隔一点 J/微导线 A/曲线 Q/边长交会 B/回退 U/点 P/<点号>：输入 C，回车。

输入层数：<1>回车（默认输 1 层）。

说明：选择多点砼房屋后自动读取地物编码，用户不须逐个记忆。从第三点起弹出许多选项，这里以"隔一点"功能为例，输入 J，输入一点后系统自动算出一点，使该点与前一点及输入点的连线构成直角。输入 C 时，表示闭合。

再绘制一个多点砼房，熟悉一下操作过程。命令区提示：

Command：dd。

输入地物编码：<141111>：回车。

第一点：点 P/<点号>：输入 60，回车。

指定点：

点 P/<点号>：输入 61，回车。

闭合 C/隔一闭合 G/隔一点 J/微导线 A/曲线 Q/边长交会 B/回退 U/点 P/<点号>：输入 62，回车。

闭合 C/隔一闭合 G/隔一点 J/微导线 A/曲线 Q/边长交会 B/回退 U/点 P/<点号>：输入 a，回车。

微导线-键盘输入角度（K）/<指定方向点（只确定平行和垂直方向）>：用鼠标左键在 62 点上偏移一定距离处点一下。

距离<m>：输入 4.5，回车。

闭合 C/隔一闭合 G/隔一点 J/微导线 A/曲线 Q/边长交会 B/回退 U/点 P/<点号>：输入 63，回车。

闭合 C/隔一闭合 G/隔一点 J/微导线 A/曲线 Q/边长交会 B/回退 U/点 P/<点号>：输入 j，回车。

点 P/<点号>：输入 64，回车。

闭合 C/隔一闭合 G/隔一点 J/微导线 A/曲线 Q/边长交会 B/回退 U/点 P/<点号>：输入 65，回车。

闭合 C/隔一闭合 G/隔一点 J/微导线 A/曲线 Q/边长交会 B/回退 U/点 P/<点号>：输入 C，回车。

输入层数：<1>：输入 2，回车。

说明："微导线"功能由用户输入当前点至下一点的左角（度）和距离（米），输入后软件将计算出该点并连线。要求输入角度时若输入 K，则可直接输入左向转角，若直接用鼠标点击，只可确定垂直和平行方向。此功能特别适合知道角度和距离但看不到点的位置的情况，如房角点被树或路灯等障碍物遮挡时。

两栋房子和平行等外公路"建"好后，效果如图 10-22 所示。

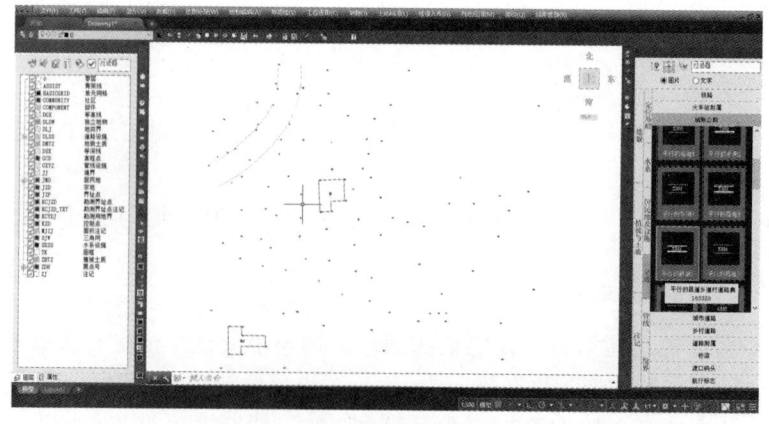

图 10-22　两栋房子和平行等外公路

类似以上操作，分别利用右侧屏幕菜单绘制其他地物。

在"居民地"菜单中，用3、39、16点完成利用三点绘制2层砖结构的四点房；用68、67、66点绘制不拟合的依比例围墙；用76、77、78点绘制四点棚房。

在"交通设施"菜单中，用86、87、88、89、90、91点绘制拟合的小路；用103、104、105、106绘制拟合的不依比例乡村路。

在"地貌土质"菜单中，用54、55、56、57点绘制拟合的坎高为1 m的陡坎；用93、94、95、96点绘制不拟合的坎高为1 m的加固陡坎。

在"居民地"下"其他设施"菜单中，用69、70、71、72、97、98点分别绘制路灯；用73、74点绘制宣传橱窗；用59点绘制不依比例废气池。

在"水系"下"水系要素"菜单中，用79点绘制水井。

在"管线"下"电力线"菜单中，用75、83、84、85点绘制地面上输电线。

在"植被土质"菜单中，用99、100、101、102点分别绘制果树独立树；用58、80、81、82点绘制菜地（第82号点之后仍要求输入点号时直接回车），要求边界不拟合，并且保留边界。

在"定位基础"菜单中，用1、2、4点分别生成埋石图根点，在提问点名、等级时分别输入D121、D123、D135。

最后选取"编辑"菜单下的"删除"二级菜单下的"删除实体所在图层"，鼠标符号变成了一个小方框，用左键点取任何一个点号的数字注记，所展点的注记将被删除。

平面图绘制好后效果如图10-23所示。

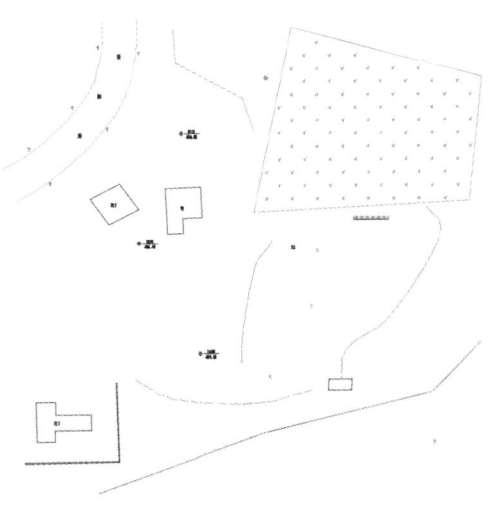

图10-23 STUDY的平面图

10.2.2 坐标定位法作业流程

10.2.2.1 定显示区

此步操作与点号定位法作业流程的"定显示区"的操作相同。

10.2.2.2 选择坐标定位成图法

移动鼠标至屏幕右侧菜单区之"坐标定位"项，按左键，即进入"坐标定位"项的菜单。如果刚才在"测点点号"状态下，可通过选择"SouthMap 成图软件"按钮返回主菜单之后再进入"坐标定位"菜单。

10.2.2.3 绘平面图

绘制平面图与点号定位法成图流程类似，需先在屏幕上展点，根据外业草图，选择相应的地图图式符号在屏幕上将平面图绘出来，区别在于不能通过测点点号来进行定位了。此处仍以作居民地为例讲解。移动鼠标至右侧菜单"居民地"处按左键，再移动鼠标到"四点房屋"的图标处按左键，图标变亮表示该图标已被选中，然后移鼠标至 OK 处按左键。这时命令区提示：

1.已知三点/2.已知两点及宽度/3.已知四点<1>：输入 1，回车（或直接回车默认选 1）。

输入点：这时鼠标靠近 3 号点，点击鼠标左键，捕捉该点。

输入点：同上操作捕捉 39 号点。

输入点：同上操作捕捉 16 号点。

这样，即将 3、39、16 号点连成一间普通房屋。

注意：在输入点时，嵌套使用了捕捉功能。

10.3 绘制等高线

在地形图中，等高线是表示地貌起伏的一种重要手段。常规的平板测图，等高线是手工描绘的，等高线可以描绘得比较圆滑但精度稍低。在数字化自动成图系统中，等高线是由计算机自动勾绘，生成的等高线精度相当高。SouthMap 在绘制等高线时，充分考虑到等高线通过地性线和断裂线时情况的处理，如陡坎、陡涯等。SouthMap 能自动切除通过地物、注记、陡坎的等高线。由于采用了轻量线来生成等高线，SouthMap 在生成等高线后，文件大小比其他软件小了很多。在绘等高线之前，必须先将野外测的高程点建立数字地面模型（DTM），然后在数字地面模型上生成等高线。

（1）建立数字地面模型（构建三角网）。

数字地面模型（DTM），是在一定区域范围内规则格网点或三角网点的平面坐标（x,y）和其地物性质的数据集合，如果此地物性质是该点的高程 Z，则此数字地面模型又称为数字高程模型（DEM）。这个数据集合从微分角度三维地描述了该区域地形地貌的空间分布。DTM 数据可以用于建立各种各样的模型解决一些实际问题，主要的应用有：按用户设定的等高距生成等高线图、透视图、坡度图、断面图、渲染图、与数字正射影像 DOM 复合生成景观图，或者计算特定物体对象的体积、表面覆盖面积等，还可用于空间复合、可达性分析、表面分析、扩散分析等方面。

在使用 SouthMap 自动生成等高线时，应先建立数字地面模型。在这之前，可以先"定显示区"及"展点"，"定显示区"的操作与点号定位法的工作流程中的"定显示区"的操作相同。展高程点：用鼠标左键点取"绘图处理"菜单下的"展高程点"，将会弹出数据文件的对话框，找到"C:\Users\25098\Desktop\STUDY.DAT"，选择"确定"，命令区提示"注记高程点的距离（米）"，直接回车，表示不对高程点注记进行取舍，全部展示出来。

建立 DTM 模型：用鼠标左键点取"等高线"菜单下"建立 DTM"，弹出如图 10-24 所示对话框。

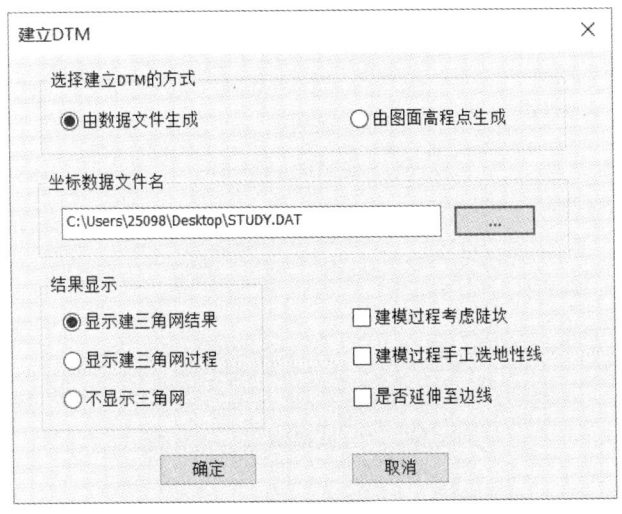

图 10-24 "建立 DTM"对话框

根据需要，选择建立 DTM 的方式和坐标数据文件名，然后选择建模过程是否考虑陡坎和地性线，选择"确定"，生成如图 10-25 所示 DTM 模型。

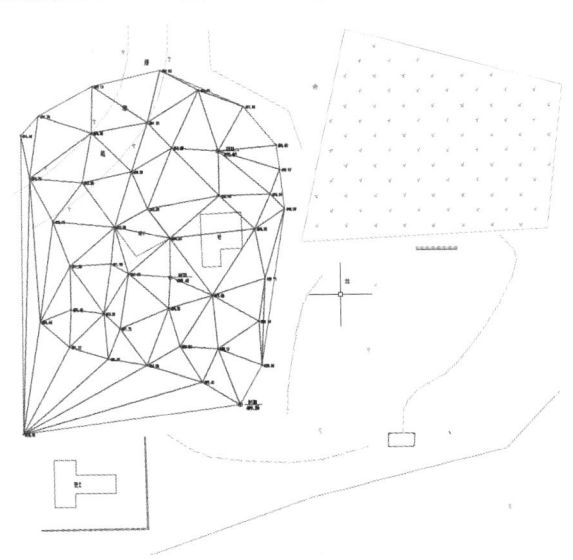

图 10-25 建立 DTM 模型

（2）绘等高线。

用鼠标左键点取"等高线/绘制等高线"，弹出如图 10-26 所示对话框。

输入等高距后选择拟合方式后"确定"。则系统马上绘制出等高线。再选择"等高线"菜单下的"删三角网"，这时屏幕显示如图 10-27 所示。

（3）等高线的修剪。

利用"等高线"菜单下的"等高线修剪"二级菜单，如图 10-28 所示。

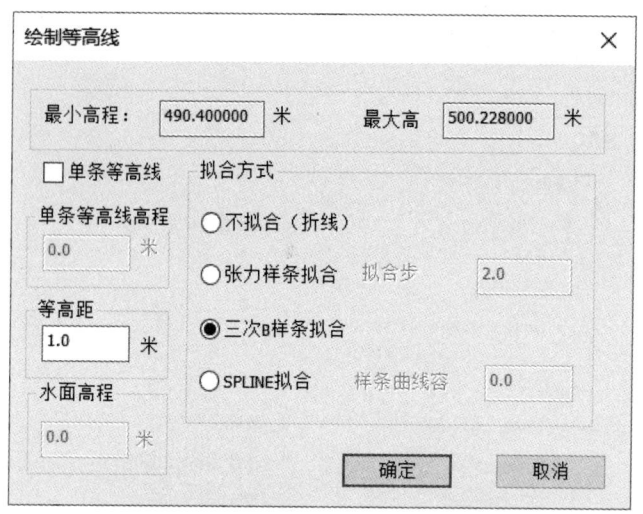

图 10-26 "绘制等高线"对话框

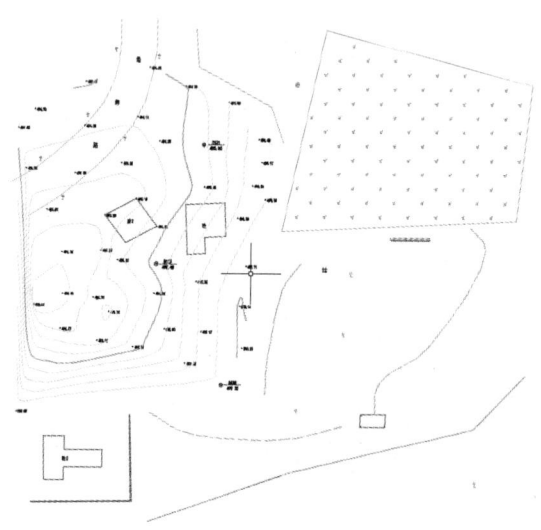

图 10-27 绘制等高线

图 10-28 "等高线修剪"菜单

用鼠标左键点取"切除穿建筑物等高线"，软件将自动搜寻穿过建筑物的等高线并将其进行整饰。点取"切除指定二线间等高线"，依提示依次用鼠标左键选取左上角的道路两边，SouthMap 将自动切除等高线穿过道路的部分。点取"切除穿高程注记等高线"，SouthMap 将自动搜寻，把等高线穿过注记的部分切除。

- 234 -

10.4 编辑与整饰

（1）加注记。

下面我们演示在平行等外公路上加"经纬路"三个字。用鼠标左键点取右侧屏幕菜单的"文字注记"项，弹出如图10-29所示的界面。

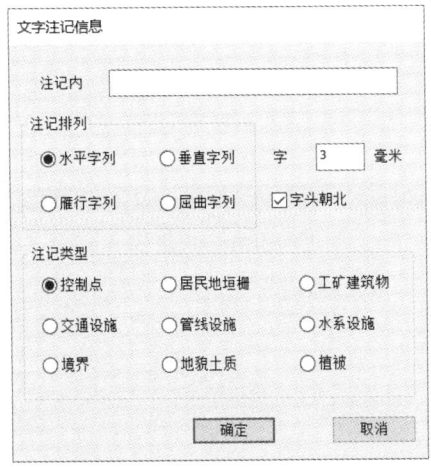

图10-29 "文字注记信息"对话框

首先在需要添加文字注记的位置绘制一条拟合的多功能复合线，然后在注记内容中输入"经纬路"并选择注记排列和注记类型，输入文字大小，确定后选择拟合的多功能复合线即可完成注记。

（2）加图框。

用鼠标左键点击"绘图处理"菜单下的"标准图幅（50×40）"，弹出如图10-30所示的界面。

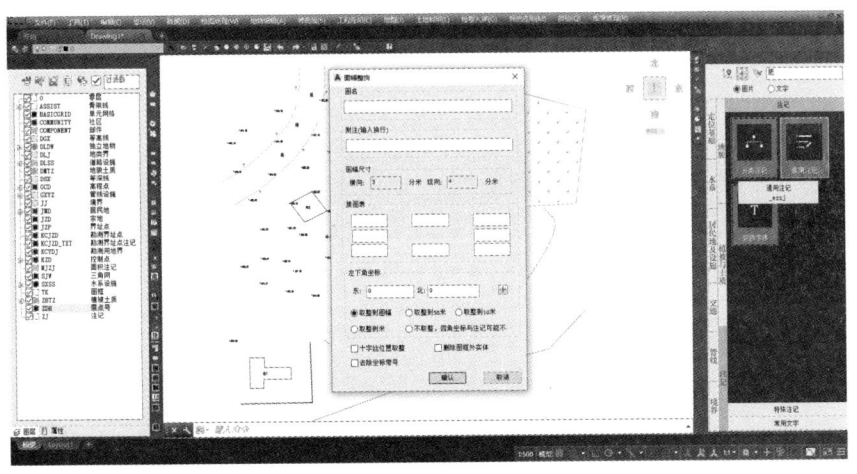

图10-30 输入图幅信息

在"图名"栏里，输入"建设新村"；在"删除图框外实体"栏前打勾，然后点击确认。这样这幅图就绘制完成了，如图10-31所示。

【注】文件菜单下的"参数配置"里可以进行图廓属性的修改。

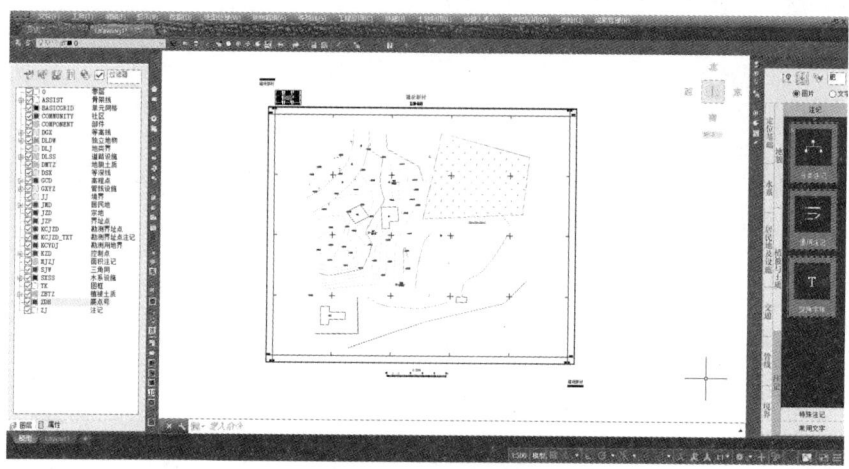

图 10-31 加图框

思考与练习题

1. 简述点号定位法的作业流程。
2. 简述数字地面模型（DTM）的概念。
3. 简述等高线绘制的步骤。

第 11 章　SouthMap 地籍图的绘制

> **导言**：地籍图的绘制是 SouthMap 中的一个重要的应用。在 SouthMap 中，可以绘制权属线和宗地图框，也可以用软件的自带功能输出界址点坐标。在这些绘制或输出的过程中，可以根据需要，设定不同的比例尺，本章将在理解地籍图基础知识的基础上，具体介绍如何进行宗地图的绘制，重点讲解宗地图的绘制和界址点成果表的输出。

11.1　地籍图的基础知识

11.1.1　地籍图的概念

地籍图是指按照特定的投影方法、比例关系和专用符号把地籍要素及其有关的地物和地貌测绘在平面图纸上的图形，是地籍的基础资料之一。地籍图是土地权属状况和利用状况的真实写照，其上详尽图示了行政界、权属界、地类界、宗地等调查单元的类别、土地所有者或土地使用者及四至名称编号和面积、线状地物、居民点状况等项内容，精确表示了土地权属界线，特别是标出了独立权属地段的界线、编号及土地权属状况，是土地统计和确认权属的法律依据。

地籍图既要准确完整地表示基本的地籍要素，又要使图面简明、清晰，便于用户根据图上准确的基本要素去增加新的内容，形成新的用户所需的专用图。根据地图学的可读性和美学的原则，一张地籍图不能表示出所有的地籍要素，只能在图上的地物用标识符来进行有限的表达。针对地籍图，各部门只关心符合自己要求的那一部分内容，但是每个部分都需要一个基本的内容，即宗地的基本内容。"基本内容"构成的一张图件一般就称为基本地籍图，使用者在基本地籍图的基础上添加表示和描述各自所需的专题内容，为自己所用。宗地图是描述宗地位置、界址点线和与相邻宗地关系等要素的地籍图，是土地证书和宗地档案的附图。地籍图是基本地籍图和宗地图的统称，是表示土地权属界线、面积和利用状况等地籍要素的地籍管理专业用图，是地籍调查的主要成果。

根据地籍图表示的内容可以将其分为基本地籍图和专题地籍图；按城乡地域的差别可分为农村地籍图和城镇地籍图；按图的表达方式可分为模拟地籍图和数字地籍图；按用途可分为税收地籍图、产权地籍图和多用途地籍图。

11.1.2 地籍图比例尺及地籍编号

1. 地籍图比例尺

地籍图比例尺的选择以满足地籍管理的需要为前提，一般来说，成图比例尺愈大，各类要素的表示就愈详细齐全，权属界线及面积的精度就愈高，所需的人、财、物力及成图周期会更多和更长。地籍图需准确地表示土地的权属界址及土地上附着物等的细部位置，因此，地籍图应选用大比例尺进行成图，用于说明或证明权属土地的位置和面积等。考虑到土地经济价值的差别，尤其是商业和金融中心等城市繁华地段，就必须选择大比例测图。通常城镇地籍图比农村地籍图比例尺要大一些，也可视具体情况及需要采用不同的测图比例尺。比例尺具有一定的选择性和灵活性，以满足地籍图的实用性需要。

根据《地籍调查规程》（GB/T 42547—2023）规定，地籍图的比例尺按照以下要求选取：

（1）地籍图可采用1∶500、1∶1 000、1∶2 000、1∶5 000、1∶10 000和1∶50 000等比例尺。

（2）集体土地所有权调查，其地籍图基本比例尺为1∶10 000。有条件的地区或城镇周边的区域可采用1∶500、1∶1 000、1∶2 000或1∶5 000比例尺。在人口密度很低的荒漠、沙漠、高原、牧区等地区可采用1∶50 000比例尺。

（3）土地使用权调查，其地籍图基本比例尺为1∶500。对村庄用地、采用地、风景名胜设施用地、特殊用地、铁路用地、公路用地等区域可采用1∶1 000和1∶2 000比例尺。

2. 地籍编号

（1）宗地代码。

宗地代码采用五层19位层次码结构，按层次分别表示县级行政区划、地籍区、地籍子区、土地权属类型、宗地顺序号。编码方法如下：

① 第一层次为县级行政区划，代码为6位，参照《中华人民共和国行政区划代码》（GB/T 2260—2007）。

② 第二层次为地籍区，代码为3位，用阿拉伯数字表示。

③ 第三层次为地籍子区，代码为3位，用阿拉伯数字表示。

④ 第四层次为土地权属类型，代码为2位。其中，第一位表示土地所有权类型，用G、J、Z表示，"G"表示国家土地所有权，"J"表示集体土地所有权，"Z"表示土地所有权争议；第二位表示宗地特征码，用A、B、S、X、C、W、Y表示，"A"表示集体土地所有权宗地，"B"表示建设用地使用权宗地（地表），"S"表示建设用地使用权宗地（地上），"X"表示建设用地使用权宗地（地下），"C"表示宅基地使用权宗地，"W"表示使用权未确定或有争议的土地，"Y"表示其他土地使用权宗地，用于宗地特征扩展。

⑤ 第五层次为宗地顺序号，代码为5位，用00001~99999表示，在相应的宗地特征码后编码。

（2）界址点号。

① 在地籍子区的范围内，应对界址点统一编号，并保证界址点号唯一。

② 在地籍调查表和宗地草图中，可采用地籍子区范围内统一编制的界址点号；也可以宗地为单位，从左上角按顺时针方向，从"1"开始编制界址点号。

③ 解析界址点编号可采用 J1、J2、…表示，图解界址点编号可采用 T1、T2、…表示。
④ 界址变更后，新增界址点号在地籍子区内最大界址点号后续编，废弃的界址点号不再使用。

11.1.3 地籍图的主要内容

地籍图首先要反映地籍要素及与地籍有密切关系的地物，其次在图面荷载允许的条件下，适当反映其他内容。地籍要素要反映得充分、明显，其他要素摘要表示时，一般可略去细部、次要的部分。由于我国幅员广大，各地的地形、地物、宗地的大小、界址线与界标物的关系，以及社会经济条件等差别很大，在统一的规定下，各地应从本地具体条件出发，对地籍图内容做出补充规定。

地籍图的内容包括行政区划要素、地籍要素、地物要素、数学要素和图廓要素。

（1）行政区划要素。

① 行政区划要素主要指行政区界线和行政区名称。

② 不同等级的行政区界线相重合时应遵循高级覆盖低级的原则，只表示高级行政区界线，行政区界线在拐角处不得间断，应在转角处绘出点或线。行政级别从高到低依次为：省级界线、市级界线、县级界线和乡级界线。

③ 当按照标准分幅编制地籍图时，除在乡（镇、街道办事处）的驻地注记名称外，还应在内外图廓线之间、行政区界线与内图廓线的交汇处的两边注记乡（镇、街道办事处）的名称。

④ 地籍图上不注记行政区代码和邮政编码。

（2）地籍要素。

在地籍图上表示的地籍要素应包括：行政界线、界址点、界址线、地类号、地籍号、坐落、土地使用者或所有者及土地等级等。现分述如下：

① 各级行政界线要素。不同等级的行政界线重合时在地籍图上只表示高级界线，境界线在拐角处不得间断，应在拐角处绘出点或线。

② 界址要素。宗地的界址点、界址线、地籍街坊界线、城乡接合部的集体土地所有权界线。当图上两界址点间距小于 1 mm 时，可舍去一个点，但应正确表示界址线；与宗地界址线重合的其他界线，在地籍图上可跳跃注记；集体土地所有者名称注记在集体土地所有权界线内。

③ 地类号。在地籍图上按《全国土地分类》规定的土地利用类别码注记地类，对于宗地较小的住宅用地，可以省略不注记，其他各类用地码一律不得省略。

④ 地籍号。地籍号由区县编号、街道号、街坊号及宗地号组成。在地籍图上只注记街道号、街坊号及宗地号。街道号、街坊号注在图幅内有关街道、街坊区域的适中部位，宗地号注在宗地内。地籍图上宗地号及其地类代码用分式的形式标注在宗地内，分子注宗地号，分母注地类代码。对于集体土地所有权宗地，只注记宗地号。宗地面积太小注记不下时，对于跨越图幅的宗地，在不同图幅的各部分都须注记宗地号。如果某街道或街坊或宗地只有较小区域在本图幅内，相应的编号可以注记在本图幅内图廓线外。如果宗地面积太小，在地籍图上可以用标识线移在宗地外空白处注记宗地号，也可以不注记宗地号。

⑤ 坐落。宗地的坐落由行政区名、道路名（或地名）及门牌号组成，地籍图上应适当注记行政区名及道路名，宗地门牌号可以选择性注记。

⑥ 土地使用者或所有者。地籍图上应注记集体土地所有权人名称、单位名称和住宅小区名称。个人用地的土地使用权人名称一般不需要注记。

⑦ 土地等级。可根据需要在地籍图上绘出土地级别界线，注记土地级别。

（3）地物要素

在地籍图上应表示的地物要素包括：建筑物、道路、水系、地貌、土壤植被、注记等。现分述如下：

① 建筑物。在地籍图上要绘出固定建筑物的占地状况。非永久性建筑物如棚、简易房可舍去；附属建筑物如不落地的阳台、雨篷及台阶等可舍去，但大单位大面积的台阶、有柱的雨篷应表示；建筑物的细部如墙外砖柱等或较小的装饰性细部可舍去；面积小于 6 m² 的房屋可以舍去；大型或线型构筑物应在地籍图上表示。

② 道路。在地籍图上要绘出道路的道牙石线。道路的附属物、里程碑和指路牌等可舍去。桥梁、大的涵洞及隧道要在地籍图上绘出。

③ 水系。河流、湖泊、水塘等水域必须测量并在地籍图上绘出其边界。

④ 地貌。在平坦地区，地籍图上一般不表示地貌。在山区或丘陵地区，为了用图方便起见，宜表示出大面积的斜坡、陡坎、路堑、路堤、台阶路等。在地籍图上应注记控制点的高程，散点高程可以选择性的注记。

⑤ 土壤植被。在地籍图上，大面积绿化土地、街心花园、城乡接合部的农田、园地、河滩等，可以用土壤及植被符号表示。道路内小绿地、单位内绿地、零星植被在地籍图上可以不表示。

⑥ 注记。在地籍图上，除地籍要素注记外，还可以选择性注记一些地名、有特色的地物名称等。

⑦ 其他。电力线、通信线、架空管线可以不在地籍图上表示，但高压线的塔位及与土地他项权利有关的管线应在地籍图上表示

（4）数学要素。

数学要素包括内外图廓线、内图廓点坐标、坐标格网线、控制点、比例尺、坐标系统等。

（5）图廓要素。

图廓要素包括分幅索引、密级、图名、图号、制作单位、测图时间、测图方法、图式版本、测量员、制图员、检查员等。

11.2 地籍图的绘制

地籍是土地管理的基础，地籍调查是土地登记规定的必经程序。地籍部分的核心是带有宗地属性的权属线，根据 SouthMap 在地籍绘制中的应用，通过一实例详细描述地籍图的绘制过程。

通过外业测绘，得到界址点的坐标表，如表 11-1 ~ 表 11-3 所示。

地籍图的绘制过程如下：

（1）第 1 步：启动 SouthMap 软件后，单击"地籍"→"绘制权属界线"，如图 11-1 所示。

表 11-1 建筑销售公司界址点

序号	坐标	
	x/m	y/m
1	3 749 374.703	38 395 569.083
2	3 749 374.703	38 395 764.517
3	3 748 994.810	38 395 764.517
4	3 748 994.810	38 395 569.083
1	3 749 374.703	38 395 569.083

表 11-2 纺织工业公司界址点

序号	坐标	
	x/m	y/m
1	3 749 374.703	38 395 764.517
2	3 749 374.703	38 396 176.707
3	3 749 194.770	38 396 176.707
4	3 749 194.770	38 395 972.021
5	3 749 254.287	38 395 972.021
6	3 749 254.287	38 395 764.517
1	3 749 374.703	38 395 764.517

表 11-3 新风物流公司界址点

序号	坐标	
	x/m	y/m
1	3 749 254.287	38 395 764.517
2	3 749 254.287	38 395 972.021
3	3 749 194.770	38 395 972.021
4	3 749 194.770	38 396 176.707
5	3 748 994.810	38 396 176.707
6	3 748 994.810	38 395 764.517
1	3 749 254.287	38 395 764.517

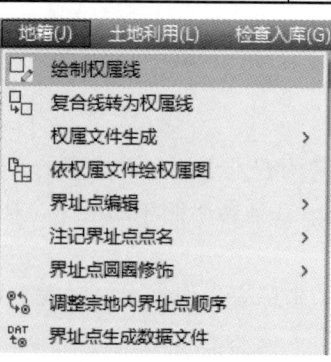

图 11-1 绘制权属线

(2)第2步:首先输入建筑销售公司界址点坐标,点击"绘制权属线",命令行会出现提示:

JZLINE 第一点:<跟踪 T/区间跟踪 N>:38395569.083,3749374.703,输入第一点的坐标,注意外业坐标与软件坐标之间的转换,先输入 y,再输入 x。

曲线 Q/边长交会 B/跟踪 T/区间跟踪 N/垂直距离 Z/平行线 X/两边距离 L/<指定点>:同样输入坐标值,注意绝对值用"#"符号

曲线 Q/边长交会 B/跟踪 T/区间跟踪 N/垂直距离 Z/平行线 X/两边距离 L/隔一点 J/微导线 A/延伸 E/插点 I/回退 U/换向 H<指定点>:继续输入其他点位置直至回车结束。

回车后系统弹出如图 11-2 所示的对话框,对土地所有权类型、宗地特征码、宗地顺序号、权属名称和地类代码等信息进行修改。

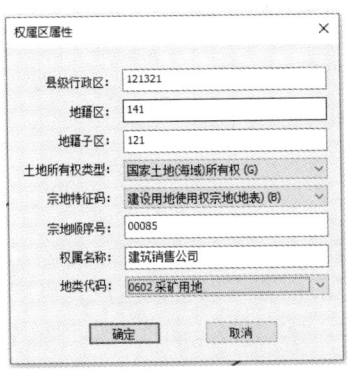

图 11-2 权属区属性对话框

(3)第3步:根据第2步,生成其他宗地的权属线。

(4)第4步:绘制与地籍要素相关的地物要素(如图中道路、建筑物等),并按规范标注房屋结构、道路名称等。

最终的绘制图形如图 11-3 所示。

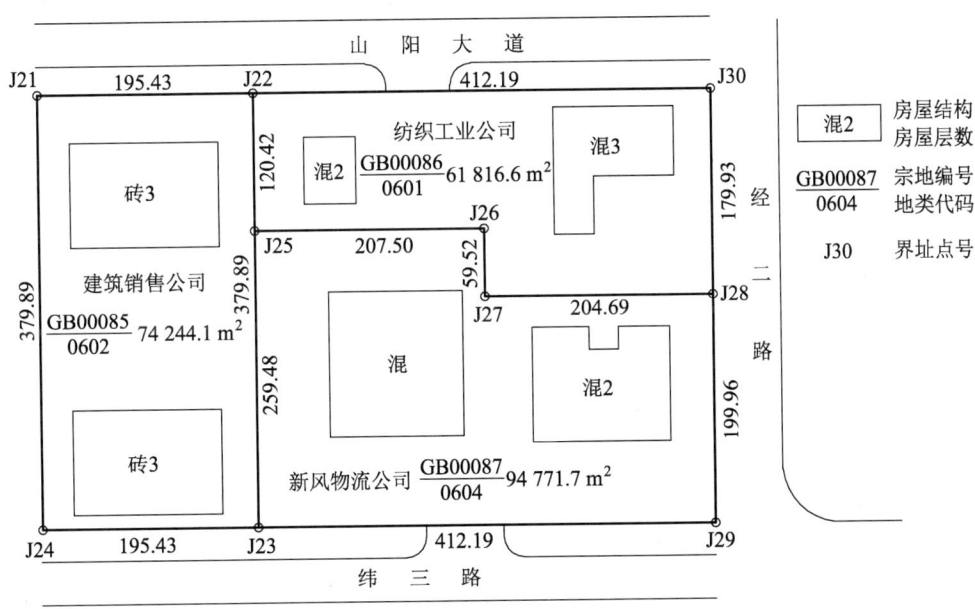

图 11-3 地籍图样图

11.3 绘制宗地图与界址点成果表

在日常地籍测量和土地发证中，是以宗地为单元进行的，其成果资料通过宗地图和反映界址位置的权属界址点成果表来体现。宗地图属于地籍图的一种，是在地籍图的基础上编制的，以一宗土地为单位绘制的宗地图。

11.3.1 绘制宗地图

宗地图在地籍图的基础上进行绘制，宗地图通常包含以下内容：
（1）图幅号、地籍号、坐落。
（2）单位名称、宗地号、地类号和占地面积。
（3）界址点、点号、界址线和界址边长。
（4）宗地内建筑物和构筑物。
（5）邻宗地宗地号及界址线。
（6）相邻道路、街巷及名称。
在 SouthMap 中，大多数的图形内容可以直接生成，以图 11-3 为例，绘制宗地图。
（1）第 1 步：单击"地籍"→"绘制宗地图框"→"单个绘制宗地图"，如图 11-4 所示。

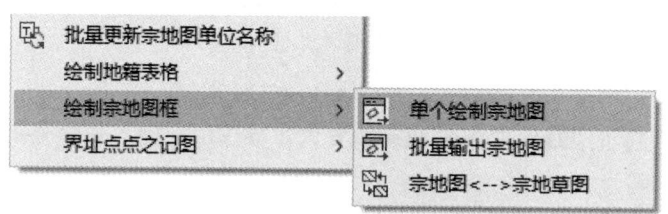

图 11-4　单个绘制宗地图操作

（2）第 2 步：点击"单个绘制宗地图"，会出现"宗地图参数设置"对话框，如图 11-5 所示，设置相关参数。

比例尺设置方式：可以手工输入比例尺，也可自动确定比例尺。如选自动确定比例尺，系统对指定区域进行自动缩放以便最大限度地适应图框，但缩放后的比例尺分母固定为 10 的倍数。

绘制坐标表：输出的宗地图是否绘制坐标表。

位置：包括宗地图位置和实地位置两种方式。由于宗地经过了缩放平移，在宗地图内的坐标和比例都与实际不符，如实地位置，宗地图会被平移缩放回原来的位置再存到磁盘文件中，但该图在打印输出时要注意计算出图比例，打印后才有实际的 32 开大小。

比例尺分母：用户可输入任意整数，不一定是 10 的倍数，如输入的比例尺分母不恰当，图形缩放后有可能超出图框。

符号大小不变：宗地图的符号大小是否保持不变。

保存到文件：如选"是"，生成的宗地图会被切割出来并存放在磁盘文件内。需要设置保存的路径图内仅保留建筑物，选择"否"的话，其他的地物也会保留在宗地图内。

图幅范围：宗地图是否满幅显示。

宗地图大小：设置输出的宗地图尺寸。

宗地图内文字大小：设置输出的宗地图内的文字大小。

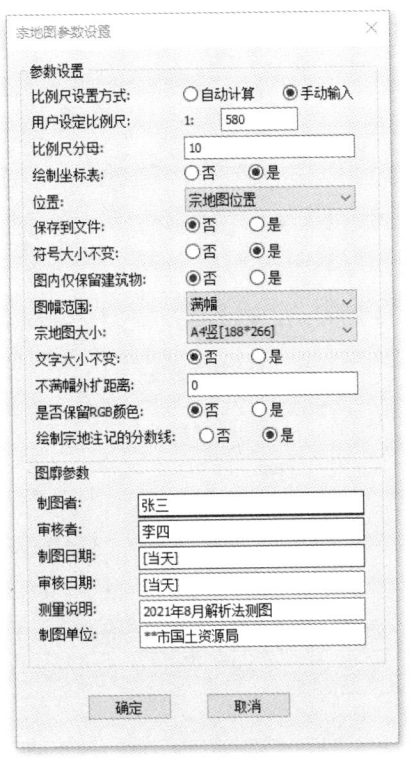

图 11-5　宗地图参数设置对话框

（3）第 3 步：绘制宗地图，具体过程如下：

命令：输入 draw_zdt 并回车。

请选择范围：选定整个宗地。

左角点：宗地的左角点。

右角点：宗地的右角点。

选择宗地图左下角点：生成宗地图的左下角点。

最终生成的宗地图如图 11-6 所示。

【注】如果用户在指定宗地图范围时，所拉对角方框内没有完整的宗地，做出的宗地图里会缺少一些注记；如方框内有两宗以上的宗地，系统会随机挑选一宗处理。

11.3.2　界址点成果表的输出

界址点成果表主要是描述宗地中所包含的信息，主要包括界址点号、坐标、宗地号、权利人、宗地面积、建筑占地面积等。以图 11-6 为例，分析其在 SouthMap 中的实现过程。

（1）第 1 步：单击"地籍"→"绘制地籍表格"，会出现多种地籍表格的绘制输出，其子菜单如图 11-7 所示。本例具体讲解界址点成果表（图面）输出过程。

（2）第 2 步：点击"界址点成果表（图面）"命令行会出现以下提示：

DRAW_JZDCGB 请用鼠标指定界址点成果表的左下角点：用鼠标选点成果的左下角。

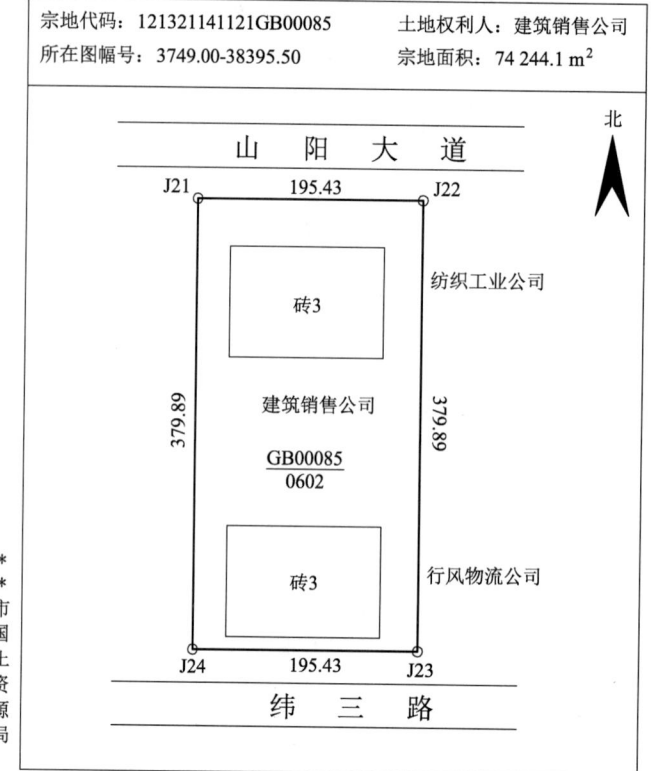

图 11-6　宗地图样图

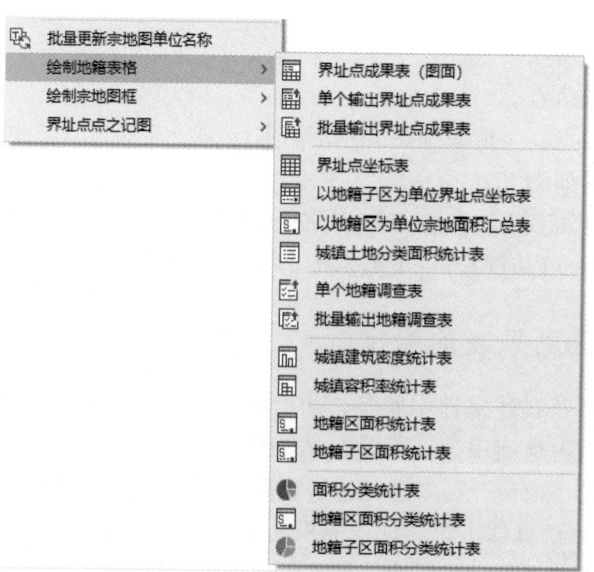

图 11-7　"绘制地籍表格"子菜单

（1）手工选择宗地（2）输入宗地号<1>：根据手动或者输入宗地号来选择要输出界址点成果表，本例按照手工选择宗地。

选择对象：选点闭合界址线。

输出成果如表 11-4 所示。

表 11-4 建筑销售公司界址点成果表

界址点成果表				第 1 页
				共 1 页
宗地号：121321141121GB00085				
权利人：建筑销售公司				
宗地面积（平方米）：74 244.1				
建筑占地（平方米）：24 790.4				
界址点坐标				
序号	点号	坐标		边长
		x/m	y/m	
1	J21	3 749 374.703	38 395 569.083	
				195.43
2	J22	3 748 994.810	38 395 764.517	
				379.89
3	J23	3 749 374.703	38 395 569.083	
				195.43
4	J24	3 749 374.703	38 395 764.517	
				379.89
5	J21	3 748 994.810	38 395 569.083	

制表：张三　　　　　审核：李四　　　　　2021 年 08 月 15 日

思考与练习题

1. 地籍要素的主要内容是什么？
2. 宗地图主要包含哪些内容？宗地代码如何设置？
3. 界址点成果表是如何输出的？

第 12 章 SouthMap 在工程中的应用

导言：SouthMap 提供了坐标查询、面积计算、土方量计算等功能。通过本章的学习，将学会运用 SouthMap 完成基本工程。

12.1 基本几何要素的查询

本节主要介绍 SouthMap 在工程中的应用：查询指定点坐标、查询两点距离及方位、查询线长、查询实体面积。

12.1.1 查询指定点坐标

先用鼠标点取"工程应用"菜单中的"查询指定点坐标"，然后用鼠标点取所要查询的点即可；也可以先进入点号定位方式，再输入要查询的点号，如图 12-1 所示。

【注】系统左下角状态栏显示的坐标是笛卡儿坐标系中的坐标，与测量坐标系的 X 和 Y 的顺序相反。用此功能查询时，系统在命令行给出的 X、Y 是测量坐标系的值。

图 12-1 查询房角点 B 的坐标

12.1.2 查询两点距离及方位

先用鼠标点取"工程应用"菜单下的"查询两点距离及方位",再用鼠标分别点取所要查询的两点即可;也可以先进入点号定位方式,再输入两点的点号,查出的 AB 两点距离如图 12-2 所示。

【注】SouthMap 所显示的坐标为实地坐标,所以所显示的两点间的距离为实地距离。

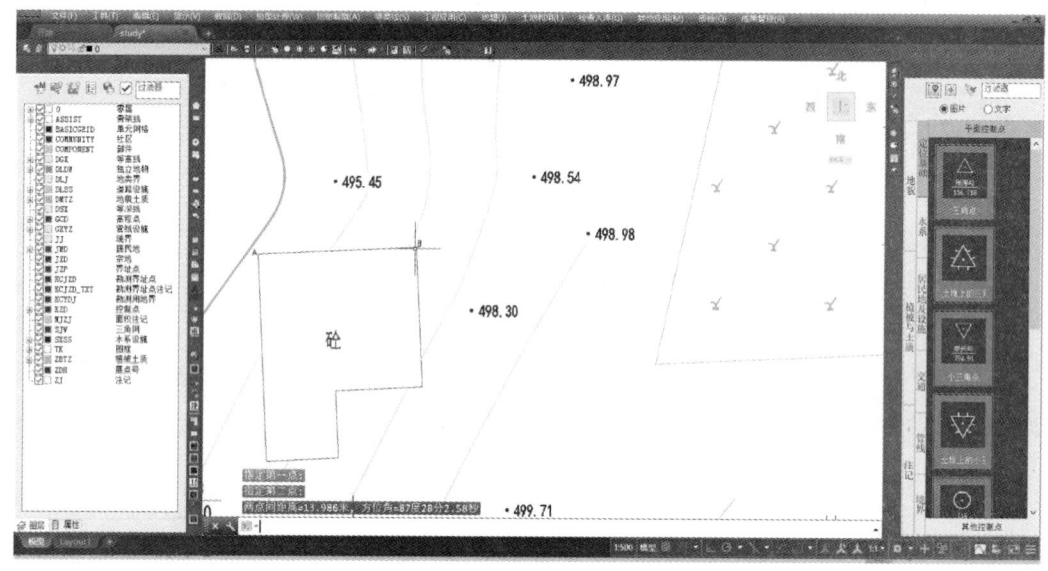

图 12-2　查询房角点 A 和 B 两点的距离及方位

12.1.3 查询线长

先用鼠标点取"工程应用"菜单下的"查询线长",再用鼠标点取图上曲线即可,查出的线长如图 12-3 所示。

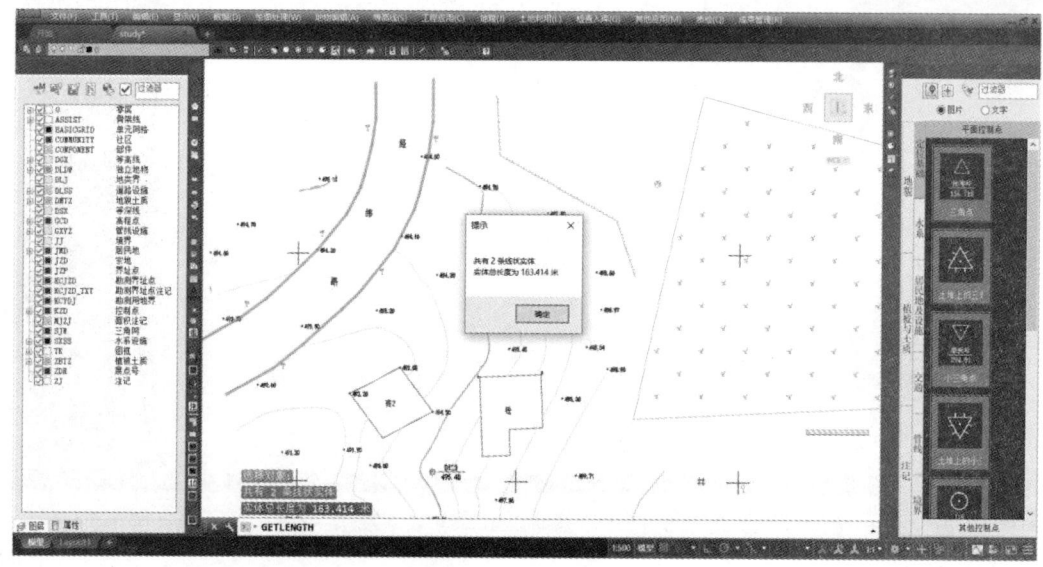

图 12-3　查询线长

12.1.4 查询实体面积

用鼠标点取待查询的实体的边界线即可，如图 12-4 所示，要注意实体应该是闭合的。

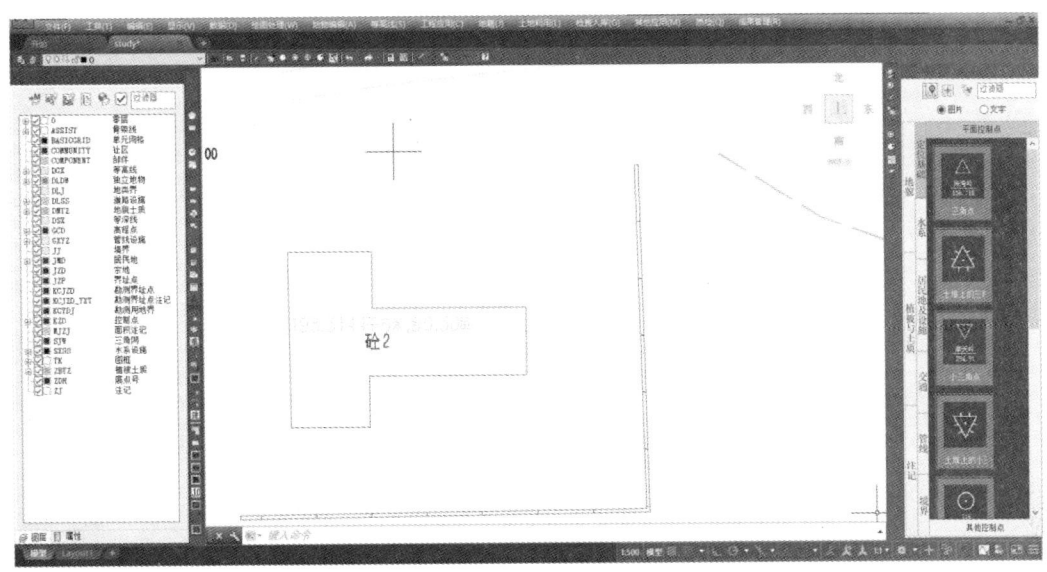

图 12-4 查询实体面积

12.1.5 计算表面积

对于不规则地貌，其表面积很难通过常规的方法来计算，在这里可以通过建模的方法来计算，系统通过 DTM 建模，在三维空间内将高程点连接为带坡度的三角形，再通过每个三角形面积累加得到整个范围内不规则地貌的面积。

例：计算图 12-5 中矩形范围内地貌的表面积。

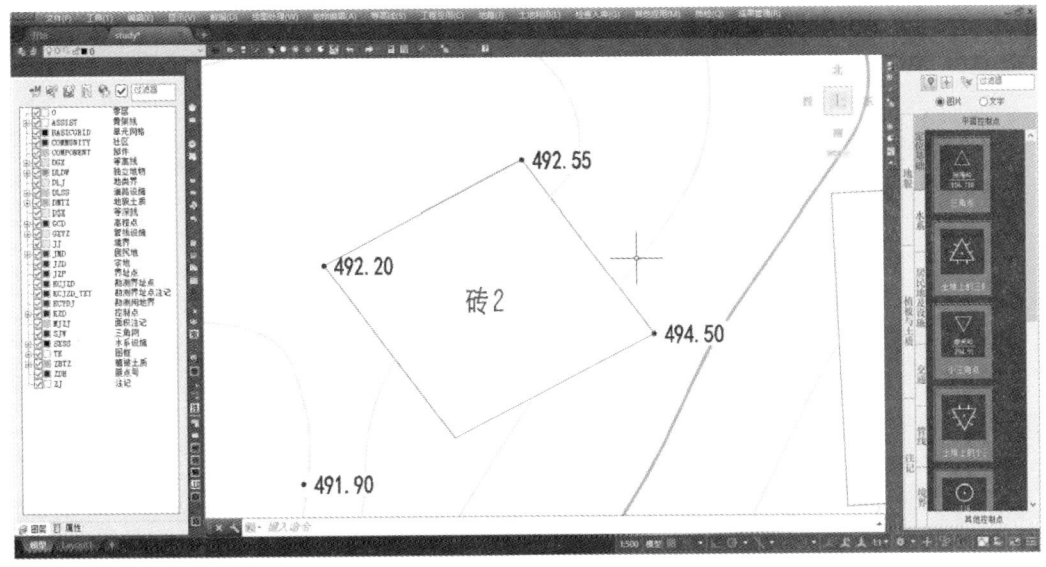

图 12-5 选定计算区域

点击"工程应用"→"计算表面积"→"根据坐标文件"命令,命令区提示:
请选择:(1)根据坐标数据文件(2)根据图上高程点:回车选 1。
选择土方边界线:用拾取框选择图上的复合线边界。
请输入边界插值间隔(米)<20>:5(输入在边界上插点的密度)。
表面积=156.517 m², 如图 12-6 所示。

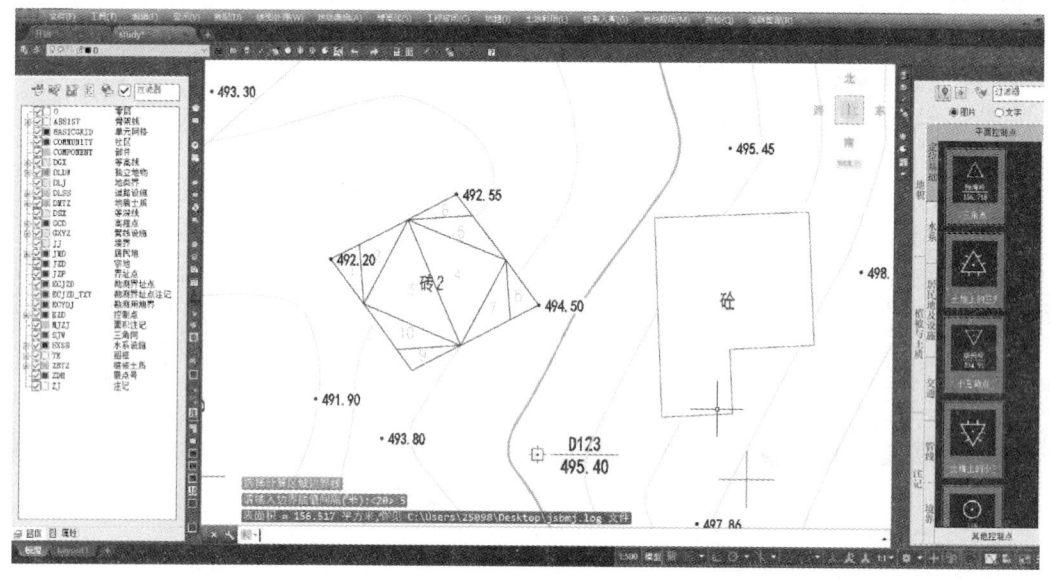

图 12-6 表面积计算结果

另外,还可以根据图上高程点计算表面积,操作的步骤相同,但计算的结果会有差异。因为由坐标文件计算时,边界上内插点的高程由全部的高程点参与计算得到;而由图上高程点来计算时,边界上内插点只与被选中的点有关,故边界上点的高程会影响到表面积的结果。到底哪种方法计算更合理,与边界线周边的地形变化条件有关,变化越大的,越趋向于由图面上来选择。

12.2 土石方的计算

12.2.1 DTM 法土方计算

由 DTM 模型计算土方量是根据实地测定的地面点坐标(x,y,z)和设计高程,通过生成三角网来计算每一个三棱锥的填挖方量,最后累计得到指定范围内填方和挖方的土方量,并绘出填挖方分界线。

利用 DTM 模型计算土方共有三种方法:第一种是由坐标数据文件计算,第二种是依照图上高程点进行计算,第三种是依照图上的三角网进行计算。前两种算法包含重新建立三角网的过程,第三种方法直接采用图上已有的三角形,不再重建三角网。

12.2.1.1 根据坐标计算

（1）定显示区、展点，并选择原地面高程数据，如图 12-7 所示。

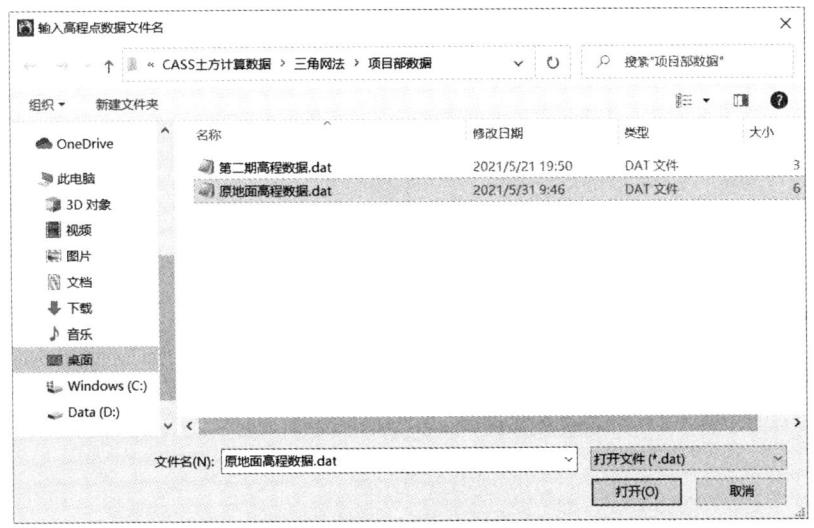

图 12-7　选择原地面高程数据

（2）绘制场地区域边界线：用复合线（快捷键 PL）画出所要计算土方的区域，一定要闭合。在绘制区域的最后一步，使用闭合命令（快捷键 C）完成区域边界的闭合，但是尽量不要拟合。因为拟合过的曲线在进行土方计算时会用折线迭代，影响计算结果的精度。

【注】选择边界线应用鼠标点取所画的闭合复合线。

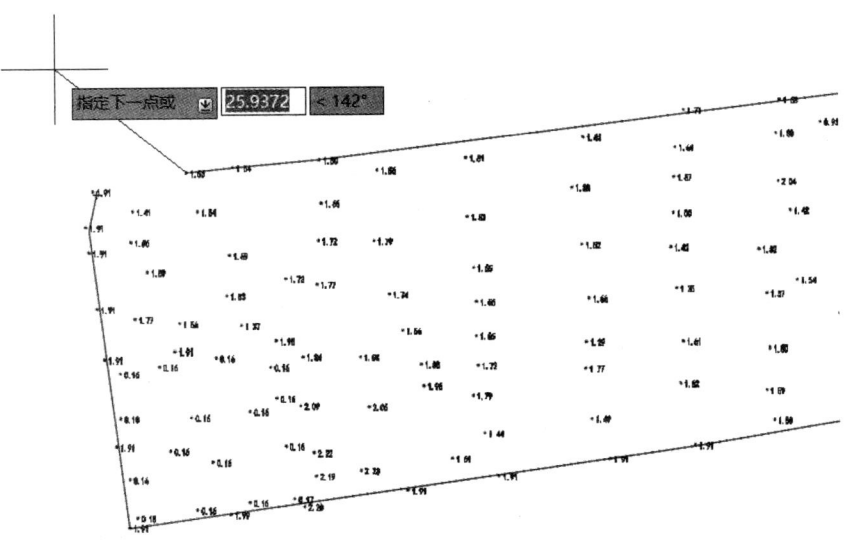

图 12-8　绘制计算区域

（3）用鼠标点取"工程应用"→"三角网法土方计算"→"根据坐标文件"，并选择相应的数据文件，如图 12-9 所示。

弹出如图 12-10 所示的土方计算参数设置对话框。

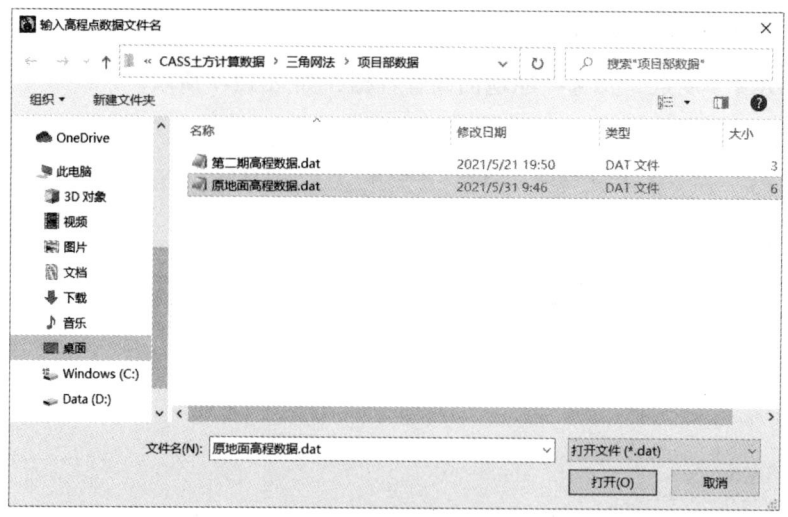

图 12-9 选择坐标文件

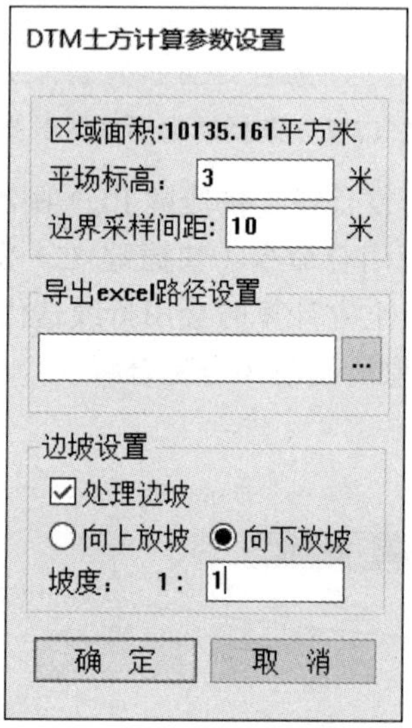

图 12-10 土方计算参数设置

区域面积：该值为复合线围成的多边形的水平投影面积。

平场标高：指设计要达到的目标高程。

边界采样间隔：边界插值间隔的设定，默认值为 20 m。

导出 Excel 路径设置：可将详细的计算数据生成一个 Excel 文件。

边坡设置：选中处理边坡复选框后，则坡度设置功能变为可选，选中放坡的方式（向上或向下）指平场高程相对于实际地面高程的高低，平场高程高于地面高程则设置为向下，放坡不能计算向范围线内部放坡的工程），然后输入坡度值。

（4）设置好计算参数后屏幕上显示填挖方的提示框，命令行显示：

挖方量=XXXX 立方米，填方量=XXXX 立方米。

同时图上绘出所分析的三角网、填挖方的分界线（白色线条）。

计算结果如图 12-11 所示。计算三角网构成详见 cass\system\dtmtf.log 文件。

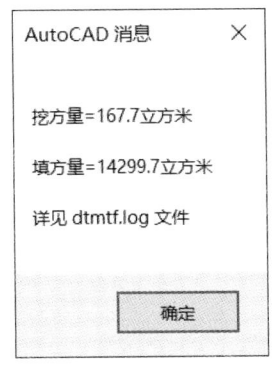

图 12-11 填挖方提示框

（5）关闭对话框后，系统提示：

请指定表格左下角位置<直接回车不绘表格>：用鼠标在图上适当位置点击，SouthMap 会在该处绘出一个表格，包含平场面积、最大高程、最小高程、平场标高、填方量、挖方量和图形。

计算完成后可将图形进行保存，如图 12-12 所示。详细计算结果请查看导出的 Excel 文件，如图 12-13 所示。

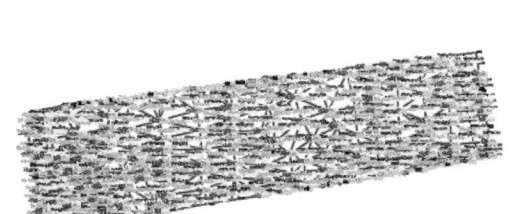

图 12-12 填挖方量计算结果表格

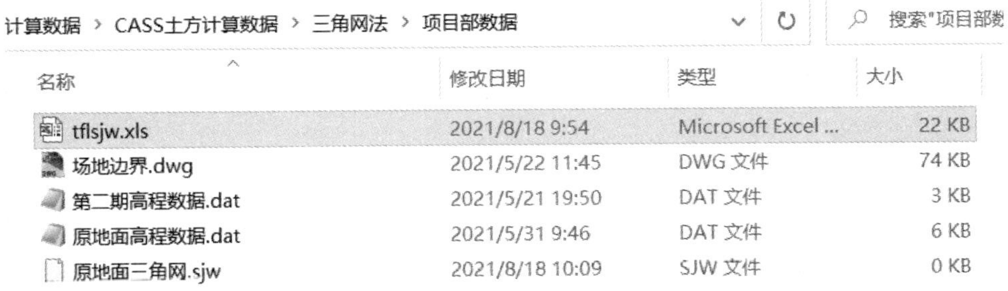

图 12-13 DTM 土方计算结果

12.2.1.2 根据图上高程点计算

该方法与根据坐标文件计算相同,将高程数据文件进行展点之后,在计算过程中,可以使用屏幕上已经展好的高程点进行计算。两者一个是使用.dat 文件进行计算,一个是使用.dat 文件的展点进行计算。

(1)首先要展绘高程点,然后用复合线(命令 PL)画出所要计算土方的区域,注意范围线的闭合。

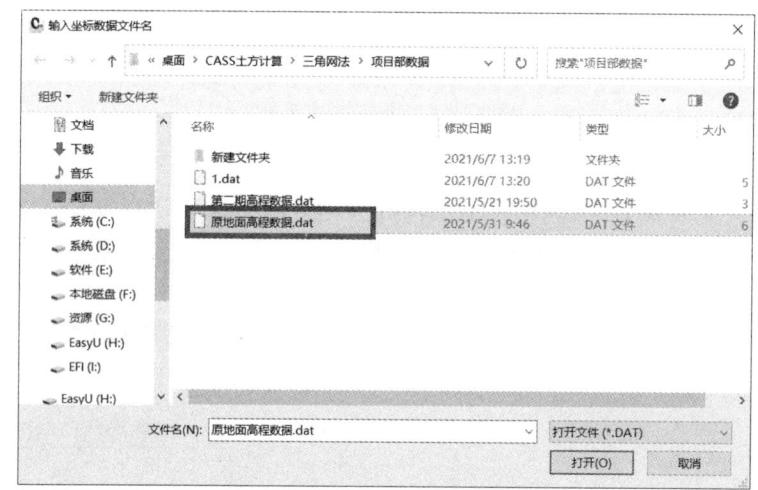

图 12-14　展原地面高程点

(2)用鼠标点取"工程应用"菜单下"DTM 法土方计算"子菜单中的"根据图上高程点计算"

提示:选择边界线用鼠标点取所画的闭合复合线。

提示:选择高程点或控制点。此时可逐个选取要参与计算的高程点或控制点,也可拖框选择。如果键入"ALL"回车,将选取图上所有已经绘出的高程点或控制点。弹出土方计算参数设置对话框,操作则与根据坐标计算法一样。

12.2.1.3 根据图上的三角网计算

(1)建立三角网。

展点,选择原地面高程点,如图 12-15 所示。

图 12-15　展点

点击"等高线"→"建立三角网",选择由数据文件生成(选择原地面高程数据)或者由图面高程点生成(框选屏幕上的高程点),如图 12-16 所示。点击"确定"之后,会生成如图 12-17 所示的三角网。

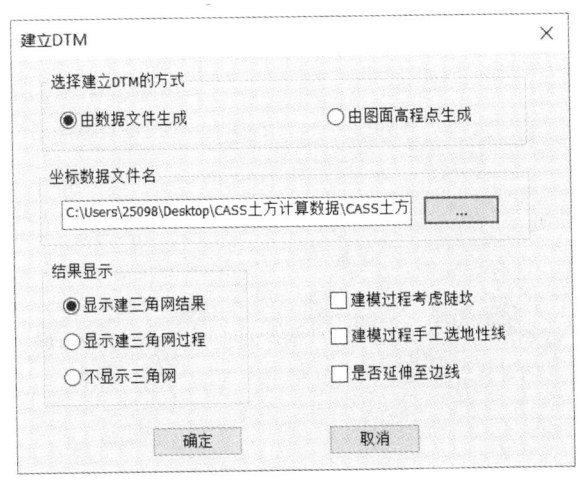

图 12-16　建立三角网

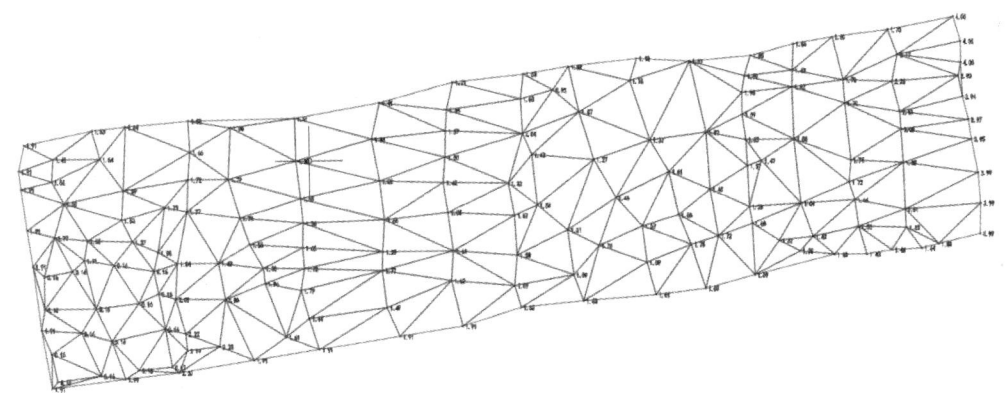

图 12-17　生成的三角网

(2)三角网的编辑。

对已经生成的三角网进行必要的编辑,使结果更接近实际地形。点击"等高线"→"重组三角形"。如图 12-18 所示,对错误的三角形进行重组。该测区需调整的位置为左下角区域,点击重组三角形之后,根据图 12-19,用鼠标按照图上顺序对错误三角形边线进行点击,使其进行重组,如果操作过程出现失误,则使用"Ctrl+Z"快捷键撤销后再重新编辑,结果如图 12-20 所示。

(3)保存三角网。

完成三角网的编辑之后,我们可以将编辑好三角网进行保存留作备用。点击"等高线"→"三角网的存取"→"写入文件",在弹出的窗口中编辑保存的路径和名称,由于生成三角网所使用的高程数据为"原地面高程数据",可将三角网文件命名为"原地面三角网",如图 12-21 所示。点击"保存"之后,要根据提示选择保存对象,如图 12-22 所示,框选所有的三角网后敲击空格即可完成保存。

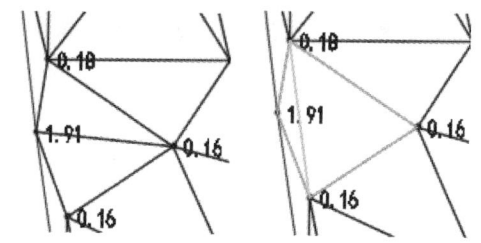

图 12-18 重组前（左）和重组后（右）对比

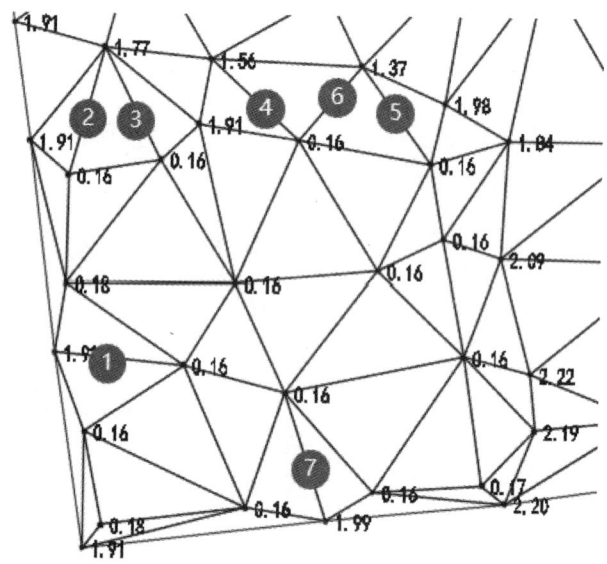

图 12-19 使用重组三角网进行编辑

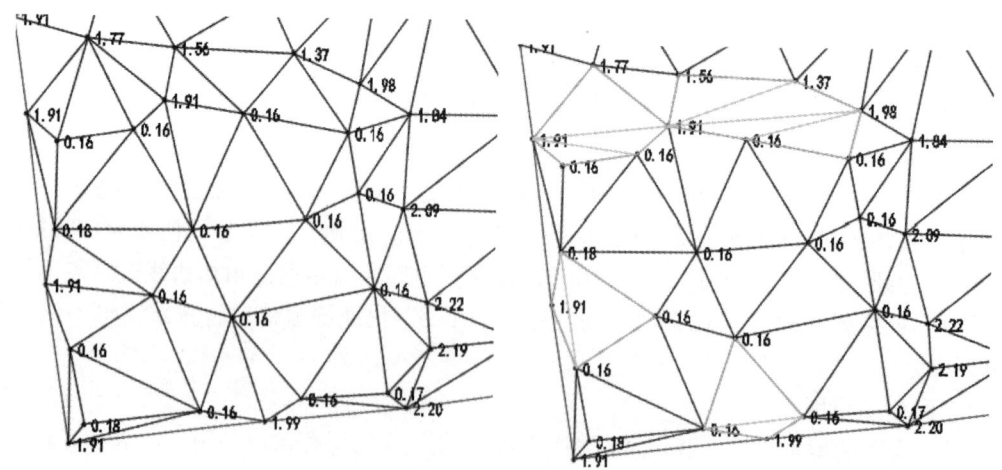

图 12-20 编辑前（左）编辑后（右）

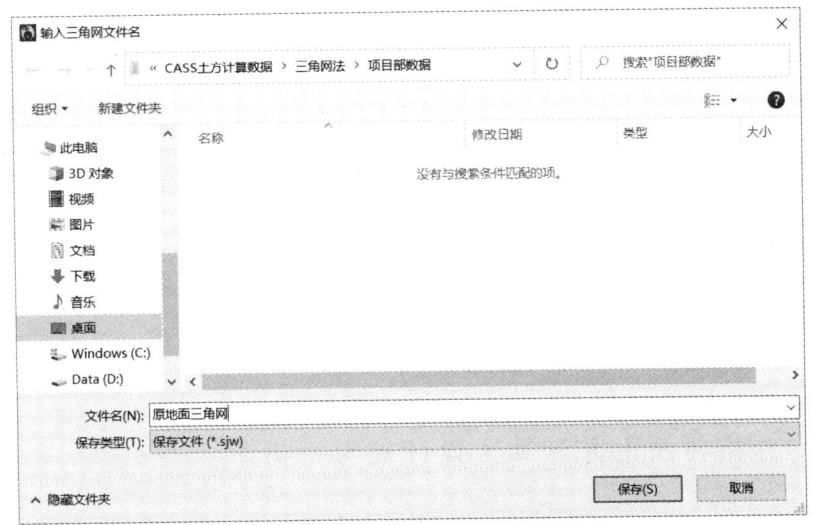

图 12-21　编辑三角网文件存取路径和名称

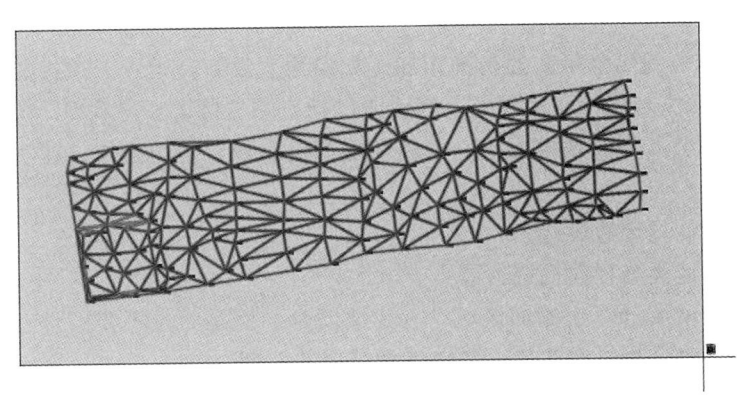

图 12-22　框选整个三角网保存

保存完毕之后检查三角网保存是否无误，可以新建一个图形窗口，点击"三角网"→"三角网的存取"→"读出文件"，选择刚才生成好的三角网文件，然后双击鼠标滑轮，查看屏幕上是否能显现出三角网。

（4）计算。

完成之后鼠标点击"工程应用"菜单下"三角网法土方计算"子菜单中的"根据图上三角网"。

命令行出现以下提示：

平场标高（米）：输入平整的目标高程，也就是 3 m。

请在图上选取三角网：用鼠标在图上选，三角形，可以逐个选取，也可拉框批量选取，在这里框选所有三角形。

回车后屏幕上显示填挖方的提示框，如图 12-23 所示。同时图上绘出所分析的三角网、填挖方的分界线（白色线条）。

【注】用此方法计算土方量时不要求给定区域边界，因为系统会分析所有被选取的三角形，因此在选择三角形时一定要注意不能漏选或多选，否则计算结果有误，且很难检查出问题所在。

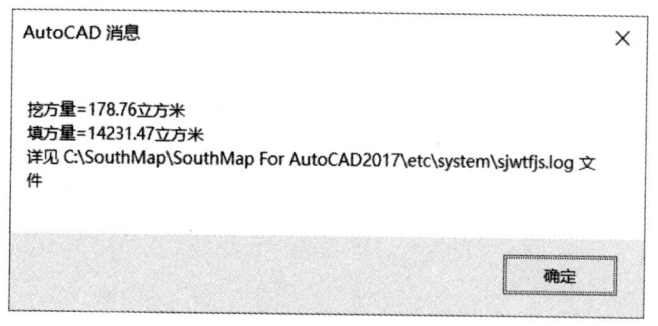

图 12-23　计算结果

12.2.2　方格网法土方计算（设计面为平面）

由方格网来计算土方量是根据实地测定的地面点坐标（x，y，z）和设计高程，通过生成方格网来计算每一个方格内的填挖方量，最后累计得到指定范围内填方和挖方的土方量，并绘出填挖方分界线。

系统首先将方格的四个角上的高程相加（如果角上没有高程点，通过周围高程点内插得出其高程），取平均值与设计高程相减。然后通过指定的方格边长得到每个方格的面积，再用长方体的体积计算公式得到填挖方量。方格网法简便直观，易于操作，在实际工作中应用非常广泛。

（1）展点、绘制场地边界线。

将三集中的原地面高程数据进行展点。

用复合线画出所要计算土方的区域，一定要闭合，但是尽量不要拟合。因为拟合过的曲线在进行土方计算时会用折线迭代，影响计算结果的精度。

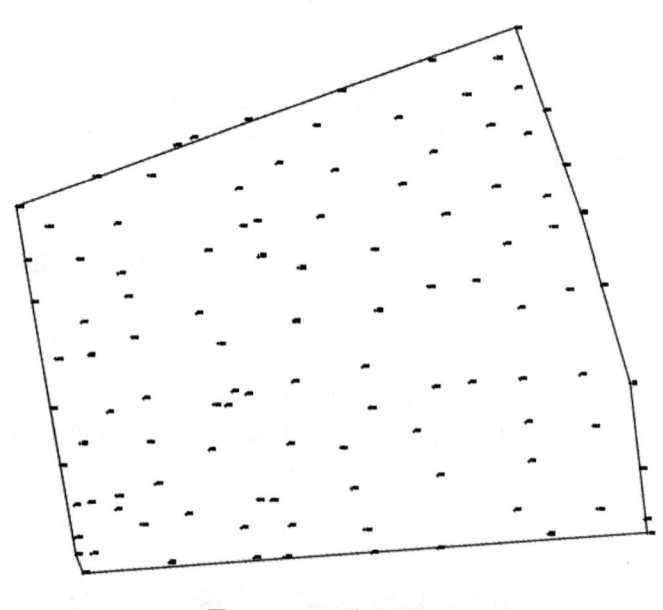

图 12-24　三集中场地

(2)计算土方量。

如图 12-25 所示,选择"工程应用"→"方格网法土方计算"命令。根据命令行提示选择计算区域边界线:鼠标点击所绘制的边界线。

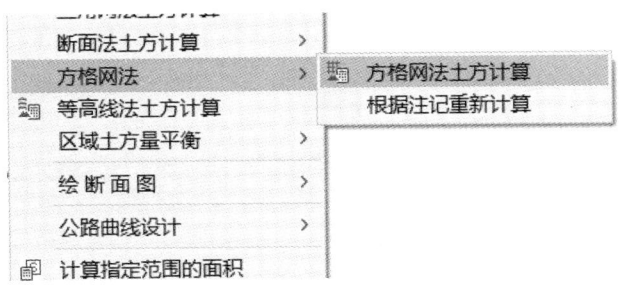

图 12-25　方格网法子菜单

计算参数设置如图 12-26 所示,首先是选择计算土方的方式,分为两种:① 选择坐标文件,② 选择图面高程点。选择方式②即可,之后在设计面选择"平面"并输入高程 6。

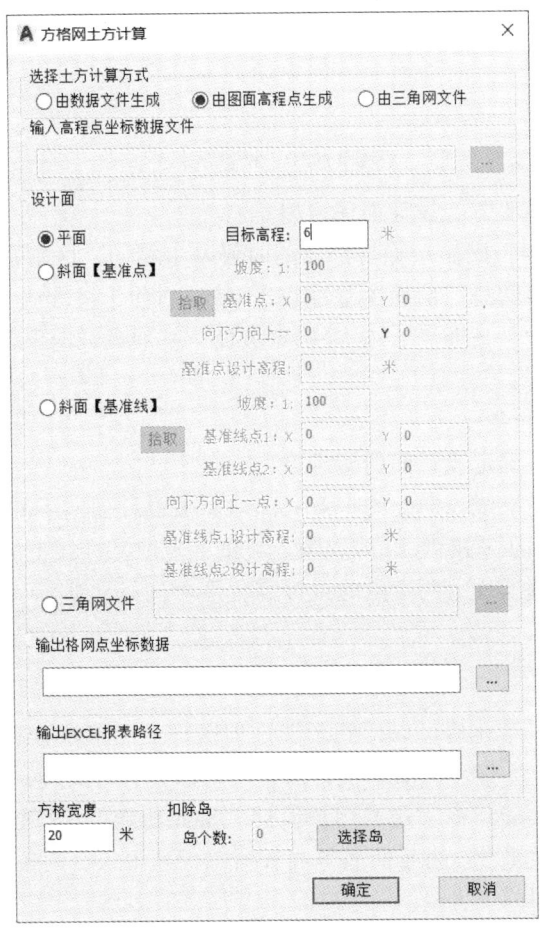

图 12-26　计算参数设置

计算参数设置完毕之后,点击"确定",此时命令行可能会有关于网格生成的提示,直接空格跳过即可,最后生成如图 12-27 所示的结果图。

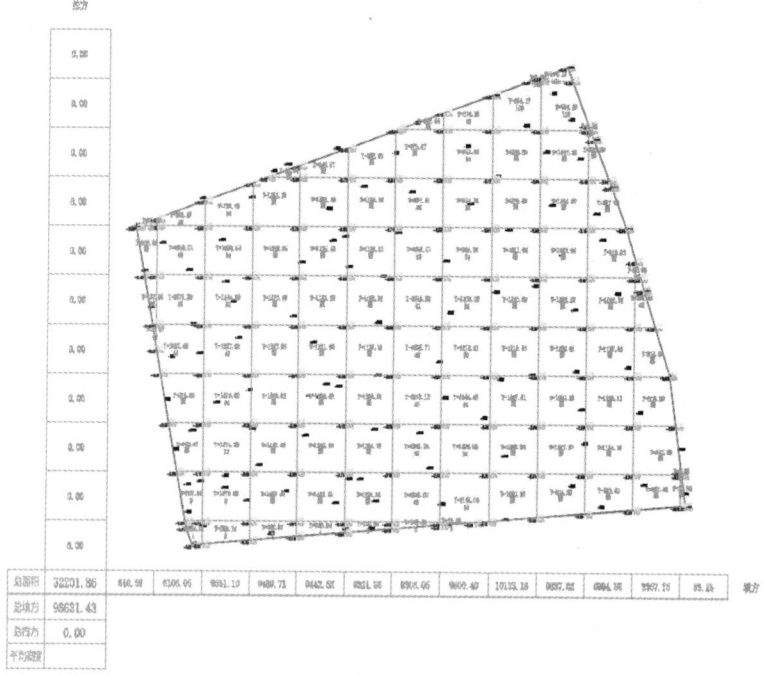

图 12-27　计算完成

补充：方格网法计算土方，设计面还可以是斜面。

设计面是斜面的时候，操作步骤与平面的时候基本相同，区别在于在方格网土方计算对话框中"设计面"栏中，选择"斜面【基准点】"或"斜面【基准线】"。

如果设计的面是斜面（基准点），需要确定坡度、基准点和向下方向上一点的坐标，以及基准点的设计高程。

点击"拾取"，命令行提示：

点取设计面基准点：确定设计面的基准点。

指定设计高程低于基准线方向上的一点：点取斜坡设计面向下的方向。

如果设计的面是斜面（基准线），需要输入坡度并点取基准线上的两个点及基准线向下方向上的一点，最后输入基准线上两个点的设计高程即可进行计算。

12.2.3　等高线法土方计算

用户将白纸图扫描矢量化后可以得到图形。但这样的图都没有高程数据文件，所以无法用前面的几种方法计算土方量。一般来说，这些图上都会有等高线，所以，SouthMap 开发了由等高线计算土方量的功能，专为这类用户设计。用此功能可计算任意两条等高线之间的土方量，但所选等高线必须闭合。由于两条等高线所围面积可求，两条等高线之间的高差已知，可求出这两条等高线之间的土方量。

（1）生成三角网建立等高线。

① 点击"等高线"→"建立三角网"，然后弹出如图 12-28 所示对话框，利用山区原地面数据建立三角网，如图 12-29 所示。

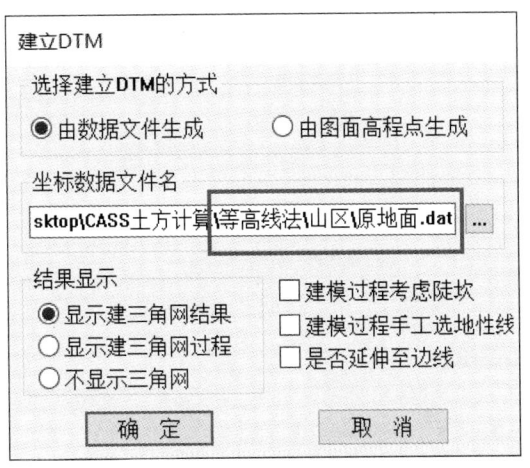

图 12-28 建立三角网

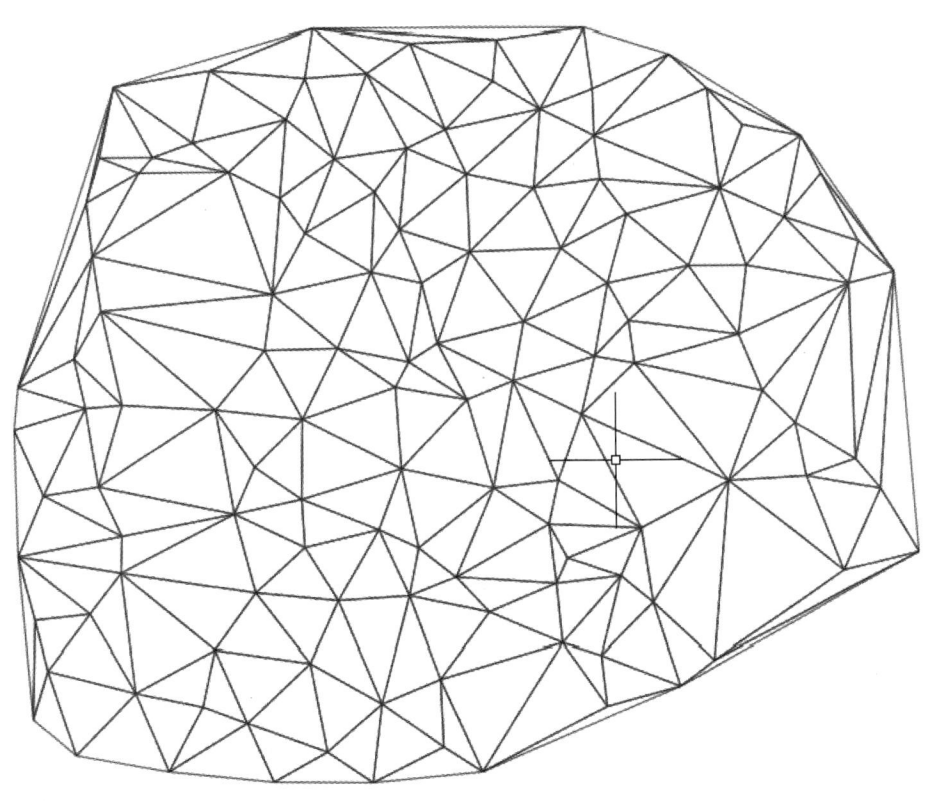

图 12-29 三角网

② 如图 12-30 所示,点击"等高线"→"绘制等高线",然后会弹出如图 12-31 所示的设置窗,编辑等高距及拟合方式后,点击"确定",等高线生成完毕,如图 12-32 所示。

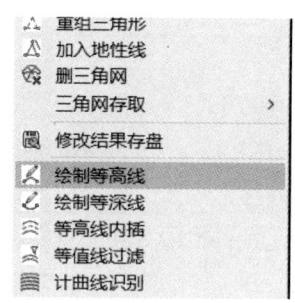

图 12-30 绘制三角网子菜单

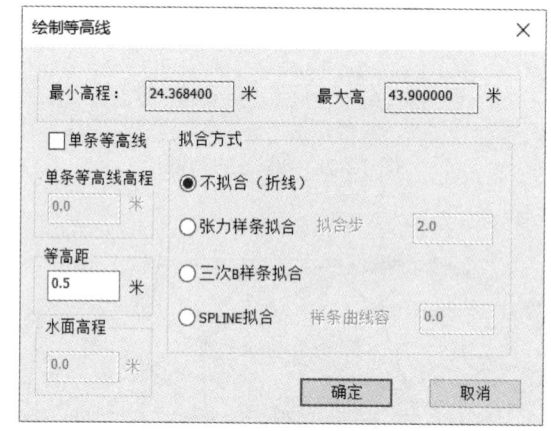

图 12-31 绘制等高线

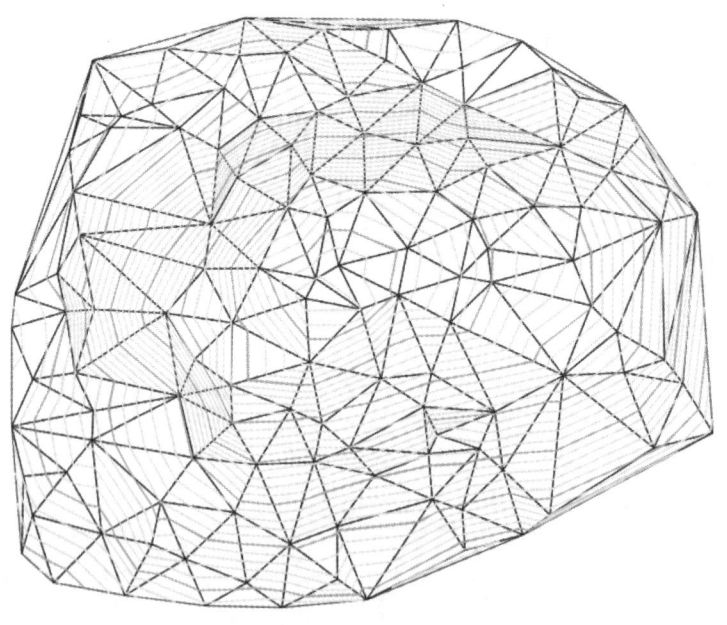

图 12-32 生成的等高线

③利用等高线计算土方。点击"工程应用"→"等高线法计算土方",根据提示,选择参与计算的封闭等高线:框选所有等高线回车及完成计算,见图 12-33。最后在空白区域点击鼠标左链,生成如图 12-34 所示的计算表格。

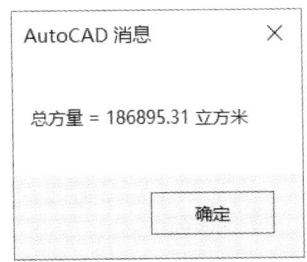

图 12-33　计算完成

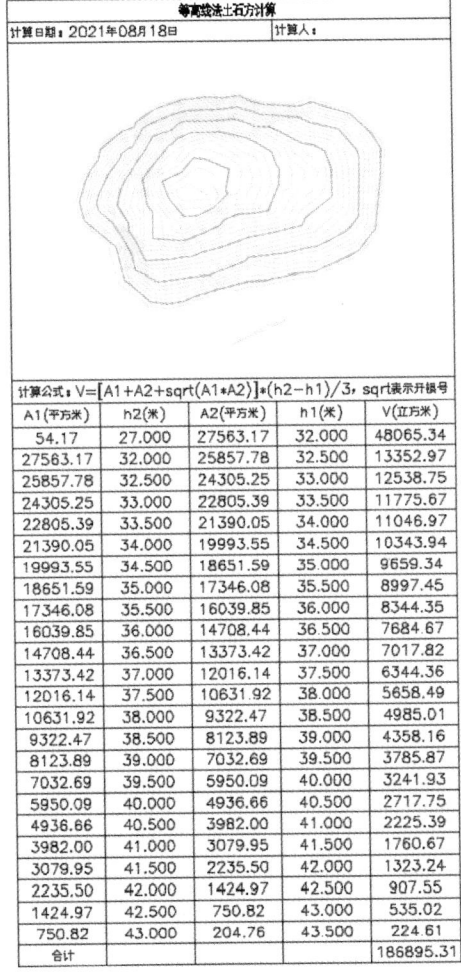

图 12-34　计算表格

12.2.4　区域土方量平衡

土方平衡的功能常在场地平整时使用。当一个场地的土方平衡时，挖掉的土石方刚好等于填方量。以填挖方边界线为界，从较高处挖得的土石方直接填到区域内较低的地方，就可完成场地平整。这样可以大幅度减少运输费用。此方法只考虑体积上的相等，并未考虑砂石密度等因素。

① 在图上展出点，用复合线绘出需要进行土方平衡计算的边界。

② 点击"工程应用"→"区域土方平衡"→"根据坐标数据文件（根据图上高程点）"命令。

如果要分析整个坐标数据文件，可直接回车，如果没有坐标数据文件，而只有图上的高程点，则选"根据图上高程点"。

命令行提示：

选择边界线：点取第一步所画闭合复合线。

输入边界插值间隔（米）：<20>。这个值将决定边界上的取样密度，如前面所说，如果密度太大，超过了高程点的密度，实际意义并不大。一般用默认值即可。

如果前面选择"根据坐标数据文件"，这里将弹出对话框，要求输入高程点坐标数据文件名，如果前面选择的是"根据图上高程点"，此时命令行将提示：

选择高程点或控制点：用鼠标选取参与计算的高程点或控制点，回车后弹出如图12-35所示的对话框。

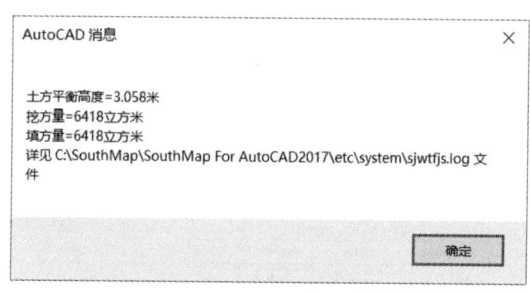

图 12-35　土方量平衡

同时命令行出现提示：

平场面积=XXXX 平方米

土方平衡高度=XXX 米，挖方量=XXX 立方米，填方量=XXX 立方米

点击对话框的"确定"按钮，命令行提示：

请指定表格左下角位置：<直接回车不绘制表格>

在图上空白区域点击鼠标左键，在图上绘出计算结果表格，如图12-36所示。

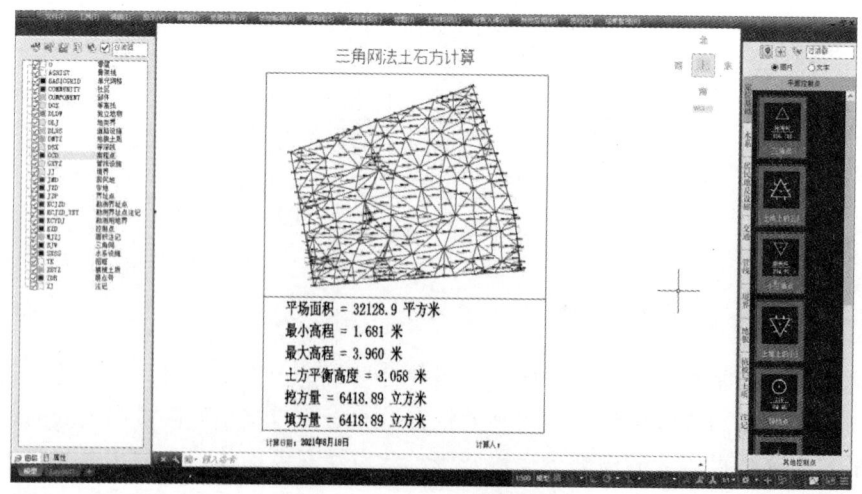

图 12-36　区域土方量平衡

思考与练习题

1. 请在自己绘制的地形图上，完成基本几何要素的查询。
2. 请简述 DTM 法、方格网法、等高线法计算土方量的步骤。

第 13 章　打印输出图形

> **导言**：图形绘制完成后，需要打印输出，在 AutoCAD 中，图形可以从打印机上输出为纸制的图纸，也可以将图形输出为其他格式的文件以供别人使用其他应用程序来阅读和交流。图形通常是按照 1∶1 的比例绘制的，在这些打印或输出的过程中，要考虑图形的输出比例，也就是设计打印比例。AutoCAD 有两种图形环境：模型空间和图纸空间。本章将具体介绍如何进行图形打印和输出，重点讲解打印过程中的参数设置。

13.1　在模型空间中打印

如果仅仅是创建具有一个视图的二维图形，则可以在模型空间中完整地创建图形，并对图形进行注释，然后直接在模型空间中进行打印，而不使用布局选项卡。这是使用 AutoCAD 打印图形的传统方法。

13.1.1　选择打印设备

1. 命令的执行方式

（1）菜单栏：单击"菜单浏览器"按钮" "→"打印"按钮。
（2）功能区：单击"输出"选项卡→"打印"面板→"打印"按钮" "。
（3）命令区：输入 plot 并按回车键确认。

用户在完成某个图形绘制后，为了便于观察和实际施工制作，可将其打印输出到图纸上。这些都可以通过打印命令调出的对话框来实现，如图 13-1 所示。在打印的时候，首先要设置打印的一些参数，如选择打印设备、设定打印样式、指定打印区域等。

2. 选择打印设备

在"打印机/绘图仪"栏，如图 13-2 所示，可以选择用户输出图形所要使用的打印设备、纸张大小、打印份数等设置。在"打印机/绘图仪"选项组的"名称"下拉列表中选择打印机。如果计算机上真正安装了一台打印机，则可以选择此打印机；如果没有安装打印机，可以选择 AutoCAD 提供的一个虚拟的电子打印机"*.pc3"。

在"图纸尺寸"选项组的下拉列表中选择纸张的尺寸，这些纸张都是根据打印机的硬件信息列出的。

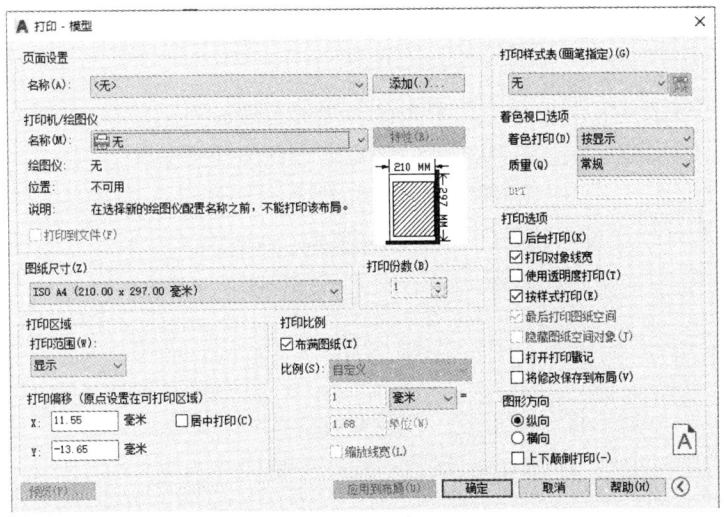

图 13-1 "打印命令"对话框

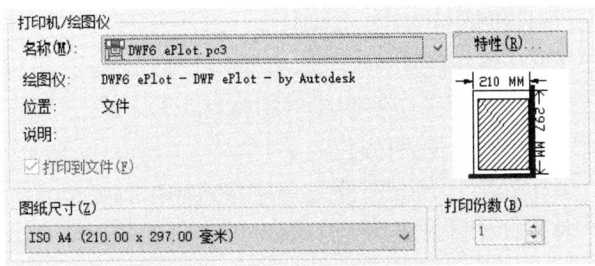

图 13-2 "打印机/绘图仪"设置

若用户要修改当前打印机配置,可单击名称后的"特性"按钮,打开如图 13-3 所示的对话框。在对话框中可设定打印机的输出设置,如打印介质、图形、自定义图纸尺寸等。对话框中包含了 3 个选项卡,其含义分别如下:

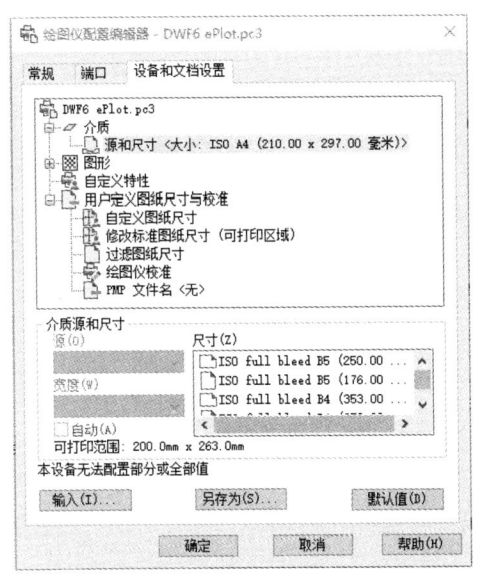

图 13-3 "绘图仪配置编辑器"对话框

（1）常规：在该选项卡中查看或修改打印设备信息，包含了当前配置的驱动器的信息。如配置文件名称、驱动程序信息和打印机端口等。

（2）端口：在该选项卡中显示适用于当前配置的打印设备的端口。

（3）设备和文档设置：在该选项卡中，用户可以指定图纸来源、尺寸和类型等。

如果需要的图纸尺寸不在"图纸尺寸"下拉列表中，可以自定义图纸尺寸，方法是在如图 13-3 所示的"绘图仪配置编辑器"对话框中选择"自定义图纸尺寸"选项。但是要注意，自定义的图纸尺寸不能大于打印机所支持的最大图纸幅面。

13.1.2 打印样式表

打印样式用于修改图形打印的外观。图形中每个对象或图层都具有打印样式属性，通过修改打印样式可改变对象输出的颜色、线型、线宽等特性。如图 13-4 所示，在打印样式表对话框中可以指定图形输出时所采用的打印样式，在下拉列表框中有多个打印样式可供用户选择，可以通过"打印样式表编辑器"进行编辑，如图 13-5 所示。

AutoCAD 2022 中，打印样式分为以下两种：

（1）颜色相关打印样式。该种打印样式表的扩展名为".ctb"，可以将图形中的每个颜色指定打印的样式，从而在打印的图形中实现不同的特性设置。颜色限定于 255 种索引色，真彩色和配色系统在此处不可使用。使用颜色相关打印样式表不能将打印样式指定给单独的对象或者图层。使用该打印样式的时候，需要先为对象或图层指定具体的颜色，然后在打印样式表中将指定的颜色设置为打印样式的颜色。指定了颜色相关打印样式表之后，可以将样式表中的设置应用到图形中的对象或图层。如果给某个对象指定了打印样式，则这种样式将取代对象所在图层所指定的打印样式。

命名相关打印样式：根据在打印样式定义中指定的特性设置来打印图形，命名打印样式可以指定给对象，与对象的颜色无关。命名打印样式的扩展名为".stb"。

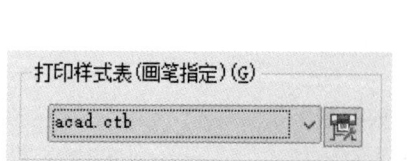

图 13-4　指定打印样式

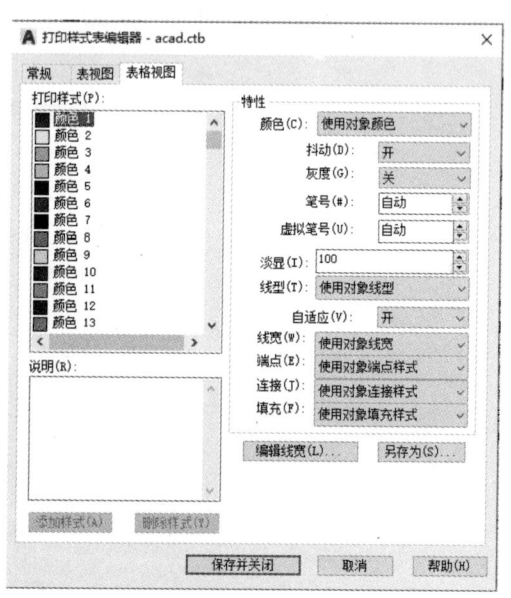

图 13-5　编辑打印样式表

13.1.3 打印区域

如图 13-6 所示,"打印区域"栏可设定图形输出时的打印区域,该栏中各选项含义如下:

(1)窗口:临时关闭"打印"对话框,在当前窗口选择一矩形区域,然后返回对话框,打印选取的矩形区域内的内容。此方法是选择打印区域最常用的方法,由于选择区域后一般希望布满整张图纸,所以打印比例会选择"布满图纸"选项,以达到最佳效果。但这样打出来的图纸比例很难确定,常用于比例要求不高的情况。

(2)范围:当前空间内的所有几何图形都将被打印。

(3)图形界限:打印图形界限所定义的绘图区域,即模型空间或图纸空间图形界限(LIMITS)命令定义的绘图界限。

(4)显示:打印"模型"选项卡当中当前视口中的视图或布局选项卡中的当前图纸空间视图。

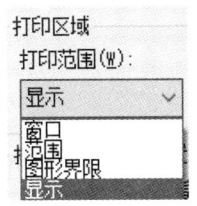

图 13-6　打印区域设置

13.1.4 设置打印比例

测绘工程图件一般要求按照一定的比例尺打印成纸质图件,常用的比例尺有 1∶500、1∶1 000、1∶2 000、1∶5 000 等。在绘制对象时,通常是按照实际尺寸 1∶1 进行绘制。

"打印比例"栏中可设定图形输出时的打印比例。在"比例"下拉列表框中可选择用户出图的比例,如 1∶1,同时可以用"自定义"选项,在下面的框中输入比例换算方式来达到控制比例的目的,输出纸质测绘工程图件时,设置 1∶0.5 的比例相当于 1∶500,1∶1 的比例相当于 1∶1 000、1∶2 的比例相当于 1∶2 000,依次类推。

当然,也可以根据图纸尺寸调整为"布满图纸",是根据打印图形范围的大小,自动布满整张图纸。"缩放线宽"选项是在布局中打印的时候使用的,勾选后,图纸所设定的线宽会按照打印比例进行放大或缩小;而未勾选,则不管打印比例是多少,打印出来的线宽就是设置的线宽尺寸。

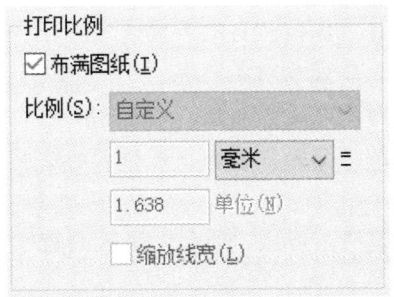

图 13-7　设置打印比例

13.1.5 调整图形打印方向

如图 13-8 所示,在"图形方向"栏中可指定图形输出的方向。因为图纸制作会根据实际的绘图情况来选择图纸是纵向还是横向,所以在图纸打印的时候一定要注意设置图形方向,否则可能会出现部分超出纸张的图形无法打印出来的情况。该栏中各选项的含义如下:

(1)纵向:图形以水平方向放置在图纸上。
(2)横向:图形以垂直方向放置在图纸上。
(3)上下颠倒打印(—):指定图形在图纸上倒置打印,即将图形旋转180°打印。

图 13-8 图形打印方向设置

13.1.6 指定偏移位置

指定图形打印在图纸上的位置。可通过分别设置 X(水平)偏移和 Y(垂直)偏移来精确控制图形的位置;若勾选了"居中打印"复选框,则 AutoCAD 可以自动计算偏移值,并将图形居中打印,如图 13-9 所示。

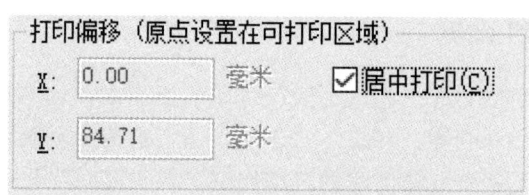

图 13-9 打印偏移设置

13.1.7 设置着色视口选项

指定着色和渲染视口的打印方式,并确定它们的分辨率级别和每英寸点数(DPI)。

(1)着色打印(D)。

如果打印一个包含三维着色实体的图形,还可以控制图形的"着色"模式,如图 13-10 所示。具体模式的含义如下:

① 按显示:按显示打印设计,保留所有的着色。
② 线框:显示直线和曲线,以表示对象边界。
③ 消隐:不打印位于其他对象之后的对象。
④ 渲染:根据打印前设置的"渲染"选项,在打印前要对对象进行渲染。

(2)质量(Q)。

在"着色窗口选项"选项组中,可从"质量"下拉列表中选择打印精度。其各个选项卡的含义如下:

① 草稿:将渲染和着色模型空间视图设置为线框打印。

② 预览：将渲染模型和着色模型空间视图的打印分辨率设置为当前设备分辨率的四分之一。
③ 常规：将渲染模型和着色模型空间视图的打印分辨率设置为当前设备分辨率的二分之一。
④ 演示：将渲染模型和着色模型空间视图的打印分辨率设置为当前设备的分辨率。
⑤ 最大：将渲染模型和着色模型空间视图的打印分辨率设置为当前设备的分辨率，无最大值。
⑥ 自定义：将渲染模型和着色模型空间视图的打印分辨率设置为"DPI"框中指定的分辨率设置，最大可为当前设备的分辨率。

（3）DPI。

指定渲染和着色视图的每英寸点数，最大可为当前打印设备的最大分辨率。只有在"质量"框中选择了"自定义"后，此选项才可用。

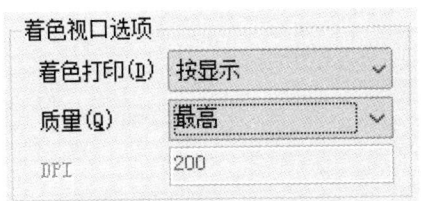

图 13-10　设置着色视口

13.1.8　设置打印选项

打印过程中，还可以设置一些打印选项，如图 13-11 所示，在需要的情况下可以使用。各个选项表示的内容如下：

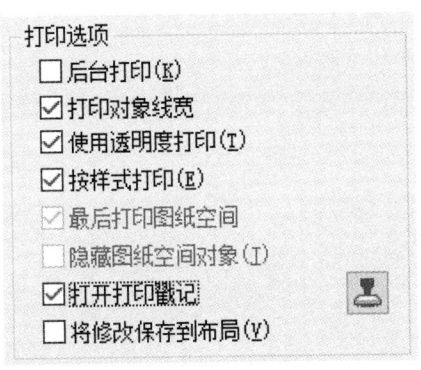

图 13-11　设置打印选项

（1）打印对象线宽：将打印指定给对象和图层的线宽，以控制是否按线宽打印图线的宽度。

（2）按样式打印（E）：以指定的打印样式来打印图形。指定此选项将自动打印线宽。如果不选择此选项，将按指定给对象的特性打印对象而不是按打印样式打印。

（3）最后打印图纸空间：若勾选"最后打印图纸空间"复选框，则先打印模型空间图形。

（4）隐藏图纸空间对象（I）：若勾选"隐藏图纸空间对象"复选框，则打印图纸空间中删除了对象隐藏线的布局。

（5）打开打印戳记：勾选后则在其右边出现"打印戳记设置"按钮；打印戳记是添加到打印图纸上的一行文字（包括图形名称、布局名称、日期和时间等）。单击这一按钮，弹出"打印戳记"对话框，如图 13-12 所示，可以为要打印的图纸设计戳记的内容和位置，打印戳记可以保存到打印戳记参数文件（*.pss）中供以后调用。

（6）将修改保存到布局（V）：将在"打印"对话框中所做的修改保存到布局中。

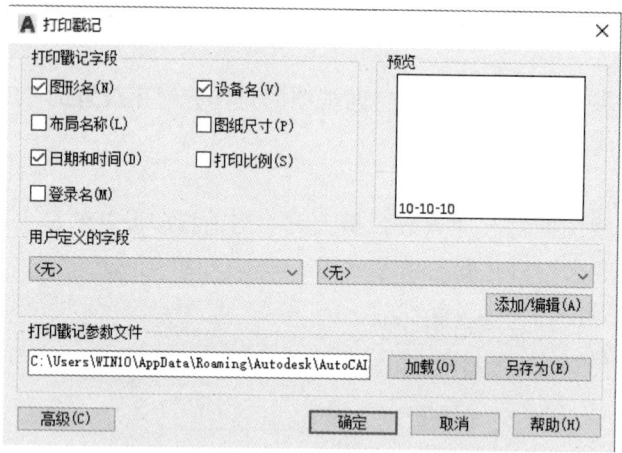

图 13-12　"打印戳记"对话框

13.1.9　预览打印效果

在图形打印之前使用预览框可以提前看到图形打印后的效果。这将有助于对打印的图形进行及时修改。如果设置了打印样式表，预览图将显示在指定的打印样式设置下的图形效果。

在预览效果的界面下，可以点击鼠标右键，在弹出的快捷菜单中有"打印"选项，点击即可直接在打印机上出图了。也可以退出预览界面，在"打印"对话框上点击"确定"按钮出图。

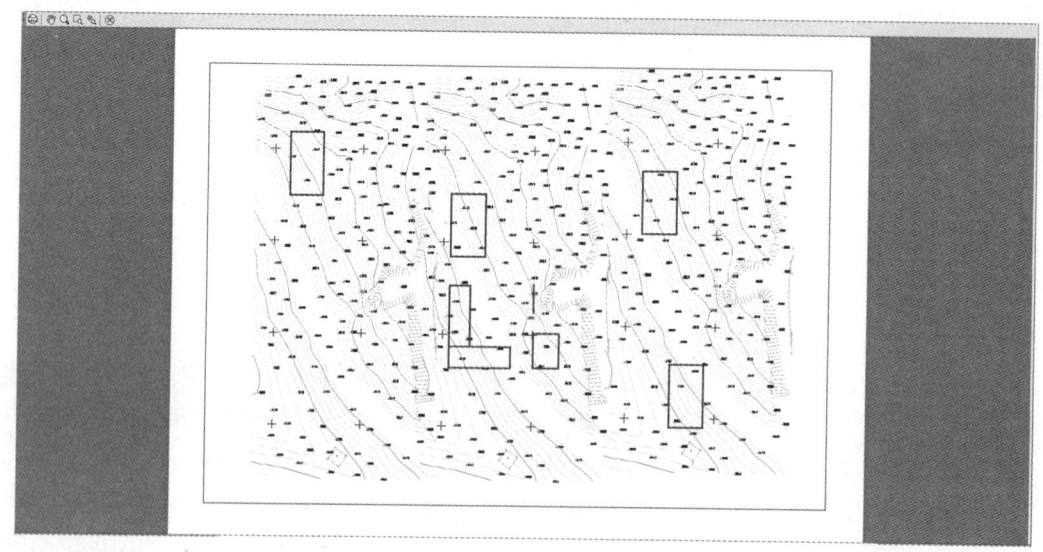

图 13-13　打印预览

用户在进行打印时，要经过上面一系列的设置后，才可以正确地在打印机上输出需要的图纸。当然，这些设置是可以保存的，"打印"对话框最上面有"页面设置"选项，用户可以新建页面设置的名称,来保存所有的打印设置。另外,AutoCAD 还可以从图纸空间出图,图纸空间会记录下设置的打印参数,从这个地方打印是最方便的选择。

13.2 利用布局打印

AutoCAD 2022 的绘图空间分为模型空间和图纸空间两种,前面介绍是在模型空间中的打印设置。同样是打印出图,在布局中进行要比在模型空间中进行更为方便,因为布局实际上可以看作一个打印的排版。在创建布局时,很多打印时需要的设置(如打印设备、图纸尺寸、打印方向、出图比例等)都已经预先设定了,在打印时就不需要再进行设置。从图纸空间打印可以更直观地看到最后的打印状态,图纸布局和比例控制更加方便。

1. 命令的执行方式

在布局中打印出图的命令和在模型空间中一样,注意要将选项卡位置切换到布局。

(1)菜单栏:单击"菜单浏览器"按钮" A· "→"打印"按钮。

(2)功能区:单击"输出"选项卡→"打印"面板→"打印"按钮" 打印 "。

(3)命令区:输入 plot 并按回车键确认。

2. 操作步骤

(1)切换到布局空间,如图 13-14 所示。

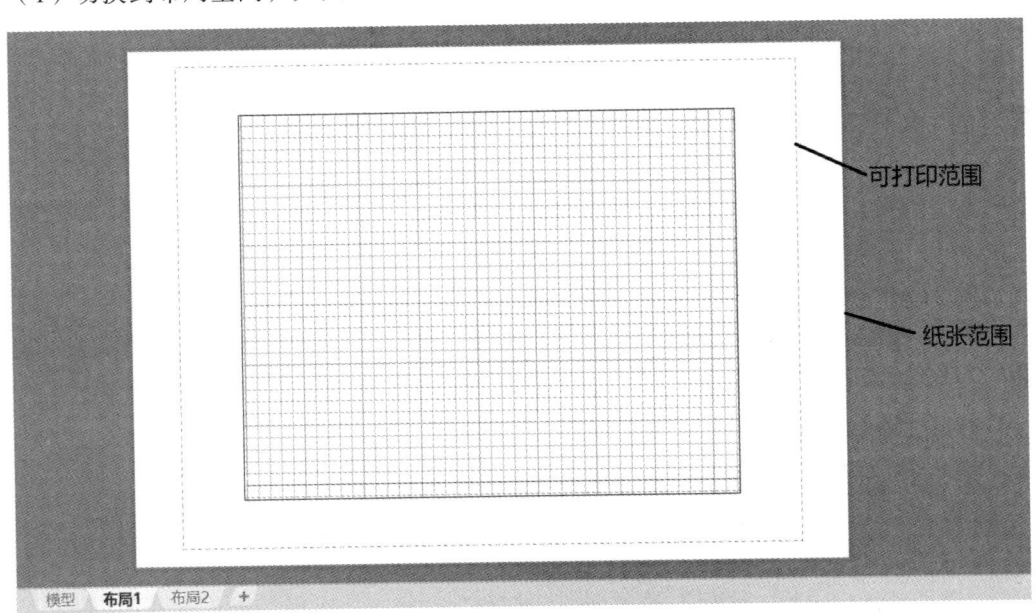

图 13-14　进入图纸空间

在模型空间绘制好需要的图形后,点击状态栏上的" 布局1 "按钮,进入图纸空间界面。在界面中有一张打印用的白纸示意图,纸张的大小和范围已经确定,纸张边缘有一圈虚线表示的是可打印的范围,图形在虚线内是可以在打印机上打印出来的,超出的部分则不会被打印。

（2）激活 PLOT 命令后，绘图窗口弹出"打印-布局 1"对话框，如图 13-15 所示，其中"布局 1"是要打印的布局名。

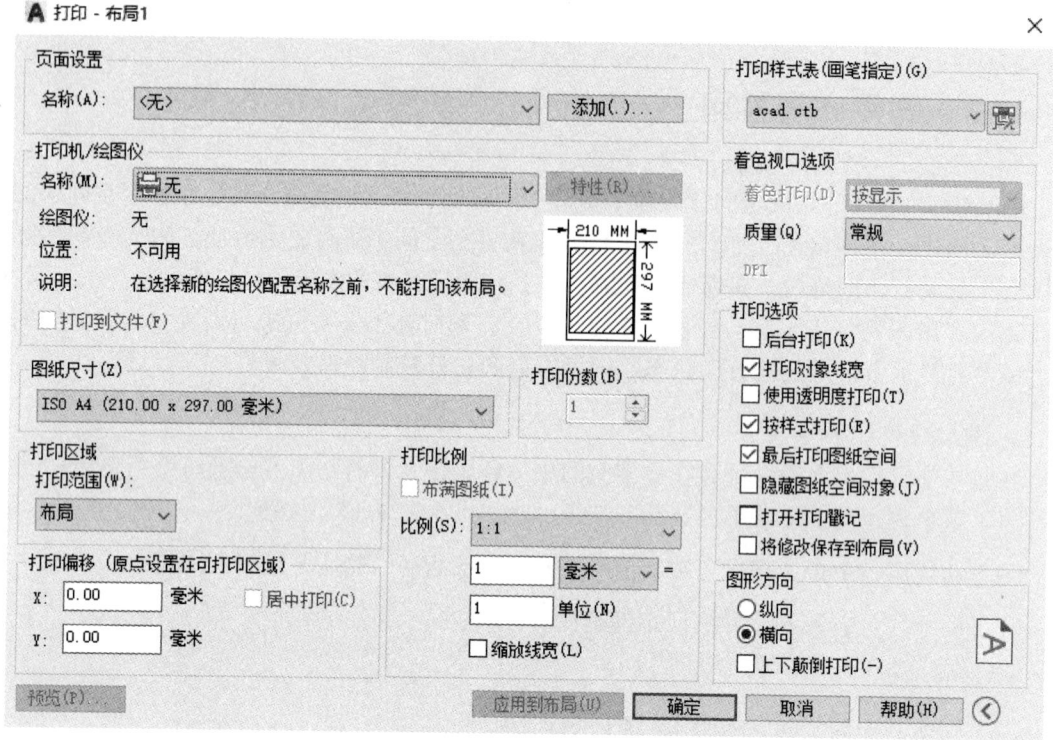

图 13-15　"打印-布局 1"对话框

从对话框中可以看到，打印设备、图纸尺寸、打印区域、打印比例都按照布局中的设定设置好了，无须再进行设置，布局就像是一个打印的排版，所见即所得。

（3）单击"确定"按钮，就会开始打印，由于选择了虚拟的电子打印机，此时会弹出"浏览打印文件"对话框，提示将电子打印文件保存到何处，选择合适的目录后单击"保存"按钮，打印便开始进行。

（4）与在模型空间中打印一样，打印完成后，右下角状态栏托盘中会出现"完成打印和发布作业"通知。单击此通知会弹出"打印和发布详细信息"对话框，里面详细地记录了打印作业的具体信息。可以看到，在布局中进行打印的步骤要比在模型空间中进行打印简单得多。

3. 举例说明

下面将通过一个例子讲述从图纸空间出图的实际操作方法。

（1）打开命名为"地形图"的图形文件，点击状态栏上的" 布局1 "按钮，进入图纸空间界面，如图 13-16 所示。

（2）在功能区中选择"输出"选项卡→"打印"面板→"页面设置管理器"，如图 13-17 所示，进入页面设置管理器对话框，如图 13-18 所示，点击"修改（M）"按钮，进入打印设置对话框。这个对话框和模型空间里用打印命令调出的对话框非常相似，在这个对话框中设置好打印机名称、纸张、打印样式等内容后，就可以点击"确定"，保存设置。注意把比例设置为 1∶1，这样打出图形的比例会很好控制。

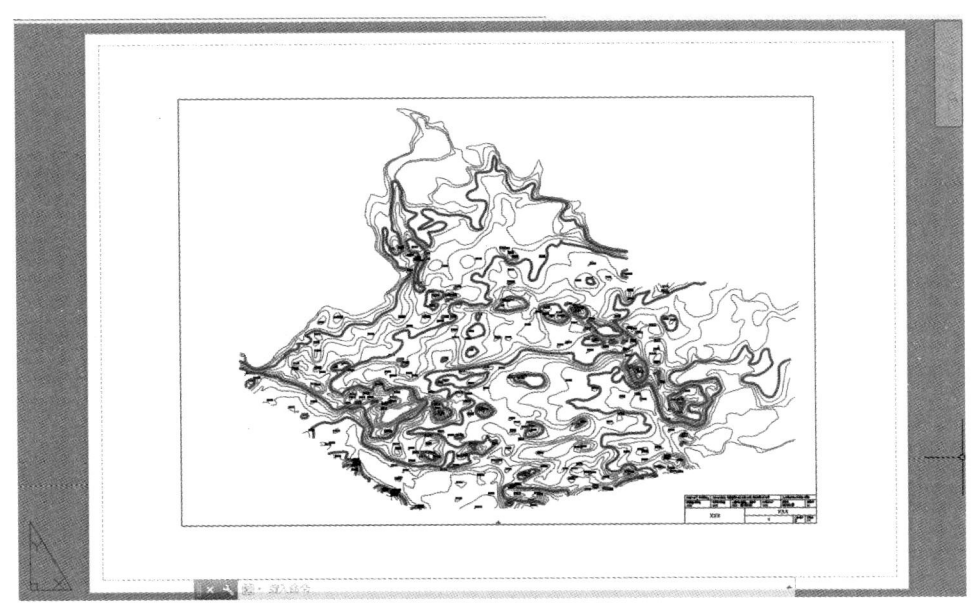

图 13-16 图纸空间示例

图 13-17 打印面板

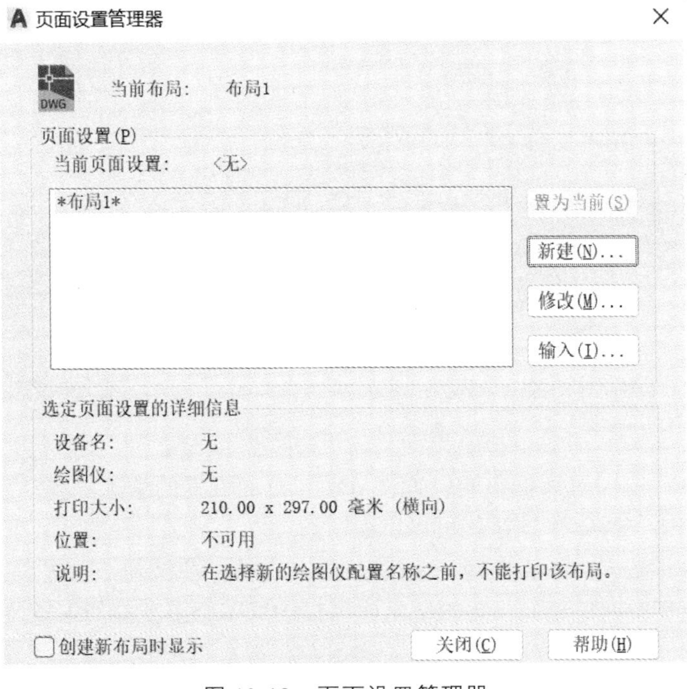

图 13-18 页面设置管理器

（3）对视口进行必要的调整，如图 13-19 和图 13-20 所示，首先选择视口后，在视口的属性栏里的"标准比例"一项调整到需要的比例，例如要放大一倍打印，则要调整到 2∶1。这里还提供自定义比例，用户可以自己设定需要的比例，使得空间布局合理，这样图纸空间的设置就完成了。

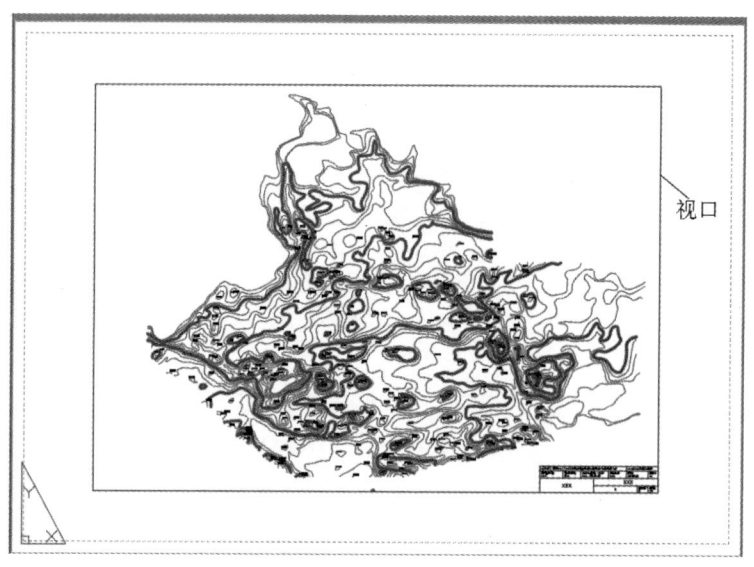

图 13-19　视口位置

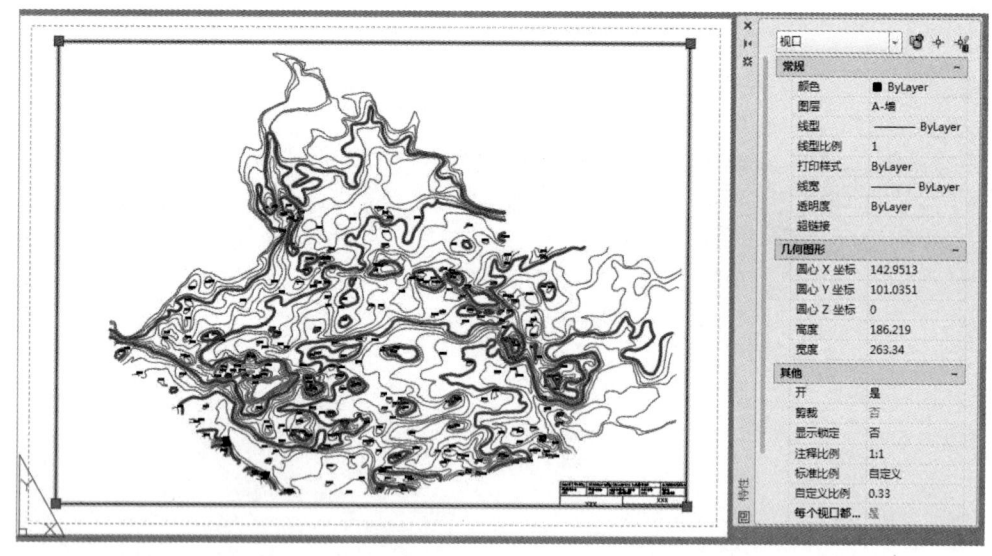

图 13-20　视口设置

运行打印命令，打印对话框中的设置会自动与页面设置的情况一样，预览打印效果，如果没问题，直接点击"确定"按钮就可以出图了。

一张图纸可以设置多个图纸空间，在状态栏的"　模型　"按钮上点击鼠标右键，有新建的选项。这样如果模型空间里绘制了多幅图纸，可以设置多个图纸空间来对应不同需求的打印。图纸空间设定好后，会随图形文件保存而一起保存，再次打印时无需再次设置。

模型空间绘图时，可以用 1∶1 比例绘制出图形，在图纸空间设定各打印参数和比例大小，可以把图框和标注都在图纸空间里制作，这样图框的大小不需要放大或缩小，标注的相关设定（如文字高度等）也不需要特别的设定，这样打印出来的图会非常准确。

13.3 输出图形

在 AutoCAD 2022 中，可以将图形输出为 DWF、DWFx 或 PDF 格式的文件，其中，DWF 和 DWFx 是由 Autodesk 开发的一种安全的文件格式，让用户既可以合并和发布丰富的二维和三维设计数据，又可以与其他用户共享。DWF 和 DWFx 均为高度压缩的文件格式，它们比 DWG 文件更适合在 Internet 上分发，以供审阅。

1. 命令执行方式
（1）菜单栏：单击"菜单浏览器"按钮" "→"输出"按钮" "。
（2）功能区：单击"输出"选项卡→"输出为 DWF/PDF"面板→"输出"按钮" "。
（3）命令区：输入 export 并按回车键确认。
将当前图形文件输出到所选取的文件类型。

2. 输出 DWF 和 DWFx 文件
在 AutoCAD 中可以组合图形的集合并将其输出为 DWF 和 DWFx 文件格式。对于大多数设计者而言，主要的提交对象是图形集，电子图形集将输出为 DWF 和 DWFx 文件。用户使用 Autodesk Design Review 来查看或打印 DWF 和 DWFx 文件。如果要输出单个图形，那么也可以使用由"打印"按钮" "打开的"打印"对话框来完成。

如果要将图形输出为 DWF 文件，那么在功能区"输出"选项卡的"输出为 DWF/PDF"面板中单击"输出"→"DWF"按钮" "，系统弹出如图 13-21 所示的"另存为 DWF"对话框，从中选择所需的选项，输入文件名，然后单击"保存（S）"按钮即可。

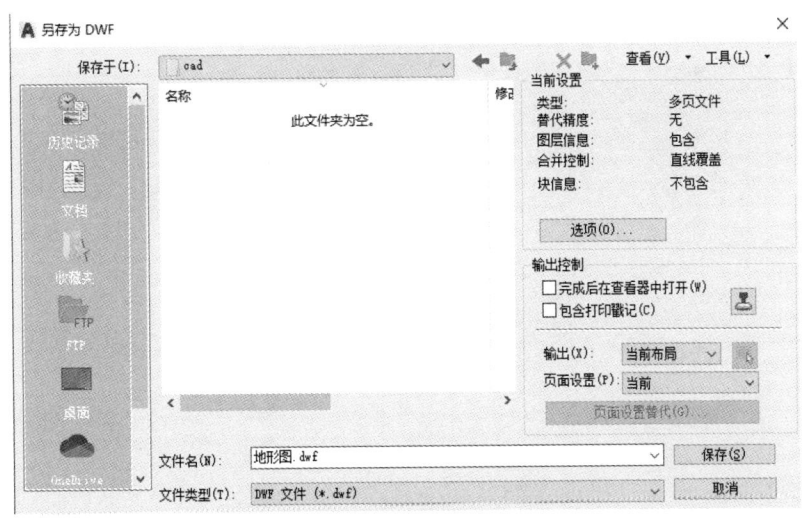

图 13-21　"另存为 DWF"对话框

如果要将图形输出为 DWFx 文件，那么在功能区"输出"选项卡的"输出为 DWF/PDF"面板中单击"输出"→"DWFx"按钮" "，打开如图 13-22 所示的"另存为 DWFx"对话框，从中选择所需的选项，输入文件名，然后单击"保存（S）"按钮即可。

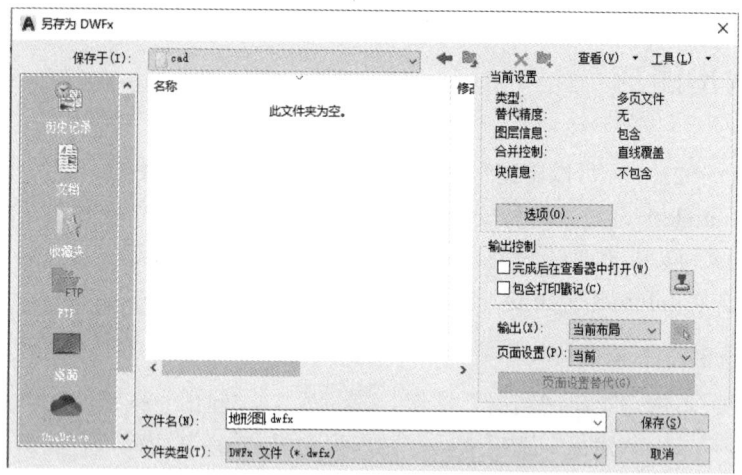

图 13-22 "另存为 DWFx"对话框

如果要将多个布局输出为 DWF 或 DWFx 文件，那么可以按住 shift 键并单击以选择多个布局选项卡，单击鼠标右键并从弹出的快捷菜单中选择"发布选定布局"命令，弹出"发布"对话框，接着从"发布"对话框的"发布为"下拉列表框中选择"DWF"或"DWFx"，然后单击"发布"按钮。

3. 输出 PDF 文件

有些时候，需要将图形输出为 PDF 文件，以方便与其他设计者共享信息。

将图形输出为 PDF 文件的步骤较为简单，即在功能区"输出"选项卡的"输出为 DWF/PDF"面板中单击"输出"→"PDF"按钮" "，打开如图 13-23 所示的"另存为 PDF"对话框，从中选择所需的选项，输入文件名，然后单击"保存（S）"按钮即可。

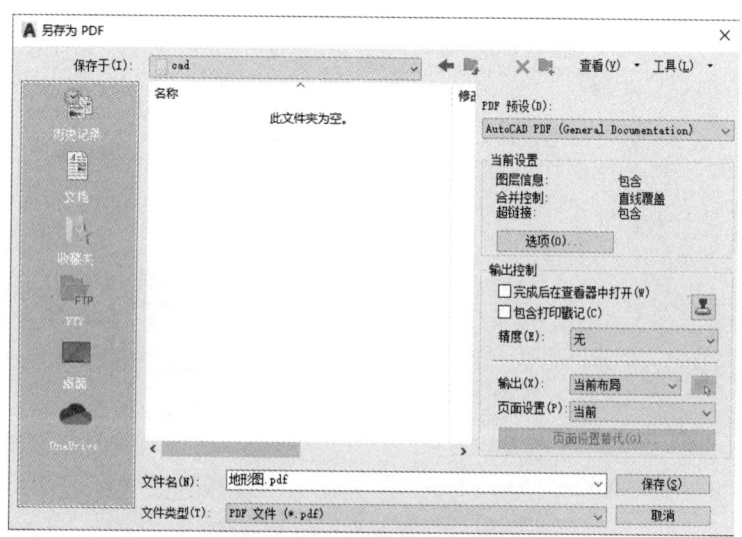

图 13-23 "另存为 PDF"对话框

思考与练习题

1. AutoCAD 2022 中有几种绘图环境，打印时有什么区别？
2. 如何在 AutoCAD 2022 中输出其他格式的图形文件？
3. 一个 1∶10 000 的土地利用标准分幅图，在模型空间按照 1∶1 绘制，按照 1∶10 000 打印图形，应该如何设置参数，描述具体打印过程。

参考文献

[1] 张云杰. AutoCAD 2022 中文版电气设计基础教程[M]. 北京：清华大学出版社，2023.

[2] 赵建国. AutoCAD 2023 快速入门与工程制图[M]. 北京：电子工业出版社，2023.

[3] 缪丁丁. AutoCAD 2022 室内设计从入门到精通[M]. 北京：化学工业出版社，2022.

[4] 林以军. AutoCAD 2022 中文版完全自学一本通[M]. 北京：电子工业出版社，2023.

[5] CAD/CAM/CAE 技术联盟. AutoCAD 2020 中文版：园林景观设计从入门到精通[M]. 北京：清华大学出版社，2020.

[6] 崔景朋，张启蒙. AutoCAD 2022 从小白到高手（微视频版）[M]. 北京：清华大学出版社，2022.

[7] 天工在线. 中文版 AutoCAD 2020 建筑设计从入门到精通[M]. 北京：水利水电出版社，2020.

[8] 李睿，任阿然，陈卓. AutoCAD2020 绘图技法从新手到高手[M]. 北京：清华大学出版社，2021.

[9] 杨洁. Auto CAD 建筑制图技术与项目实践[M]. 天津：天津大学出版社，2010.

[10] 黄赞琪. 现代测绘技术在土地资源管理中的应用[J]. 住宅与房地产，2024（21）：113-115.

[11] 刘林，白晓明，段海东，等. 基于 CAD 二次开发的村组界测绘成果标准化制作[J]. 测绘，2022，45（5）：238-240.

[12] 黄勇，张小波，石吉宝，等. CAD 实体扩展属性在"多测合一"空间数据库中的应用[J]. 城市勘测，2024（1）：68-71+75.

[13] 马玉晓，高宁. 测绘 CAD[M]. 徐州：中国矿业大学出版社，2014.

[14] 陈广华，胡仁喜，刘昌丽，等. AutoCAD 2022 中文版标准实例教程[M]. 北京：机械工业出版社，2022.

[15] 柴华彬，连增增. 工程制图与 CAD[M]. 北京：科学出版社，2019.

[16] 王建华，程绪琦，张文杰，等. AutoCAD 2017 官方标准教程[M]. 北京：电子工业出版社，2017.

[17] 林元茂，李红. 测绘 CAD[M]. 北京：机械工业出版社，2021.

[18] 马鹏程，胡仁喜. AutoCAD 2022 中文版从入门到精通[M]. 北京：人民邮电出版社，2022.

[19] 肖静. AutoCAD2020 中文版实例教程[M]. 北京：清华大学出版社，2020.

[20] 周虹，仉毅. AutoCAD 教学方法与绘图技巧探索[J]. 电脑知识与技术，2019，15(32)：190-191+195.

[21] 徐秀丽，刘荣军，赵秋英. 与专业相结合的 AutoCAD 教学改革[J]. 教育教学论坛，2016（35）：99-100.

[22] 殷东华,梁海龙等. 工程制图与 CAD 课程的教学融合[J]. 中国教育技术装备,2023(17):102-105.
[23] 孔令惠. 测绘 CAD[M]. 武汉:武汉理工大学出版社,2022.
[24] 诸进才,胡艳娥. 制图测绘与 CAD 实训[M]. 成都:西南交通大学出版社,2022.
[25] 鲍雷,王儒. 基于混合式教学的 CAD 课程改革研究[J]. 内江科技,2024,45(9):128-129.
[26] 孙江宏,高锋. 中文版 AutoCAD2021 从入门到实战[M]. 北京:水利水电出版社,2021.
[27] 孙树芳. 测绘 CAD[M]. 郑州:黄河水利出版社,2019.
[28] 刘浩,刘胜兰,张臣. CAD 技术及其应用(MATLAB 版)[M]. 北京:北京航空航天大学出版社,2019.

附录 I　上机实验

实验一　认识 AutoCAD 的绘图流程

（一）实验目的

（1）了解 AutoCAD 的绘图环境，界面的组成。
（2）熟悉 AutoCAD 的界面，熟悉菜单的使用，特别是"文件"菜单、"编辑"菜单的使用；熟悉标准工具栏、绘图工具栏及编辑工具栏上的常用按钮。
（3）熟悉直线绘图命令。
（4）掌握 AutoCAD 数据的输入方法。

（二）实验内容

（1）AutoCAD 界面、菜单栏、工具栏、工具栏的显隐、绘图区、状态栏、命令行、AutoCAD 坐标、系统、AutoCAD 命令执行方式、对象的选择和删除等。
（2）绘制如图 1 所示的图形，并写出 AutoCAD 的绘图流程和具体操作方法。

（三）操作提示

（1）启动 AutoCAD。
（2）创建新文件。
（3）设置绘图单位。
（4）设置图形界限。
（5）绘图。

执行绘直线命令 LINE(或 L)，在命令行提示"LINE 指定第一点："下输入绝对坐标(100,100)，之后使用相对坐标完成图形外轮廓的绘制。

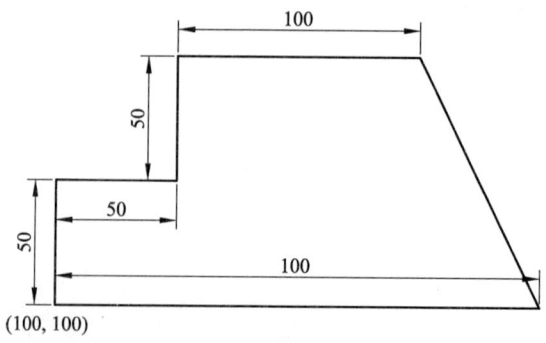

图 1　实验图一

实验二　平面绘图

（一）实验目的

（1）掌握绘制直线、圆、弧、椭圆、矩形、正多边形、多段线、样条曲线、圆环和点等命令的操作。

（2）掌握 AutoCAD 绘图的一般步骤。

（二）实验内容

绘制图 2、图 3，并写出绘图步骤。

（三）操作提示

（1）图 2 绘制提示。

首先绘制 300×400 的矩形，然后用相对坐标找到 200×300 矩形的角点，并绘制此矩形，同时用圆角命令对内部的矩形修改，最后用相对坐标找到各个圆的圆心，并绘制相应的圆。

（2）图 3 绘制提示。

首先绘制 400×400 的正方形，然后绘制正方形的内切圆，可以对内切圆五等分（或绘制内切圆的内接正五边形），利用这些辅助点绘制五角星，并根据需要对五角星进行旋转，最后用相切、相切、相切的方法绘制四个小圆（也可以用阵列命令）。

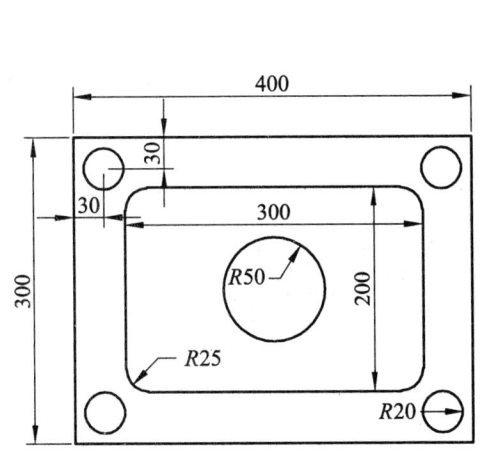

图 2　实验图二

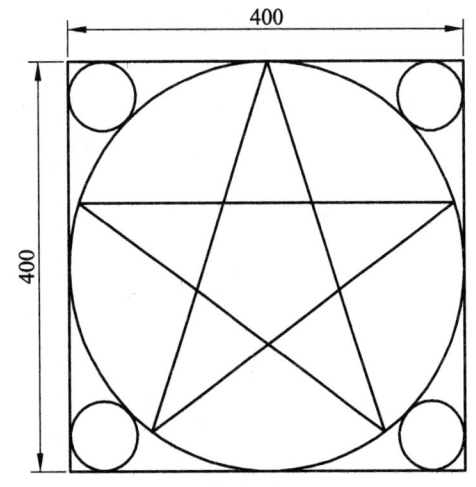

图 3　实验图三

实验三　图形的绘制与编辑

（一）实验目的

（1）掌握直线、多段线、圆弧、曲线等绘图命令的使用方法。
（2）掌握复制、缩放、移动、阵列等修改命令的使用方法。
（3）掌握光栅图像的插入与编辑，如附着、拆离与显示控制图像、光栅图像的剪裁。
（4）掌握 BHATCH 命令，创建关联图案填充或非关联图案填充。

（二）实验内容

（1）绘制春节贺卡，如图 4 所示，要求将图绘制在 A3 图纸内。
（2）绘制雨伞，如图 5 所示。

（三）操作提示

（1）图 4 绘制提示。
可以根据自己的喜好绘制，图 4 仅仅是示意图。
（2）图 5 绘制提示。
首先绘制一条长为 80 的水平直线，把直线向上或者向下平移 20，如图 6 所示。过两条直线的中点绘制一条长为 60 的竖直直线，直线的上端点过上水平直线的中点。
然后把下水平直线四等分，等分点为圆弧的端点，根据端点和角度绘出四个小圆弧，根据三点绘制两个大圆弧。
最后绘制伞柄处的半圆和伞尖处的直线，并删除图 6 中的辅助线，得到如图 5 所示的雨伞，可以根据需要进行颜色填充。

图 4　春节贺卡

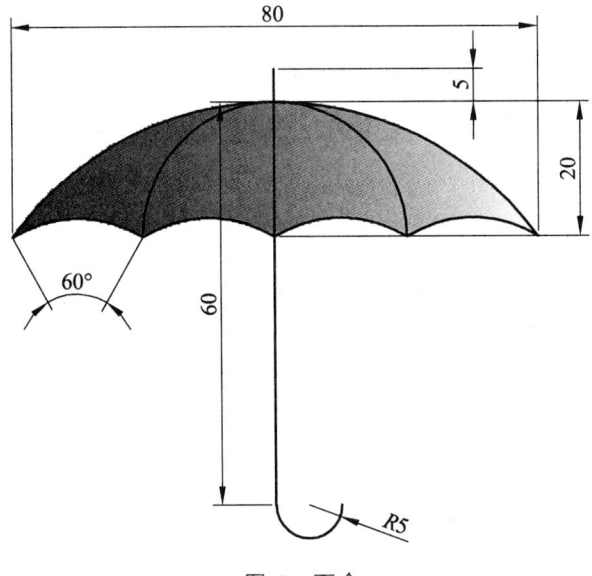

图 5　雨伞

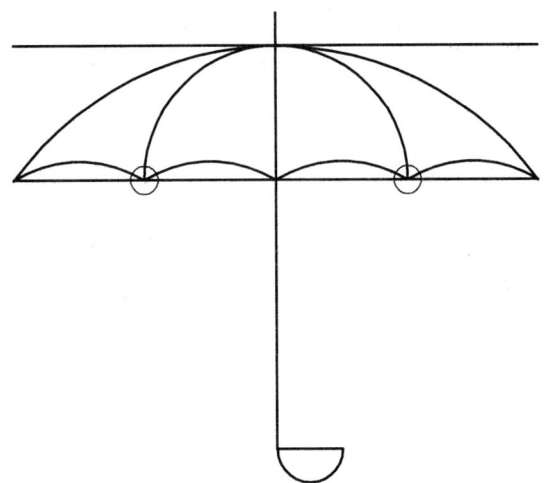

图 6　雨伞绘制

实验四 文字、表格与尺寸标注

（一）实验目的

（1）熟悉文字样式、表格样式和尺寸标注样式的设置，掌握文字和尺寸的标注方法、表格的绘制方法，熟练运用各种绘图和编辑命令。

（2）熟悉尺寸标注样式的设置与尺寸标注类型，能将尺寸样式设置成符合国标的结果。

（二）实验内容

完成图7、表1的绘制。要求：字体为宋体，字高均为3，文字从尺寸线偏移1，文字对齐方式为"ISO标准"；标注箭头形式为"倾斜"，箭头大小为2；尺寸延伸线超出尺寸线3，起点偏移量为5。

说明：S、R、Q、T为拟建建筑物的四个外交点，尺寸标注如图7所示，要求利用道路中心线上控制点A、B，应用直角坐标法放样出拟建建筑物的四个外交点。

（三）操作提示

（1）实际图形的绘制。

先绘制道路中心线，根据拟建建筑物与道路中心线的关系绘制拟建建筑物，最后绘制道路边线及控制点。要注意道路中线及拟建建筑物线型的设置。

（2）尺寸标注。

① 为尺寸标注建立一个独立的图层。

② 根据具体要求创建标注样式。

③ 根据需要选择相应的标注命令进行尺寸标注。

（3）进行图中注记文字及说明文字的编写：首先按要求设置文字样式，注记文字可用创建单行文字的方法进行输入，说明文字用创建多行文字的方法进行输入。

（4）按要求绘制表格，设置表格样式，创建和编辑表格。

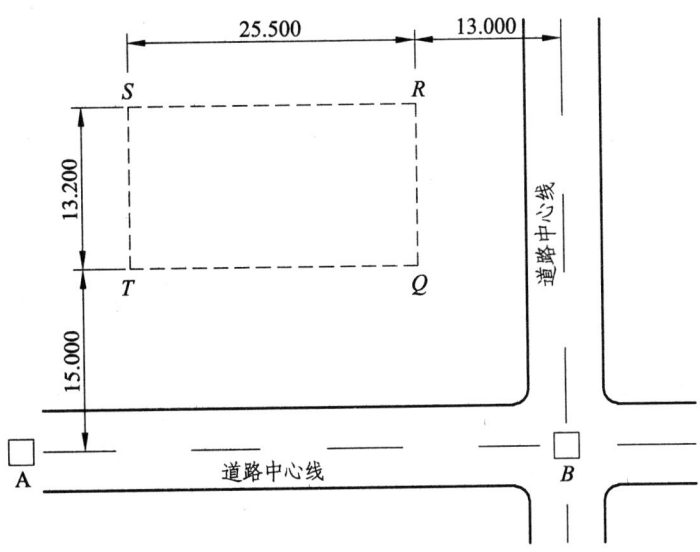

图 7 实验图七

表 1 建筑物施工放样的允许偏差

项目	内容		允许偏差/mm
施工放线	外廓主轴线长度 L/m	$L \leqslant 30$	±5
		$30 < L \leqslant 60$	±10
		$60 < L \leqslant 90$	±15
		$90 < L$	±20

实验五　图块及属性图块创建

（一）实验目的

（1）理解图块的概念和用途，掌握内部图块的制作方法，能熟练使用内部图块制作测量点符号。

（2）进一步理解图块的概念和用途，掌握属性图块的制作方法，能熟练使用属性图块制作带属性的测量点符号，能灵活运用图块解决实际制图问题。

（3）理解外部参照的概念和用途，掌握外部参照的使用方法，能运用外部参照进行地形图接边，能灵活运用外部参照解决制图和工程设计中的问题。

（二）实验内容

（1）参照《国家基本比例尺地图图式　第1部分：1∶500 1∶1 000 1∶2 000 地形图图式》（GB/T 20257.1—2017）（以下简称图式），在图形中创建块名为 LD 的路灯符号。

（2）参照图式，制作旗杆符号，并生成独立图块文件。

（3）参照图式，制作三角点符号。

（三）操作提示

（1）在当前图形中按图式规定的尺寸绘制路灯符号。使用 BLOCK 命令创建块，捕捉路灯的定位点作为基点。该图块只能在当前图形中使用。

（2）启动 AutoCAD 创建一幅新图，使用 UNITS 命令设置好参数。按图式规定的尺寸绘制旗杆符号。使用 WBLOCK 命令创建块，捕捉旗杆定位点作为基点。该图块可以在其他图形文件中调用。

（3）按图式规定的尺寸绘制三角点符号，在符号右侧，与三角形中心平齐绘制一条长度为 6 的短直线。用 ATTDEF 命令定义 NAME（点名）、ELEVATION（高程）两个属性项，注意调整属性和图形的位置。使用 WBLOCK 命令创建块。在创建块时，选择对象应同时将两个属性定义和图形一起选择。

实验六　SouthMap 绘制地籍图

（一）实验目的

（1）了解地籍的相关内容，理解地籍图上的注记要求。
（2）掌握地籍图的绘制方法，能够根据测量的数据，绘制地籍权属界线。
（3）利用 SouthMap 软件，进行权属区属性编辑，绘制宗地图图框，并导出界址点成果表。

（二）实验内容

（1）根据表 2 中的坐标值，绘制宗地图，如图 8 所示。
（2）该宗地县级行政区代码为 410211，地籍区为 101，地籍子区为 203，土地权属类型为集体土地所有权，宗地特征码为集体土地所有权宗地，宗地顺序号为 00336，权属名称为赵六，为农村宅基地。
（3）绘制宗地图框，在 SouthMap 中导出该宗地的界址点成果表。

（三）操作提示

（1）内容一提示。
在进行权属界线绘制时，测量坐标为 x 坐标、y 坐标，在 SouthMap 中输入的形式应该是 y 坐标、x 坐标。最后一个点的坐标，可以不用输入，直接闭合即可。
（2）内容二提示。
权属线绘制好后，自动弹出的权属区属性对话框，根据实验内容将县级行政区、地籍区、地籍子区、宗地顺序号、权属名称输入对话框，土地所有权类型、宗地特征码、地类代码可以下拉选择。
（3）内容三提示。
执行"界址点成果表（图面）"命令后，按照提示用鼠标指定界址点成果表的左下角，再根据手动或者输入宗地号来选择要输出界址点成果表的宗地即可。
执行"单个界址点成果表"命令后，选择要输出界址点成果表的宗地，然后弹出设置界址点成果表保存路径的对话框，设置对应的路径后，程序会提示是否要打开刚刚输出的成果表。

表 2　界址点坐标

序号	坐标	
	x/m	y/m
1	3 748 642.866	38 396 502.294
2	3 748 642.866	38 396 514.182
3	3 748 619.758	38 396 514.182
4	3 748 619.758	38 396 502.294
1	3 748 642.866	38 396 502.294

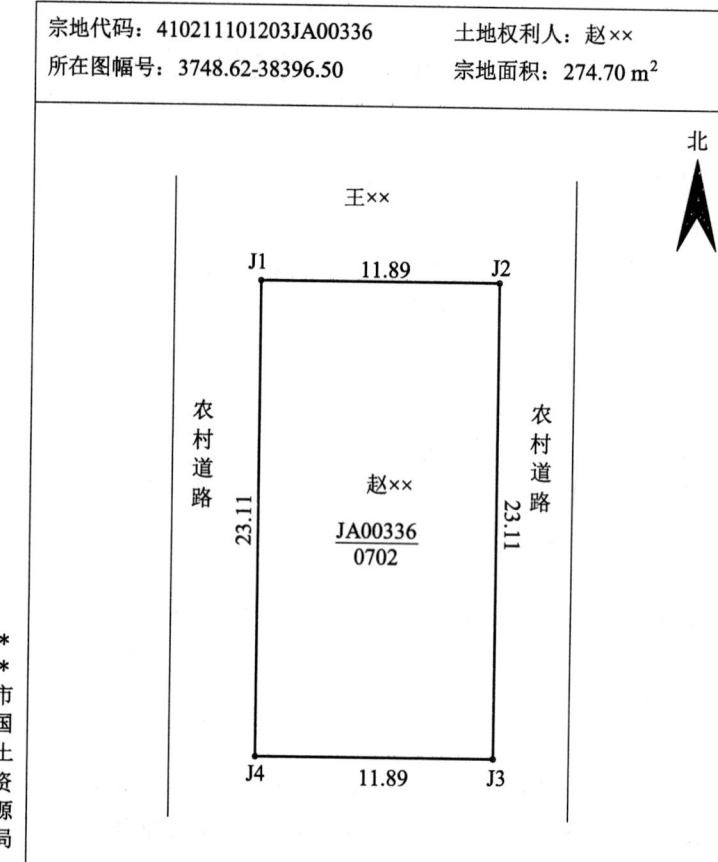

图 8　宗地图

附录Ⅱ AutoCAD 2022 常用命令

序号	命令	快捷键	功能说明
1	3D	3D	三维形体初始化
2	3DARRAY	3A	三维阵列
3	3DFACE	3F	创建三维面
4	3DORBIT	3DO	互交 3D 观察
5	3DPOLY	3P	三维多段线
6	ADCENTER	ADC	设计中心
7	ALIGN	AL	三维对齐
8	APPLOAD	AP	加载应用程序
9	ARC	A	画弧
10	ARRAY	AR	图形阵列
11	ATTDEF	ATT	定义属性
12	ATTEDIT	ATE	编辑参照
13	BLOCK	B	定义图块
14	BOX		长方体
15	BREAK	BR	打断线段
16	CHAMFER	CHA	倒角
17	CIRCLE	C	画圆
18	COLOR	COL	设置颜色
19	COPY	CO 或 CP	复制实体
20	COPYCLIP	CTRL+C	跨文件复制
21	CYLINDER		圆柱体
22	DDEDIT	ED	编辑文字
23	DDUCS		打开 UCS 选项
24	DIMALIGNED		斜线标注

续表

序号	命令	快捷键	功能说明
25	DIMANGULAR	DAN	角度标注
26	DIMBASELINE	DIMBASE	基线标注
27	DIMCENTER	DCE	圆心标注
28	DIMCONTINUE	DCO	连续标注
29	DIMDIAMETER	DDI	直径标注
30	DIMEDIT	DED	标注编辑
31	DIMLINEAR	DLI	两点标注
32	DIMRADIUS	DRA	半径标注
33	DIMSTYLE	D	标注设置
34	DIMTEDIT	DIMTED	标注更新
35	DIST	DI	计算距离
36	DIVIDE	DIV	定数等分
37	DSETTINGS	DS	草图设置
38	ELEV		二维厚度
39	ELLIPSE	EL	椭圆
40	END		停止使用的命令
41	ERASE		删除实体
42	EXPLODE		分解
43	EXTRUDE	EXT	捕捉延长线
44	EXTEND	EX	延伸实体
45	EXTRUDE		拉伸实体
46	FILL		控制填充
47	FILLET	F	倒圆
48	GROUP	G	创建选择集
49	HATCH	H	填充实体
50	HATCHEDIT	HE	编辑填充样式
51	HIDE	HI	消隐对象
52	HIGHLIGHT		高亮显示备选
53	INSERT	I	插入图块

续表

序号	命 令	快捷键	功能说明
54	INTERSECT	IN	交集实体
55	ISOLINES		网线密度
56	LAYER	LA	图层管理
57	LAYOUT	LO	创建新布局
58	LENGTHEN	LEN	拉长线段
59	LIGHT		设置光源
60	LIMITS		图形界限
61	LINE	L	画线
62	LINETYPE	LT	设置线型
63	LTSCALE	LTS	线型比例
64	MATCHPROP	MA	属性复制
65	MEASURE	ME	定距等分
66	MENU		加载菜单
67	MIRROR	MI	镜像实体
68	MIRROR3D		三维镜像
69	MLEDIT	MLE	编辑双线
70	MLINE	ML	双线
71	MOVE	M	移动实体
72	MSPACE	MS	图纸转模型
73	MTEXT	MT 或 T	多行文本
74	NEW	N	新建文件
75	OFFSET	O	偏移实体
76	OPEN	Ctrl +O	打开文件
77	OPTIONS	OP	选项设置
78	OSNAP	OS	设自动捕捉
79	PAN	P	实时平移
80	PASTECLIP	CTRL+V	跨文件粘贴
81	PEDIT	PE	编辑多段线
82	PER	PER	捕捉垂点

续表

序号	命令	快捷键	功能说明
83	PLINE	PL	多段线
84	POINT	PO	画点
85	POLYGON	POL	多边形
86	PRINT/PLOT		打印预览
87	PROPERTIES	CH 或 MO	特性
88	PSPACE	PS	模型转图纸
89	PURGE	PU	删没用图层
90	QDIM		快速标注
91	QLEADER	LE	引线标注
92	QUIT 或 EXIT		退出 CAD
93	RECTANGLE	REC	绘制矩形
94	REGEN	RE	重生成
95	REGION	REG	面域
96	RENDER	RR	渲染
97	REVOLVE	REV	旋转实体
98	MATBROWSEROPEN	RMAT	设置材质
99	ROTATE	RO	旋转对象
100	ROTATE3D		三维旋转
101	SAVE	CTRL+S	保存文件
102	SCALE	SC	比例缩放
103	SHADEMODE	SHA	实体着色
104	SLICE	SL	剖切实体
105	SOLIDEDIT		编辑实体
106	SOLPROF		立体轮廓线
107	SPELL	SP	拼写检查
108	SPHERE		球体
109	SPLINE	SPL	曲线
110	SPLINEDIT	SPE	编辑曲线
111	STRETCH	S	拉伸实体

续表

序号	命　令	快捷键	功能说明
112	STYLE	ST	文字样式
113	SUBTRACT	SU	实体求差
114	SURFTAB1		系统变量
115	TOLERANCE	TOL	形位公差
116	TOOLBAR	TO	自定义用户界面
117	TRIM	TR	修剪
118	UCS		建立用户坐标
119	UNDO		回退一步
120	UNION	UNI	并集实体
121	UNITS	UN	设置单位
122	VIEW		改变视图
123	WBLOCK	W	写块
124	WEDGE		楔体
125	XLINE	XL	参照线

附录Ⅲ　AutoCAD 2022 常用快捷功能键

序号	快捷键	功能说明
1	F1	获取帮助
2	F2	实现作图窗和文本窗口的切换
3	F3	控制对象捕捉
4	F4	控制三维对象捕捉
5	F5	等轴测平面切换
6	F6	控制动态 UCS
7	F7	栅格显示模式控制
8	F8	正交模式控制
9	F9	捕捉模式控制
10	F10	极轴模式控制
11	F11	对象追踪模式控制
12	Ctrl+0	全屏显示
13	Ctrl+1	打开特性对话框
14	Ctrl+2	打开图像资源管理器
15	Ctrl+3	打开工具选项板窗口
16	Ctrl+4	打开图纸集管理器
17	Ctrl+5	打开信息选项板
18	Ctrl+6	启动数据库连接
19	Ctrl+7	打开标记集管理器
20	Ctrl+8	打开快速计算器
21	Ctrl+9	命令行打开与关闭
22	Ctrl+A	全选
23	Ctrl+B	栅格捕捉模式控制（F9）
24	Ctrl+C	将选择的对象复制到剪贴板

续表

序号	快捷键	功能说明
25	Ctrl+Shift+C	带基点复制
26	Ctrl+F	控制是否实现对象自动捕捉
27	Ctrl+G	栅格显示模式控制（F7）
28	Ctrl+J	重复执行上一步命令
29	Ctrl+K	创建超级链接
30	Ctrl+N	新建图形文件
31	Ctrl+M	打开选项对话框
32	Ctrl+O	打开图像文件
33	Ctrl+P	打开打印对话框
34	Ctrl+Q	退出系统
35	Ctrl+S	保存文件
36	Ctrl+Shift+S	将文件另存
37	Ctrl+U	极轴模式控制（F10）
38	Ctrl+V	粘贴剪贴板上的内容
39	Ctrl+Shift+V	粘贴为块
40	Ctrl+W	选择循环控制
41	Ctrl+X	剪切所选择的内容
42	Ctrl+Y	重复上一个操作
43	Ctrl+Z	取消上一个操作
44	Del	删除选中对象
45	Esc	终止命令